植物健康与病虫害防控

陈万权 主编

U0349776

中国农业科学技术出版社

图书在版编目（CIP）数据

植物健康与病虫害防控 / 陈万权主编．—北京：中国农业科学技术出版社，2020. 12
ISBN 978-7-5116-5102-0

Ⅰ. ①植…　Ⅱ. ①陈…　Ⅲ. ①植物—病虫害防治—文集　Ⅳ. ①S43-53

中国版本图书馆 CIP 数据核字（2020）第 247459 号

责任编辑　姚　欢
责任校对　马广洋

出 版 者　中国农业科学技术出版社
　　　　　北京市中关村南大街 12 号　邮编：100081
电　　话　(010)82106636(编辑室)　(010)82109702(发行部)
　　　　　(010)82109709(读者服务部)
传　　真　(010) 82106631
网　　址　http://www.castp.cn
经 销 者　各地新华书店
印 刷 者　北京建宏印刷有限公司
开　　本　787 mm×1 092 mm　1/16
印　　张　13. 25
字　　数　310 千字
版　　次　2020 年 12 月第 1 版　2020 年 12 月第 1 次印刷
定　　价　80. 00 元

版权所有・翻印必究

《植物健康与病虫害防控》
编　委　会

主　编： 陈万权

副主编： 郑传临　文丽萍　冯凌云　胡静明

前 言

植物健康能够帮助消除饥饿、减少贫困、保护环境以及促进经济发展。2018年12月，联合国会议决定2020年为国际植物健康年（IYPH）。2019年12月，联合国粮农组织（FAO）启动了2020年联合国国际植物健康年，旨在提高公众和政策制定者对健康植物重要性以及植物保健必要性的认识，以实现可持续发展的目标。

农作物病虫害防治事关农业生产安全、农产品质量安全和生态环境安全。《农作物病虫害防治条例》已于2020年3月17日经国务院第86次常务会议通过，3月26日国务院第725号令公布，2020年5月1日起施行。《农作物病虫害防治条例》的公布施行，体现了党和国家对粮食安全和病虫害防控的高度重视，将关系国计民生、国家安全、社会稳定的农作物病虫害防治工作纳入依法治国的重要内容，是我国植物保护发展史上的重要里程碑，符合国家治理体系和治理能力现代化的具体要求以及现代社会依法有序的发展规律。

2020年中央一号文件《关于抓好“三农”领域重点工作　确保如期实现全面小康的意见》明确指出，要保障重要农产品有效供给和促进农民持续增收，稳定粮食生产，确保粮食安全始终是治国理政的头等大事，强化科技支撑作用，加强农业关键核心技术攻关，抓好草地贪夜蛾等重大病虫害防控，推广统防统治……

中国植物保护学会坚持以习近平新时代中国特色社会主义思想为指导，全面贯彻党的十九大和十九届二中、三中、四中、五中全会精神，深入贯彻落实以习近平同志为核心的党中央对“三农”工作的指示精神，坚持为科技工作者服务、为创新驱动发展服务、为提高全民科学素质服务、为党和政府科学决策服务的职责定位，团结引领广大植物保护科技工作者以及全国农业科研院所、高等院校、技术推广以及相关企业等部门、单位，充分发挥学会优势，广泛调动智力资源，在植物健康与农作物病虫害防控等方面开展了一系列富有成效的工作，取得了一批标志性的科技成果，并在农业安全生产中得到广泛应用，为保障我国农业生产安全、农产品质量安全和生态环境安全发挥了重要作用；在农业农村部种植业管理司的支持、指导下，中国植物保护学会联合全国农业技术推广服务中心，围绕新时代植保科技创新与展望、《农作物病虫害防治条例》的宣贯、国际植物健康年以及农作物病虫害防控等，从不同农作物、不同病虫害类型等多维度、全方位开展农作物病虫害防治知识和植物健康线上科普讲座及《农作物病虫害防治条例》普法宣传知识问答，得到广大会员和植物保护科技工作者的积极响应和热情参与，取得显著效果。

中国植物保护学会时刻关注新冠肺炎疫情发展，科学评估会议安全风险。鉴于当前全球范围内疫情防控的严峻形势和大型会议疫情防控工作要求，经学会第十二届理事会第八次常务理事会（通讯）会议研究，决定取消以“植物健康与病虫害防控”为主题的中国植物保护学会2020年学术年会暨植保科技奖颁奖大会。《植物健康与病虫害防控》论文集按原计划编辑出版。

《植物健康与病虫害防控》论文集得到中国植物保护学会各分支机构和各省、自治区、直辖市植物保护学会的大力支持和积极参与，广大会员和植物保护科技工作者积极踊跃投稿。编委会本着文责自负的原则，对来稿未作修改，不妥之处在所难免，敬请读者批评指正。因受时间限制，部分投稿未能录用，敬请谅解。

编　者

2020年11月

目 录

植物病害

农业害虫

生物防治

有害生物综合防治

植物病害

稻瘟菌效应蛋白 MoHrip2 功能分析*

闫建培**，聂海珍，董义杰，张　林，史文炯，付振超，杨秀芬，曾洪梅***
（中国农业科学院植物保护研究所，植物病虫害生物学国家重点实验室，北京　100193）

摘　要：稻瘟病是发生在水稻上的重要真菌性病害，严重威胁我国水稻的生产和粮食安全。在与寄主水稻互作的过程中，稻瘟病菌可产生多种效应蛋白参与致病过程。MoHrip2 是从稻瘟菌发酵液中分离到的一个蛋白激发子，实验室前期研究表明该激发子可引起烟草的 HR 反应，提高植物的抗病和抗逆能力。此外，MoHrip2 也作为效应蛋白参与调控稻瘟菌的致病力。通过定位观察实验和分泌转移途径检测发现，MoHrip2 分泌和转移是通过传统的内质网到高尔基体的途径，主要定位于菌丝中，属于质外体效应蛋白。qRT-PCR 测定发现 *mohrip2* 在稻瘟菌侵染 24~48hpi 表达量最高，也就是稻瘟菌的侵入和定殖阶段，表明 MoHrip2 可能在这两个阶段发挥作用。为确定 MoHrip2 在稻瘟菌致病过程中的作用，构建 *mohrip2* 的敲除和回补株并进行生物学测定，MoHrip2 能够通过促进稻瘟菌的侵入和侵入后的菌丝蔓延来提高其致病力；此外，MoHrip2 也在一定程度上抑制抗性相关基因的表达以及特定抗性物质（如酚类、黄酮类、植物抗毒素等）的积累。通过酵母双杂和 GST pull down 实验从水稻中筛选到与 MoHrip2 互作的蛋白，有待于进一步验证互作关系，为明确 MoHrip2 的作用机理提供线索。

关键词：稻瘟菌；MoHrip2；致病力；互作

---

* 基金项目：国家重点研发计划（2017YFD0200900）

** 第一作者：闫建培，博士研究生，研究方向：植物病害生物防治；E-mail：1508966287@qq.com

*** 通信作者：曾洪梅，研究员，主要从事真菌效应蛋白的挖掘及作物-病原微生物互作研究；E-mail：zenghongmei@caas.cn

稻瘟病菌 ZA17 小种与 ZG1 小种 Indel 差异比较分析*

姜兆远**，刘晓梅，李　莉，朱　峰，任金平，王继春，孙　辉

（吉林省农业科学院，公主岭　136100）

摘　要：稻瘟菌（*Magnaporthe oryzae*）引起的水稻稻瘟病是水稻减产和水稻品种淘汰的重要因素。实践表明水稻品种垂直抗瘟性的丧失是稻瘟菌的无毒基因（*AVR*）位点的突变引起的。本研究将 10 株 ZA17 小种和 2 株 ZG1 小种的稻瘟菌进行重测序，比较分析 ZA17 小种与 ZG1 小种编码区 Indel 差异。结果显示 ZA17 小种与 ZG1 小种编码区 Indel 存在差异的基因中，61 个基因涉及编码改变、78 个基因涉及编码缺失、131 个基因涉及移码突变、7 个基因起始密码子丢失、9 个基因获得终止子及 4 个基因终止子丢失。其中 27 移码突变基因、1 个起始码子丢失基因及 1 个获得终止子基因的蛋白含有信号肽，信号肽的存在是稻瘟菌无毒蛋白 AVR 和效应蛋白的重要标志之一，因此下一步将对着 29 个基因进行效应蛋白鉴定。在中国稻瘟菌小种中 ZA17 小种的致病力较高，而 ZG1 小种的致病力较弱，因此比较其编码区域的 Indel 差异对鉴定稻瘟菌无毒基因及其效应蛋白基因具有一定的作用。

关键词：水稻；稻瘟菌；Indel

---

* 基金项目：吉林省农业科技创新工程项目（CXGC2018ZY016）

** 第一作者：姜兆远；E-mail：fushun1020@ yeah. net

黑龙江省寒地水稻品种的抗瘟性鉴定与评价*

高　清**，张亚玲**，孟　峰，张晓玉，靳学慧***
（黑龙江八一农垦大学，黑龙江省植物抗性研究中心，大庆　163319）

摘　要：水稻（*Oryza sativa*）是当今世界主要粮食作物之一，近50%的世界人口以稻米为主食。由稻瘟病菌（*Magnaporthe oryzae*）侵染水稻引起的稻瘟病是威胁粮食安全的主要因素之一，随着杂交稻的推广应用和化肥施用量的提高，其发生趋势愈演愈烈，发生面积和造成的经济损失逐年增加。国内外专家研究认为，选育和利用抗病品种是控制病害流行的重要措施，但如果长期大面积种植单一抗病品种，由于寄主的定向选择压力，稻瘟病菌优势生理小种群体组成会产生变异，导致水稻抗性降低甚至丧失。因此，不断对水稻品种稻瘟病抗性进行鉴定与评价以及明确品种合理布局，对农业生产上长久有效地控制稻瘟病具有重要意义。本研究利用采自黑龙江省4个积温带经单孢分离的稻瘟病菌株，通过室内苗期人工接种的方法，对38份黑龙江省常规水稻品种进行抗瘟性鉴定，结果表明，供试水稻品种的抗性频率在1.49%～82.84%，抗瘟表现最好的品种为龙粳20，抗瘟评价为R，占鉴定总数的2.63%，龙粳67等6个品种的抗瘟评价为MR，占鉴定总数的15.79%。不同叶龄供试品种对各积温带菌株的抗瘟性差异均较大，第二积温带内抗瘟性最好的12叶品种为垦稻34，第三积温带内抗瘟性最好的11叶品种为龙粳20，第四积温带内抗瘟性最好的10叶品种为龙粳67。不同品种搭配种植的联合抗病性差异较大，龙粳20+龙粳57、龙粳31+龙粳43、龙粳40+龙粳57、龙粳43+龙垦202这类联合抗病性系数较高，联合致病性系数较低的组合联合抗瘟效果更好。综上所述，供试水稻品种稻瘟病抗性水平大部分偏低，需加快抗病育种进程，研究结果为选育和利用抗病品种及品种合理布局提供了参考。

关键词：水稻品种；稻瘟病；抗瘟性鉴定；品种布局

---

* 基金项目：黑龙江省自然科学基金资助项目（QC2011C046）；黑龙江省农垦总局科技攻关计划资助项目（HNK125A-08-06，HNKXIV-01-04-02，HKKYZD190205）；黑龙江省教育厅项目（12521376）；黑龙江八一农垦大学学成、引进人才科研启动计划资助项目（XDB201605，DB201802）；黑龙江八一农垦大学研究生创新科研项目（YJSCX2019-Y18）

** 第一作者：高清，硕士研究生，主要从事植物病理学研究；E-mail：gqing1198@163.com
张亚玲；E-mail：byndzyl@163.com

*** 通信作者：靳学慧；E-mail：Jxh2686@163.com

TaMKP1负调控小麦对条锈菌免疫应答的研究*

张凤凤**，陈德智，肖牧野，沙浩东，方安菲，余　洋，毕朝位，杨宇衡***
（西南大学植物保护学院，重庆　400716）

摘　要：促分裂原活化蛋白激酶磷酸酶（mitogen-activated protein kinase phoshatases，MKPs）是一类丝/苏氨酸和酪氨酸双特异性的磷酸酶，它在细胞分化、增殖和基因表达过程中起着重要的作用。MKPs可以选择性地结合促分裂原活化蛋白激酶MAPK，对MAPK进行去磷酸化，从而调节MAPK信号通路的活性。目前，已有研究证明拟南芥MAPK磷酸酶1（AtMKP1）可以作为负调控因子来抑制由MAPK信号途径，激发的植物对病原细菌和卵菌的防卫反应。然而，小麦对病原菌的免疫反应是否也受到MKP1的负调控尚不清楚。本课题组研究发现一个小麦*MKP*1基因（*TaMKP*1）在小麦条锈菌（*Puccinia striiformis* f. sp. *tritici*）接种12h后急剧上调表达，推测该基因可能参与调控小麦条锈菌互作机制。进一步利用VIGS技术沉默*TaMKP*1基因后发现，接种亲和小种CYR34的小麦叶片产孢量明显下降，证明其很有可能是参与小麦感病的基因。随后的酵母双杂交和双分子荧光互补试验结果表明，TaMKP1蛋白不仅可以同MAPK级联反应关键组分TaMPK3/TaMPK6互作，还可以同TaMPK4直接互作，证明它可能参与调控多种不同的促分裂原活化蛋白激酶信号通路（MAPK）。本研究结果不仅丰富了MAPK调控途径参与植物病原免疫应答的分子机制，同时为小麦抗病遗传改良提供了重要的候选靶标基因。

关键词：TaMKP1；小麦条锈；防卫反应；MAPK信号通路

---

* 基金项目：国家自然科学基金（31801719）；国家重点研发计划（2018YFD0200500）
** 第一作者：张凤凤；E-mail：z1678644851@swu.edu.cn
*** 通信作者：杨宇衡；E-mail：yyh023@swu.edu.cn

禾谷镰刀菌效应蛋白 FgHrip1 的研究*

付振超**，庄慧千，张 林，闫建培，史文炯，杨秀芬，李广悦，曾洪梅***
（中国农业科学院植物保护研究所，植物病虫害生物学国家重点实验室，北京 100193）

摘 要：禾谷镰刀菌（*Fusarium graminearum*）是小麦赤霉病的主要致病菌，小麦从苗期到扬花期都会受到禾谷镰刀菌的侵染。该病菌侵染小麦后，不仅严重影响小麦的产量和品质，在侵染过程中还会分泌有害的真菌毒素，如脱氧雪腐镰刀菌烯醇（DON）和玉米赤霉烯酮（ZEA）。尽管该菌对农业和食品质量有很大的影响，但其致病的分子机制还不清楚，因此，对病菌致病机制的研究成为当前研究的重点。笔者实验室前期从禾谷镰刀菌发酵液中分离纯化出一种能够诱导烟草产生 HR 反应的分泌蛋白，命名为 FgHrip1。通过蛋白质质谱测序、NCBI 的数据比对，得到 FgHrip1 基因序列，并利用原核表达系统获得了纯化的重组蛋白，用 FgHrip1 进行生测实验，发现 FgHrip1 可以诱导烟草叶片的活性氧爆发、胼胝质的积累以及抗性基因的上调表达。用 FgHrip1 处理小麦后，小麦抗赤霉病的能力明显提高；通过对小麦抗性相关基因进行检测，结果表明，FgHrip1 可以诱导小麦多个抗病相关基因的上调表达，其中包括了与水杨酸合成有关的基因 *ICS* 和 *PAL*，以及水杨酸通路的关键调控因子 *NPR*1。据此推测，FgHrip1 可能作为一个信号分子激活小麦的水杨酸通路。此外，为了明确 FgHrip1 在病原菌侵染过程中发挥作用的机制与功能，本研究利用同源重组原理对该基因进行敲除，通过 PCR 和 Southern Blot 获得了 FgHrip1 的缺失突变体。对突变体表型特征进行测定，结果显示突变体生长速率和分生孢子产孢量与野生型相比变化明显。致病力测定结果显示，与野生型相比，突变体对小麦的致病力显著下降，用缺失突变体分生孢子悬浮液注射小麦穗，结果显示接种缺失突变体 FgHrip1 的麦穗除接种位置及邻近的小穗被侵染以外，整个麦穗大体完好，而接种野生型 PH-1 菌株整个麦穗枯萎。本研究通过对 FgHrip1 在植物免疫诱导及病原菌致病性方面进行研究，为小麦赤霉病防治新策略的形成及病原菌致病机制的研究提供了一定的理论基础。

关键词：禾谷镰刀菌；FgHrip1；诱导抗性；缺失突变体

---

* 基金项目：国家重点研发计划（2017YFD0200900）

** 第一作者：付振超，硕士研究生，研究方向为植物病害生物防治；E-mail：82101185105@caas.cn

*** 通信作者：曾洪梅，研究员，主要从事真菌效应蛋白的挖掘及作物-病原微生物互作研究；E-mail：zenghongmei@caas.cn

不同抗性小麦品种混种对小麦孢囊线虫群体动态的影响*

李秀花**，马　娟，高　波，王容燕，李焦生，陈书龙***
（河北省农林科学院植物保护研究所，河北省农业有害生物综合防治工程技术研究中心，
农业农村部华北北部作物有害生物综合治理重点实验室，保定　071000）

摘　要：禾谷孢囊线虫（*Heterodera avenae*）是小麦等禾谷类作物上的重要线虫病害，目前已证实该线虫分布于我国16个省市，给小麦的安全生产造成巨大威胁。对小麦孢囊线虫病的防治措施主要包括种植抗耐病品种、化学防治、生物防治以及健康栽培等，其中防治小麦孢囊线虫病最经济、安全、有效的途径是种植抗病品种。而在同一小麦孢囊线虫发病土壤中，同时种植不同抗性程度的小麦品种，小麦孢囊线虫在不同抗病品种根内的种群动态变化如何，还没有相关报道。为此，在前期工作基础上，对已筛选出来的不同抗病材料进行组合混播，明确混播不同抗性材料对孢囊线虫侵染与发育的影响，旨在为我国利用不同抗病品种防治禾谷孢囊线虫提供理论依据。

于春季3月初土壤刚解冻时从小麦孢囊线虫重病田大量取回病土，过筛后，混合均匀，随机采取病土，利用漂浮法分离土样中的小麦孢囊线虫孢囊。将定量孢囊与土壤混匀后，装至花盆，每盆装病土500ml，把花盆埋入地里，每盆播种8粒种子，在混播处理中每品种播4粒，播深3~4cm。处理组合：高感+高感、高感+中感、高感+中抗、高感+高抗、中感+中感、中感+中抗、中感+高抗、中抗+中抗、中抗+高抗、高抗+高抗，共10种不同抗性水平组合，单一品种作对照。从小麦出苗后，3月下旬开始调查，4月上旬、中旬、下旬，5月上旬、下旬，各调查一次，每次每处理随机选取3盆，分离土壤中的二龄幼虫，并对根系进行染色计数各龄期线虫数量。6月10日最后调查，分离土样中形成的孢囊数量。

试验结果表明，在3月初播种时土壤中的二龄幼虫（J2）大约为6.7头/100ml。在不同抗性品种混种处理中土壤中二龄幼虫出现的高峰时期相同，均在4月上旬。通过比较不同抗性品种土壤内的二龄幼虫数量动态，从3月下旬至4月下旬，土壤中的小麦孢囊线虫二龄幼虫在不同抗性品种组合的土壤中存在差异显著性，而到5月上旬不同处理间显著性差异消失。抗病性较高品种或组合处理中，和其他处理相比，土壤中的二龄幼虫显著增高，说明抗病品种不利于线虫的侵染。

对于根系内的二龄幼虫数量，在抗性品种或组合中，二龄幼虫侵入数量相对较少。从线虫的发育进程看，孢囊线虫在抗性品种或组合中发育延迟，且有低龄发育成高龄的数量

* 基金项目：公益性行业（农业）科研专项（201503114）；河北省财政专项（F17C10007）
** 第一作者：李秀花，副研究员，从事线虫学研究；E-mail：lixiuhua727@163.com
*** 通信作者：陈书龙，研究员，主要从事线虫学研究；E-mail：chenshulong65@163.com

相对减少，说明抗性品种不利于线虫的发育。从不同处理最终形成的孢囊数量看，不同抗性组合形成的孢囊数量具有显著差异。抗性品种组合的孢囊数量显著低于感病品种组合处理。

基于不同品种混播后形成的实际孢囊数量以及基于2个品种单独播种后的孢囊数量计算产生的理论孢囊数量。其所有品种混播处理中的实际孢囊数量均高于理论孢囊数量，说明小麦品种混播后有利于孢囊的发生，这可能由于不同品种混播后，不同品种根系占据的生态位不同，增加了孢囊线虫侵染的机会。

关键词：禾谷孢囊线虫；抗病性；种群动态

不同温度处理对禾谷孢囊线虫存活能力的影响*

李秀花**，马　娟，高　波，王容燕，李焦生，陈书龙***
（河北省农林科学院植物保护研究所，河北省农业有害生物综合防治工程技术研究中心，
农业农村部华北北部作物有害生物综合治理重点实验室，保定　071000）

摘　要：禾谷孢囊线虫（*Heterodera avenae*）是小麦等禾谷类作物上的重要线虫病害，广泛分布于欧洲、亚洲、北美以及澳大利亚等禾谷作物主产区。我国自在湖北省天门县首次发现以来，目前已证实该线虫分布于我国16个省市，给小麦的安全生产造成巨大的威胁。因此开展小麦禾谷孢囊线虫的生物学特性研究将对小麦孢囊线虫病害的防控奠定基础。温度是影响线虫存活、活动、侵染和发育的重要因素，本研究重点测试了禾谷孢囊线虫在不同温度条件下的存活能力以及侵染能力。

10月从禾谷孢囊线虫重病地采回土样，采用漂浮法分离土壤中的孢囊，挑取饱满的孢囊，用无菌水洗涤干净后存放于5℃，8周后再置于15℃使其孵化，获得大量二龄幼虫。对二龄幼虫在不同温度条件下存放不同时间后的存活能力测定方法如下：将孵化的二龄幼虫经无菌水洗涤后，配置成50条/ml，然后分装于24孔细胞培养板内，每孔1ml线虫液，分别置于0℃、5℃、10℃、15℃、20℃、25℃、28℃、30℃、35℃、40℃共10个温度下，-5℃、-2℃则用2ml离心管，每孔1ml线虫液，定期检查每孔或每管内存活的线虫数，计算死亡率。

试验结果表明，禾谷孢囊线虫二龄幼虫的存活能力在不同温度条件下具有差异显著性。在测试温度范围内，0℃以上的温度，随着温度的升高，线虫的存活能力降低，存活时间缩短。禾谷孢囊线虫的二龄幼虫在35℃处理8h死亡率为2.1%，45天死亡率达到100%；40℃处理4h死亡率为3.1%，试验后第9天死亡率达到100%；20~30℃均在105天达到100%死亡；5℃、10℃、15℃分别在221天、219天、117天死亡率达到100%。-2℃在前期比0℃死亡率低，但到后期比0℃死亡率高些。-2℃处理105天以后开始出现死亡，175天后死亡率达到为72.3%，219天为96%；0℃在处理105天已出现死亡，死亡率为1.14%，175天为90.6%，219天为92.5%，-2℃和0℃均在276天死亡率达到100%。随着温度再降低，-5℃时线虫死亡率急剧升高。-5℃在12h时死亡率为28.3%，12h后死亡率急剧升高，1天时死亡率为89.6%，8天时为98.9%，13天时达到100%。

关键词：禾谷孢囊线虫；温度；死亡率

---

* 基金项目：公益性行业（农业）科研专项（201503114）；河北省财政专项（F17C10007）

** 第一作者：李秀花，副研究员，从事线虫学研究；E-mail：lixiuhua727@163.com

*** 通信作者：陈书龙，研究员，主要从事线虫学研究；E-mail：chenshulong65@163.com

东北地区禾谷镰孢菌复合种的毒素类型分析*

贾　娇**，张　伟，孟玲敏，白　雪，吴宏斌，隋　晶，苏前富***
（吉林省农业科学院，农业农村部东北作物有害生物综合
治理重点实验室，公主岭　136100）

摘　要：禾谷镰孢菌（*Fusarium graminearum*）是我国东北地区玉米穗腐病（Maize ear rot）的主要致病菌。该病原菌不仅造成玉米籽粒发霉腐烂严重影响玉米产量和品质，而且在玉米果穗中分泌雪腐镰刀菌烯醇（Nivalenol，NIV）和脱氧雪腐镰刀菌烯醇（Deoxynivalenol，DON）严重威胁人畜健康。研究表明，镰孢菌的产毒类型具有一定的地理分布特征。董怀玉等研究发现我国北方地区玉米上分离的禾谷镰孢菌产生DON毒素，亚洲镰孢菌产生NIV和DON两种毒素。然而，东北地区禾谷镰孢菌的主要产毒类型和毒素分泌情况尚不清楚。因此，明确东北地区禾谷镰孢菌的毒素类型和不同地区病原菌DON毒素的产量，对玉米穗腐病的防治和保障国家粮食安全具有重要的指导意义。为此，本研究收集了吉林省和黑龙江省的玉米穗腐病样品，通过单孢分离法鉴定获得50株禾谷镰孢菌，进一步通过特异引物PCR法检测禾谷镰孢菌的毒素类型、通过酶联免疫法测量DON毒素的产量。结果发现，50株镰孢菌中有24株产生3ADON毒素，20个菌株产生15ADON毒素，5个菌株产生NIV毒素，19个菌株不产生任何毒素，其中19个菌株同时产生3ADON毒素和15ADON毒素，未检测到同时产生3种毒素的菌株及同时产生DON毒素与NIV毒素的菌株；3ADON和15ADON毒素是东北地区禾谷镰孢菌的主要毒素类型；检测0.02g禾谷镰孢菌中DON毒素含量，结果发现吉林省农安、梅河口、大安、长岭和黑龙江的克山、哈尔滨和佳木斯地区菌株毒素产量较高，分别为2.3μg/g、2.34μg/g、2.29μg/g、2.31μg/g、2.21μg/g、2.31μg/g和2.25μg/g；吉林省吉林市、蛟河市和黑龙江黑河地区的禾谷镰孢菌中DON毒素产量较低，分别为0.91μg/g、0.96μg/g和0.64μg/g。结果表明，东北地区禾谷镰孢菌主要产生3ADON毒素和15ADON毒素，部分地区的禾谷镰孢菌不产生DON毒素，不同地区禾谷镰孢菌DON毒素的产量存在明显差别。本研究发现，不同地区禾谷镰孢菌的毒素类型存在差异，且室内培养后其毒素产量水平不同，进一步尚需要研究不同地区禾谷镰孢菌在玉米籽粒中分泌毒素的情况，以及调控禾谷镰孢菌分泌毒素的信号途径，为东北地区玉米穗腐病的防治提供新思路。

关键词：禾谷镰孢菌；毒素类型；毒素产量

---

* 基金项目：国家玉米产业技术体系（CARS-02）

** 第一作者：贾娇，助理研究员，研究方向为玉米病害综合防治；E-mail：jiajiao821@163.com

*** 通信作者：苏前富；E-mail：qianfusu@163.com

河北沧州饲用玉米叶斑病菌研究*

张岳阳**，李彦忠***

（兰州大学草地农业科技学院，草地农业生态系统国家重点实验室，兰州　730020）

摘　要：2019 年 9 月，笔者于玉米抽穗期在河北沧州调查饲用玉米病害时发现一种在叶片上密集黄色小点，而在叶柄处呈褐色小点的病害，植株的发病率 100%，叶片的发病率 45%。本研究分离培养了其病原，并采用形态学和分子生物学方法加以鉴定。结果表明，该病害为由新月弯孢气生变种（*Curvularia lunta* var. *aeria*）引致的玉米弯孢菌叶斑病。调查发现该病害为当地最主要的叶部病害，据报道发病叶片提早干枯，一般减产 20%~30%，严重地块减产 50%以上，甚至绝收，应予以重视，但该地此季节未发生玉米大斑病（*Exserohilum turcicum*）和小斑病（*Bipolaris maydis*）。玉米上发生的弯孢菌属真菌还有苍白弯孢菌（*C. pallescens*）、斑点弯孢菌（*C. maulans*）、棒弯孢菌（*C. clavata*）等，大部分菌种也可侵染水稻等作物，本研究为分子鉴定玉米上发生的弯孢属病原菌提供借鉴。

关键词：玉米；玉米弯孢菌；为害；分子鉴定

---

* 基金项目：长江学者和创新团队发展计划（IRT_ 17R50）；甘肃省科技重大专项计划草类植物种质创新与品种选育（19ZD2NA002）；公益性行业（农业）科研专项经费项目（201303057）；国家现代农业产业技术体系（CARS-34）和南志标院士工作站（2018IC074）资助

** 第一作者：张岳阳，硕士研究生，研究方向为牧草病理学；E-mail：zhangzhangyueyang@ 163. com

*** 通信作者：李彦忠；E-mail：liyzh@ lzu. edu. cn

鲜食大豆品种对大豆炭疽病的抗性评价*

曾华兰**，何 炼，蒋秋平，华丽霞，刘 勇，何晓敏，王明娟
（四川省农业科学院经济作物育种栽培研究所，成都 610300）

摘 要：利用人工喷雾接种法，2019年对来自四川和重庆的21份鲜食大豆品种进行了大豆炭疽病的抗性评价。结果表明，21份鲜食大豆品种中，无免疫和抗病的品种，中抗的有2份，中感的有16份，感病的有3份。试验结果为鲜食大豆的抗病育种提供了参考依据。

鲜食大豆也称毛豆、菜用大豆，因其口味鲜美、营养丰富而为大众所喜爱。鲜食大豆除含有营养丰富的蛋白质，含有不饱和脂肪酸、维生素和各种矿物质，容易被人体吸收利用，对于改善人们的营养状况和调节膳食结构有着极其重要的作用。同时还对高血压、肥胖、高血脂、糖尿病等症状有预防和辅助治疗作用。随着人们生活水平的提高和产业结构的调整，鲜食大豆在四川和重庆需求量日益增加，种植面积呈逐年上升趋势。

由平头炭疽菌（*Colletotrichum truncatum*）引起的大豆炭疽病是鲜食大豆的主要病害，大豆叶片、叶柄、茎秆、豆荚及种子皆可被侵染，尤以为害豆荚最重，严重影响鲜食大豆的商品性，限制鲜食大豆产业的发展。对于大豆炭疽病的防治，培育推广抗病品种是最为经济有效的方法，而品种的抗病性评价则是选育抗病品种的不可缺少的手段，育种者可根据抗性鉴定结果选用抗性材料，从而有针对性地筛选抗病品种，达到育出品种抗病增产的目的。

试验材料来自2019年四川省和重庆市各育种单位参加大豆抗病性鉴定21份鲜食大豆新品种。其中，四川省13份，重庆市8份。供试炭疽病菌菌株为平头炭疽菌，由本项目分离纯化，制成约为1×10^5个/ml的孢子悬浮液。于大豆始荚期喷雾接种，每株接种10ml的大豆炭疽菌孢子悬浮液，成熟期每个品种调查10株的总荚数、病级、分别计算各品种的病情指数。

21份鲜食大豆品种鉴定结果表明，由于鲜食大豆品种选育及研究起步较晚，四川和重庆的鲜食大豆品种对炭疽病的抗性水平还有待提高，参试品种中尚无免疫和抗病的品种，对炭疽病表现为中抗的有2份，病情指数介于16.79~19.82，占9.52%，中感的有16份，病情指数介于27.64~38.56，占76.19%，感病的有3份，病情指数介于40.08~42.65，占14.29%。其中，贡鲜豆4号和浙农2号等两个品种抗性较好，表现为中抗炭疽病。

关键词：鲜食大豆；炭疽病；抗性鉴定

---

* 基金项目：四川省育种攻关项目（2016NYZ0053-2）
** 第一作者：曾华兰，主要从事经济作物病虫害防治及评价研究；E-mail：zhl0529@126.com

大豆炭疽病菌的症状类型及其发生

刘 勇，曾华兰，华丽霞，何 炼，叶鹏盛
（四川省农业科学院经济作物育种栽培研究所，成都 610300）

摘 要：大豆炭疽病由炭疽菌属（*Colletotrichum* Corda）的一些种引起，普遍发生于巴西、印度、南美、泰国、中国，潮湿温暖条件下，病害症状及病情严重度增加。据报道，巴西北部炭疽病发病率每增加1%便造成90kg/hm^{2}的产量损失，美国南部地区该病造成大豆种子产量损失16%~26%，2003—2005年成为美国15个南部州地区的十大重要大豆病害之一，2010—2014年造成美国28个州区和加拿大安大略省大豆产量损失22 799t，是重要的世界性植物病害。笔者通过明确引起大豆炭疽病的主要病原物及其特征，为了解该病流行病学和指导综合防治策略奠定基础，对确保化学防治的成功和培育抗炭疽病大豆品种是至关重要的。

能够引起大豆炭疽病的病原菌有平头炭疽菌 *Colletotrichum truncatum*、菜豆炭疽菌 *C. lindemuthianum*、毁灭炭疽菌 *C. destructivum*、胶孢炭疽菌 *C. gloeosporioides*、毛核炭疽菌 *C. coccodes*、禾生炭疽菌 *C. graminicola*、剪炭疽菌 *C. cliviae*、兰生炭疽菌 *C. chlorophyti*、黑线炭疽菌 *C. dematium* 等。平头炭疽菌 *C. truncatum* 是引起大豆炭疽病最主要的病原菌，该病原菌由荷兰学者于2009年鉴定得出。1961年，由平头炭疽菌引起的大豆炭疽病首次报道发生于巴西的南里奥格兰德州并迅速流行于如塞拉多草原等中西部大草原地区，且从2001年开始，炭疽病作为一种继发性病害持续存在，长期对大豆产量造成严重的损失。

平头炭疽菌 *C. truncatum* 主要侵染大豆豆荚，引起炭疽病症状主要有2种，一种是圆形斑，另一种是条状不规则斑即锈斑。发病时，病斑呈椭圆形或近圆形，边缘常隆起，中央部凹陷，潮湿时患病部位出现朱红色小点或小黑点。病原菌菌落颜色为浅灰色到深灰色，孢子堆为橙色或米橙色，培养7天后菌落直径为3.0~9.0cm。该菌表现出3种类型的产孢方式，即由菌丝末端的分生细胞形成分生孢子，分生孢子盘形成分生孢子，以及直接由可育的刚毛形成分生孢子。分生孢子单胞，镰刀状，透明，无隔膜，平均大小为（19~26.5）μm×（3~4.5）μm。该病原菌分子类群和不同菌株的排他性或半排他性聚集均与其地理来源存在着很强的相关性。

关键词：大豆炭疽病；症状类型；发生

甜瓜尾孢叶斑病菌的生物学特性研究及防治药剂筛选*

叶云峰[1,3**]，洪日新[1,3]，杜婵娟[2]，覃斯华[1,3]，杨　迪[2]，李桂芬[1,3]，黄金艳[1,3]，解华云[1,3]，柳唐镜[1,3]，何　毅[1,3]，李天艳[1,3]，付　岗[2***]

（1. 广西壮族自治区农业科学院园艺研究所，南宁　530007；2. 广西壮族自治区农业科学院植物保护研究所，南宁　530007；3. 广西西甜瓜工程技术研究中心，南宁　530007）

摘　要：瓜类尾孢（*Cercospora citrullina*）是甜瓜尾孢叶斑病的病原菌。该菌在人工培养基上生长迟缓，为明确该菌最适宜的生长条件和筛选适宜的防治药剂，笔者研究了不同培养基、光照、温度、pH 值等因素对该菌菌丝生长的影响，并在室内测定了不同药剂对该菌的抑制效果。笔者研究测试了 7 种不同培养基（PDA、PDAY、MMA、MDYEA、MSDA、TWA、CDA）对该菌菌丝生长的影响，筛选到最佳培养基为 PDAY 培养基。再以 PDAY 为基础培养基，通过改变其中酵母浸膏、葡萄糖等的含量和加入不同体积的甜瓜叶片匀浆（0.25g/ml）获得不同营养含量的培养基，并确定最适宜该菌菌丝生长的培养基：马铃薯 160g/L+琼脂 16g/L+葡萄糖 16g/L+酵母浸膏 4g/L+甜瓜叶片匀浆 200ml+水 800ml。生物学特性测定研究结果表明，最适宜该菌菌丝生长的光照条件为每天 12h 白光/黑暗交替；该菌在 19~31℃范围内能良好生长，在超过 37℃时停止生长，最适生长温度为 31℃；在 pH 值为 4.0~12.0 的范围内均可生长，适宜生长 pH 值为 6.0~8.5，最适 pH 值为 8.0。室内抑菌试验结果表明：对该菌抑制效果最好的药剂为 70%代森锰锌可湿性粉剂，抑菌率为 100%。其次是 20%抑霉唑1 200倍液和 70%戊唑·丙森锌3 000倍液，抑菌率分别为 88.48%和 84.63%。研究结果为进一步掌握甜瓜尾孢叶斑病的发生条件和有效防治该病害提供理论依据。

关键词：甜瓜尾孢叶斑病；生物学特性；药剂筛选

---

* 基金项目：国家重点研发计划资助项目（2018YFD0201300）；国家西甜瓜产业技术体系资助项目（CARS-25）；广西创新驱动发展专项资金资助项目（桂科 AA17204046-2）；国家现代农业产业技术体系广西创新团队项目（nycytxgxcxtd-17-04）；广西农业科学院基本科研业务专项（2015YT49）

** 第一作者：叶云峰，博士，副研究员；E-mail：yeyunfeng111@126.com

*** 通信作者：付岗，博士，研究员；E-mail：fug110@gxaas.net

广东主要瓜类蔬菜真菌病害调查*

于　琳[1,2**]，何自福[1,2,***]，佘小漫[1]，蓝国兵[1]，汤亚飞[1]，李正刚[1]，邓铭光[1]

（1. 广东省农业科学院植物保护研究所，广州　510640；
2. 广东省植物保护新技术重点实验室，广州　510640）

摘　要：瓜类是对葫芦科（Cucurbitaceae）作物的统称，包括黄瓜、冬瓜、苦瓜、南瓜、丝瓜、西瓜和甜瓜等常见蔬菜和水果，其中冬瓜、苦瓜、丝瓜、节瓜等是华南特色蔬菜种类，在广东省广泛种植，栽培历史悠久，具有较高的经济价值。广东省高温高湿的气候环境极易造成真菌病害的发生与流行，严重影响瓜类蔬菜的产量和品质。然而，广东瓜类蔬菜真菌病害种类及其发生规律尚不清楚。为明确广东瓜类蔬菜上真菌病害种类及其发生规律，本研究于2018—2019年间，调查了广东主要瓜类蔬菜（包括黄瓜、苦瓜、南瓜、冬瓜、丝瓜、葫芦、节瓜等）真菌病害的发生情况。结果表明，霜霉病、褐斑病、蔓枯病、炭疽病、黑斑病、菌核病和白粉病是广东黄瓜上的主要真菌病害，白斑病、白粉病、炭疽病和蔓枯病是广东苦瓜上的主要真菌病害，白粉病、蔓枯病、炭疽病和菌核病是广东南瓜上的主要真菌病害，枯萎病、蔓枯病、炭疽病是广东冬瓜和节瓜上的主要真菌病害，枯萎病、霜霉病和蔓枯病是广东丝瓜上的主要真菌病害，蔓枯病、炭疽病和白斑病是广东葫芦上的主要真菌病害。其中，蔓枯病在春季（3—5月）、夏季（6—8月）和秋季（9—11月）均易发生；炭疽病极易在夏季和秋季发生，在冬季（12月至翌年2月）零星发生；枯萎病易在夏季发生；白粉病易在春季、秋季和冬季均可发生；菌核病易在秋季和冬季发生；霜霉病在春季和秋季发生较普遍。本研究为指导广东瓜类蔬菜病害防治提供科学依据。

关键词：瓜类蔬菜；葫芦科作物；真菌病害；病害调查

---

* 基金项目：广东省科技创新战略专项（重点领域研发计划）（2018B020202007）；广东省农业科学院院长基金项目（201822）

** 第一作者：于琳，博士，副研究员，主要研究方向为蔬菜真菌病害；E-mail：yulin@ gdaas. cn

*** 通信作者：何自福，博士，研究员，主要研究方向为蔬菜病害；E-mail：hezf@ gdppri. com

花生果腐病菌分离鉴定及茶枯对其室内抑制效果研究*

余凤玉[1**]，邢益政[2]，刘小玉[1]，杨伟波[1]，付登强[1]，贾效成[1]
（1. 中国热带农业科学院椰子研究所，国家花生工程技术研究中心海南花生科研工作站，文昌 571339；2. 海南热带海洋学院，三亚 572022）

摘 要：花生是我国主要的油料作物，其产量和品质受病虫害的影响很大，当前仍以化学防治为主，因此减少化学农药的用量，保产保质一直是人们关注的焦点。花生果腐病，又称为“花生烂果病”，是一种土传病害，染病地块轻则减产20%，严重的减产50%以上，是花生生产上一种较为严重的病害，对花生产量和品质构成了极为严重的威胁。茶枯是油茶榨油后产生的副产物，富含皂角素，可以抑制或杀灭多种土传病害，且易被微生物分解，使用安全，有利于环境保护。为了降低化学防治强度，改善生态环境，实现稳产优质的目的，笔者开展茶枯对花生果腐病的抑制效果研究，对花生绿色防控具有重要意义。为此，本研究从海南文昌花生种植区随机采集病果，以常规组织分离法从所采集的病果中分离获得致病菌株，通过生物学特性观察及ITS分子鉴定，明确了引起海南文昌花生果腐病的病原菌主要是茄病镰刀菌（*F. solani*）。利用生长速率法测定了茶枯发酵液对该病原菌的抑制效果，结果表明，茶枯发酵液对该病原菌的菌丝生长、产孢、孢子萌发均有明显的抑制作用。发酵浓度为10g/L时，对菌丝生长抑制效果最强，抑制率达到83.29%，产孢抑制率77.26%，孢子萌发抑制率不高，只有8%，但萌发产生的芽管粗短、扭曲、畸形，不能进一步生长为菌丝体。

关键词：花生；果腐病；茶枯；室内抑制效果

* 基金项目：海南省重点研发项目（ZDYF2018100）；海南省自然科学基金项目（319MS081）

** 第一作者：余凤玉，主要从事植物病害防控技术研究；E-mail：yufengyu17@163.com

马铃薯卷叶病毒通读蛋白原核表达及抗血清的制备*

李小宇[1**]，王韬远[2]，张春雨[1]，张胜利[3]，王忠伟[1]，李 闯[1]，王永志[1***]

（1. 吉林省农业科学院植物保护研究所，公主岭 136100；2. 芜湖职业技术学院，芜湖 241000；3. 吉林省蔬菜花卉科学研究院，长春 130000）

摘 要：马铃薯卷叶病毒（*Potato leafroll virus*，PLRV）是常见的马铃薯病毒病病原，PLRV 基因组有 8 个 ORF，其中 ORF5 全长1 527bp，编码 508 个氨基酸组成的蛋白为通读蛋白（Read Through Protein），研究表明 PLRV 在宿主细胞或蚜虫体内复制时才需释放 RT 蛋白，并且凸出于病毒粒体表面，是蚜虫识别因子。为体外表达 RT 蛋白及抗血清制备，本研究通过 TRIzol 试剂提取含有 PLRV 马铃薯叶片的总 RNA，反转录合成体外第一条链，设计引物：PLRV RT-Up：AATAATAATCATATGGTAGACTCCGGATCAGAG（下划线为酶切位点：*Nde* Ⅰ）；PLRV RT-Down：AATAATAATTCTAGATCATTTCCTCCCTTGGAA（下划线为酶切位点：*Xba* Ⅰ），PCR 克隆出 *PLRV RT* 基因。经过序列分析，发现含有 4 个对于原核表达体系使用频率低于 20%的稀有密码子 CUA，在不改变 PLRV RT 蛋白质编码的前提下，对序列中的密码子进行改造，重新合成 *PLRV RT* 基因，使其偏好原核表达。构建 pCzn1-PLRV RT 重组表达载体，转化 Top10 感受态细胞，验证成功后，pCzn1-PLRV RT 重组表达载体转入化 BL21（Plyss）表达感受态细胞，扩大培养，经 IPTG 诱导后，表达出 PLRV RT 蛋白，采用 Ni^{2+}离子亲和层析柱纯化出 PLRV RT 蛋白，并通过 Western Blot 方法鉴定。PLRV RT 蛋白免疫 8 周龄雌性昆明小鼠，采用肌内和腹腔注射，10d 免疫 1 次，每次每只免疫 200ng 目的蛋白；首次免疫时，目的蛋白与弗氏完全佐剂等比例充分乳化，后 3 次免疫，目的蛋白与弗氏不完全佐剂等比例充分乳化；免疫 4 次后，采集抗血清。通过间接 ELISA 方法，确定抗血清识别重组蛋白效价为64 000倍，识别天然病毒效价为32 000倍。特异性分析表明，制备的抗血清能够识别来自 3 个不同地区的 PLRV（吉林省公主岭市、黑龙江省克山县和内蒙古自治区扎兰屯市），并且不识别马铃薯 Y 病毒、马铃薯 M 病毒和马铃薯 S 病毒。PLRV RT 蛋白原核表达的成功，表明在多种马铃薯病毒共同侵染植株造成单一病毒纯化难度较大的情况下，通过基因工程方法来表达出病毒的功能蛋白是一种快捷有效的手段。PLRV RT 蛋白抗血清的制备，为 PLRV RT 蛋白的功能研究奠定了基础，为 PLRV 的检测提供了技术支持，对马铃薯脱毒种薯种苗的质量提供了保障。

关键词：马铃薯卷叶病毒；通读蛋白；原核表达；抗血清

---

* 基金项目：2019 年吉林省省级乡村振兴专项资金（薯类作物新品种及农机农艺配套栽培技术示范与推广）

** 第一作者：李小宇，副研究员，从事分子病毒学研究；；E-mail：lxyzsx@ 163. com

*** 通信作者：王永志，研究员，从事分子病毒学研究；；E-mail：yzwang@ 126. com

北京地区不同甘薯品种对根腐病的抗性评价*

岳　瑾[1**]，杨建国[1***]，李仁崑[2]，张胜菊[3]，张桂娟[3]
(1. 北京植物保护站，北京　100029；2. 北京市农业技术推广站，北京　100029；3. 北京市大兴区植保植检站，北京　102609)

摘　要：在2017—2019年以39个甘薯品种为材料，进行甘薯根腐病抗性的评价。结果发现：浙薯75、心香、秦薯、龙薯515、冀17-52、台农71、福薯18、浙紫薯3号、西瓜红、浙薯13、脱毒烟薯25、龙薯515、苏薯16、密选1号、徐紫8号共15个品种为根腐病抗病品种。

关键词：北京地区；甘薯；根腐病；品种；抗病性

甘薯是北京市种植的特色农产品，2019年种植面积1 165hm^2，在甘薯种植过程中，病害对甘薯的产量和品质影响较大。近年来由于连茬种植造成甘薯根腐病呈现愈演愈烈的形势，甘薯根腐病已经成为制约北京甘薯种植三大病害（甘薯根腐病、病毒病、茎线虫病）之首。一般发病地块减产10%~20%，重病地块植株成片死亡甚至造成绝产[1-2]。本试验在2017—2019年对39个甘薯品种进行了根腐病的抗性评价，以期筛选出在北京地区具有抗根腐病性能的甘薯品种，为指导北京地区的甘薯种植提供理论支持[3]。

1　材料与方法

1.1　供试甘薯品种

济薯25、3-15-53、冀紫薯2号、金山108、泉薯109、福宁12、济薯26、7-14-52、烟薯25、秦薯14、冀薯6-8、福薯604、一点红、浙薯75、黄香蕉、黄玫瑰、心香、秦薯、京选-2、龙薯515、冀17-52、浙紫1、台农71、福薯18、浙薯33、西农431、紫罗兰、浙紫薯3号、龙薯9号、秦薯7号、西瓜红、浙薯13、脱毒烟薯25、脱毒138、龙薯515、川紫6号、苏薯16、密选1号、徐紫8号。

1.2　试验地点

大兴区庞各庄镇留民庄村。

1.3　调查内容与方法

调查内容：2017年5月25日、2018年5月15日、2019年5月10日定植，定植后40天调查根腐病地上部发病情况；2017年10月8日、2018年10月10日、2019年10月12日调查根腐病地下部发病情况，并进行记录。调查方法：调查采用对角线固定5点法，每

* 基金项目：粮经作物产业技术体系北京市创新团队（BAIC09-2019）

** 第一作者：岳瑾，高级农艺师，主要从事病虫害防治技术研究与推广；E-mail：yuejin_ 612@163. com

*** 通信作者：杨建国，推广研究员，主要从事病虫害防治技术研究与推广；E-mail：liangjingke8871@163. com

点调查 10 株，调查病（虫）株数、病薯数、总薯数、发病级数。

1.4 数据处理

1.4.1 根腐病分级标准

地上部分级标准：0 级，看不到病症；1 级，叶色稍发黄，其他正常；2 级，分枝少而短，叶色显著发黄，有的品种现蕾或开花；3 级，植株生长停滞，显著矮化，不分枝，老叶自下向上脱落；4 级，全株死亡。地下部（薯块）分级标准：0 级：薯块正常无病症；1 级：个别根变黑（病根数占总根数的 10%以下），地下茎无病斑，对结薯无明显影响；2 级：少数根变黑（病根数占总根数的 10%~25%），地下茎及薯块有个别病斑，对结薯有轻度影响；3 级：近半数根变黑（病根数占总根数的 25.1%~50.0%），地下茎和薯块病斑较多对结薯有显著影响，有柴根；4 级：多数根变黑（病根数占总根数的 50%以上），地下茎病斑多而大，不结薯甚至死亡（图）。

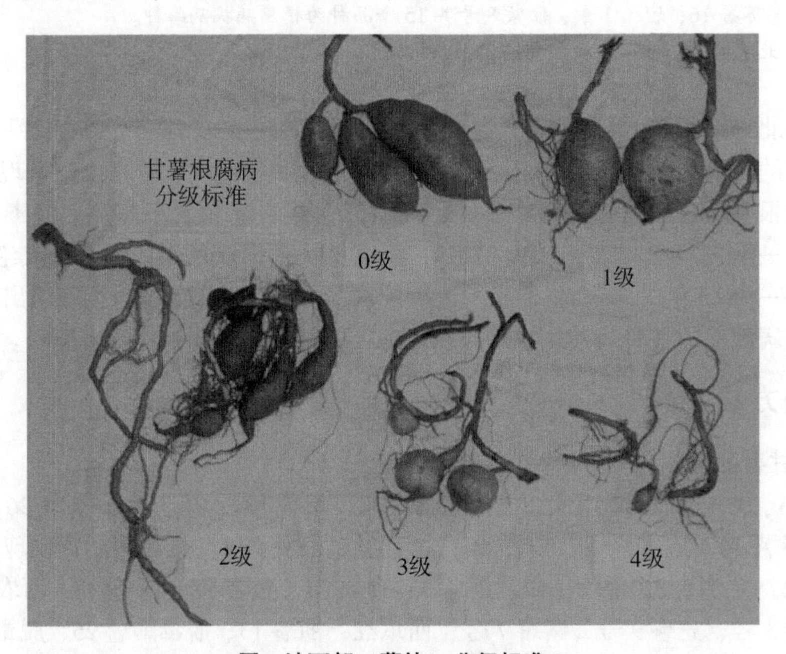

图 地下部（薯块）分级标准

1.4.2 抗性标准

根据病情指数将甘薯根腐病抗性分为 5 级。高抗（病情指数 ≤20%）；抗病（20% < 病情指数 ≤40%）；中抗（40%<病情指数≤60%）；感病（60%<病情指数≤80%）；高感（80%<病情指数）[4]。

1.4.3 计算公式

病情指数 = ∑（各级感病薯块数×相应级数）/（调查薯块数×最高级数）×100

2 结果与分析

甘薯根腐病病情指数结果表明（详见下表），2017 年 24 个甘薯品种中济薯 26、黄玫瑰、脱毒 138、川紫 6 号表现为抗病，病情指数分别为 22.1、21.1、25.8、22.5；西农 431、龙薯 9 号表现为中抗，病情指数分别为 47.6、58.6；济薯 25、一点红、浙薯 75、心香、龙薯515、台农71、福薯18、浙紫薯3号、西瓜红、浙薯13、脱毒烟薯25、龙薯515、苏薯16、密选1号、徐紫8号表现为高抗，病情指数在0~18.6；浙薯33、紫罗兰、秦薯7号表现为高感，病情指数分别为92.1、93.4、80.1。2018年16个甘薯品种中济薯25、济薯26、浙薯75、黄玫瑰表现为抗病，病情指数分别为32、38.5、38.7、33.5；3-15-53、黄香蕉表现为中抗，病情指数分别为59、42；冀紫薯2号、金山108、泉薯109、福宁12、7-14-52、烟薯25、秦薯14表现为高感，病情指数在84.0~98.5。2019年13个甘薯品种中济薯25、济薯26、黄玫瑰、京选-2、浙紫1表现为抗病，病情指数分别为25、22.1、24.2、38.2、24；黄香蕉表现为中抗，病情指数分别为57；浙薯75、心香、秦薯、龙薯515、冀17-52共5个品种表现为高抗，病情指数在2.8~5；冀紫薯2号、福薯604表现为高感，病情指数分别为91.7、100.0。

综合2017—2019年的抗性数据，浙薯75、心香、秦薯、龙薯515、冀17-52、台农71、福薯18、浙紫薯3号、西瓜红、浙薯13、脱毒烟薯25、龙薯515、苏薯16、密选1号、徐紫8号共15个品种为根腐病抗病品种。

表　不同年份不同甘薯品种对根腐病的抗性分级　　单位:%

品种	病情指数			
	2017年	2018年	2019年	总评
济薯25	18.6HR	32 R	25R	抗病
3-15-53		59MR		中抗
冀紫薯2号		98.5HS	91.7HS	高感
金山108		90HS		高感
泉薯109		90HS		高感
福宁12		95.5HS		高感
济薯26	22.1R	38.5R	22.1R	抗病
7-14-52		98.5HS		高感
烟薯25		96HS		高感
秦薯14		86HS		高感
冀薯6-8		84HS		高感
福薯604		99HS	100HS	高感
一点红	7.2HR	90HS		高感
浙薯75	3.97HR	38.7R	8HR	高抗
黄香蕉		42MR	57MR	中抗
黄玫瑰	21.1R	33.5R	24.2R	抗病
心香	0.8HR		5HR	高抗
秦薯			2.8HR	高抗
京选-2			38.2R	抗病

（续表）

品种	病情指数			
	2017 年	2018 年	2019 年	总评
龙薯 515	6.8HR		0HR	高抗
冀 17-52			0HR	高抗
浙紫 1			24R	抗病
台农 71	0HR			高抗
福薯 18	2.8HR			高抗
浙薯 33	92.1HS			高感
西农 431	47.6MR			中抗
紫罗兰	93.4HS			高感
浙紫薯 3 号	11.1HR			高抗
龙薯 9 号	58.6MR			中抗
秦薯 7 号	80.1HS			高感
西瓜红	8.8HR			高抗
浙薯 13	0.9HR			高抗
脱毒烟薯 25	1.2HR			高抗
脱毒 138	25.8R			抗病
龙薯 515	6.8HR			高抗
川紫 6 号	22.5R			抗病
苏薯 16	0HR			高抗
密选 1 号	13.1HR			高抗
徐紫 8 号	18.4HR			高抗

注：HR：高抗；R：抗病；MR：中抗；S：感病；HS：高感

3 结果与讨论

推广抗病品种是防治甘薯根腐病最经济有效的措施，综合 2017—2019 年的抗性数据，浙薯 75、心香、秦薯、龙薯 515、冀 17-52、台农 71、福薯 18、浙紫薯 3 号、西瓜红、浙薯 13、脱毒烟薯 25、龙薯 515、苏薯 16、密选 1 号、徐紫 8 号共 15 个品种表现出高抗性。

田间病原菌种群数量分布、病原菌致病力和小气候的差异性对甘薯根腐病在田间的发病流行会造成一定影响，因此有必要在室内严格控制条件进一步测定不同品种对根腐病的抗性差异，为指导生产上选用合适稳定的抗病品种提供技术保障[5]。种植抗病品种是绿色防控技术的重要组成部分[6]，符合“公共植保、绿色植保”的发展理念，符合首都都市型农业的发展定位，符合化学农药减量的植保要求。整合包含种植抗性品种、土壤处理、高效低毒低残留药剂防治等多种技术于一体的综合绿色防控技术，可以解决北京地区甘薯根腐病难防、难治的现状，实现甘薯生产提质增效。

参考文献

[1] 江苏省农业科学院，山东省农业科学院．中国甘薯栽培学［M］．上海：上海科学技术出版社，1984.

[2] 陈利锋，徐敬友．农业植物病理学［M］．北京：中国农业出版社，2001.

[3] 游春平，陈炳旭．我国甘薯病害种类及防治对策［J］．广东农业科学，2010（8）：115-119.

[4] 李云，卢杨，宋吉轩，等．贵州甘薯种质资源的抗病性评价［J］．天津农业科学，2013，19（11）：73-75.

[5] 刘子荣，刘小娟，黄衍章，等．不同甘薯品种对根腐病及食叶性害虫的抗性效果分析［J］．江西农业大学学报，2019，41（2）：258-266.

[6] 余成章，傅文泽，叶志雄．甘薯抗病种质主要性状鉴定与综合评价［J］．杂粮作物，2003，23（2）：83-86.

汕头市杨梅凋萎病的发生及防控*

郑道序[1**]，黄武强[2]，陈利新[2]，黄伟藩[3]，朱晓武[1]
（1. 汕头市林业科学研究所，汕头 515041；2. 汕头市潮阳区金灶镇科协，汕头 515041；3. 汕头市潮阳区农业局，汕头 515041）

摘 要：杨梅凋萎病可引致杨梅整株枯死，严重发病时，可摧毁整个果园，是影响当前杨梅生产的主要因素。主要病原为拟盘多毛孢属病菌，但对该病害的防控，目前未见有效药剂。贯彻绿色防控理念，采用以生态控制为主的综合防控技术，是当前生产上防治该病害的有效措施。

关键词：杨梅凋萎病；发生原因；防控技术

杨梅 *Myrica rubra* Sieb. & Zucc 为杨梅科 Myricaceae 杨梅属 *Myrica* 植物，我国特有果树，南方重要经济林树种。其果实酸甜适口，风味独特，富含糖类、酸类、维生素 C 及各种氨基酸，且具消食、除湿等功效，是深受人们喜爱的传统佳果。同时，由于树性强健，耐贫瘠、耐寒、耐旱，适应性广，易于栽培，枝叶终年常绿，既能保持水土，又能绿化环境，因而常作为荒地造林的先锋树种[1]。截至 2013 年全国栽培面积约 35 万 hm^2，年产量约 120 万 t，已成为长江以南各省市果品发展的支柱产业[2]。潮汕地区是广东省杨梅主产区，2013 年 9 月，汕头市小北山麓出现了成片枯死的杨梅，引起了社会普遍关注[3]。为解决这一困扰生产的难题，2014 年笔者申请立项进行研究，现已基本弄清杨梅枯死原因，防控技术在生产中取得了一定成效。本文根据项目开展的试验情况，结合同行专家的相关研究，阐述了该病害的发生及综合防控技术措施。

1 杨梅凋萎病严重暴发原因

汕头市暴发杨梅成片枯死的情况，早在我国其他杨梅产区同样存在。其症状相同，但名称多样，本地称为杨梅枯死病，外地有的称为杨梅枯枝病、杨梅枯萎病，也有的称为杨梅癌症、杨梅黄龙病或杨梅枝叶凋萎病、杨梅黄化枯死病等，现多称为杨梅凋萎病。据陈方永[4]报道，初步鉴定病原菌为枇杷拟盘多毛孢 *Pestalotiopsis eriobotryfolia*，并认为侵染杨梅报道尚属首次。该病之所以严重影响生产，主要有如下几个原因。

1.1 致死速度快，破坏力极强大

植株初感病时，抽出的新梢浅黄鲜亮，与正常的嫩梢明显不同，其后叶子黄化如开水烫伤状，表现为枯死枝梢夹杂在植株中，植株整体生长及结果基本正常；第二年或其后抽生的新梢，梢短且弱，凋落叶多，于叶柄处常见白色菌丝。植株生长受阻，果期提前；发

* 基金项目：汕头市科技计划项目“汕头市杨梅枯死病防控技术的研究”（项目编号：2014-86）

** 第一作者：郑道序，林业教授级高工，从事林果有害生物绿色防控研究；E-mail：237488643@qq. com

病第三年，新老叶均出现枯黄，落叶严重，末梢成扫把状秃枝，有花但多不育；发病第四年，则整株枯死，锯开树干发现心材呈黑褐色。病树在林间呈点状分布，有时与健株相邻并存，有时整个杨梅果园被摧毁。

1.2 拟盘多毛孢属病菌为主的病原

在对引发浙江省不明原因枯死杨梅的病原菌研究中，陈方永[4]、求盈盈[5]初步鉴定致病病原为拟盘多毛孢属病菌（*Pestalotiopsis* sp.），吴阳春[6]对其抗性机制开展了相关研究，任海英[7]鉴定致病原菌为拟盘多毛孢属的异色拟盘多毛孢（*P. versicolor*）和小孢拟盘多毛孢（*P. microspora*）。广东省农业科学院植保所、华南农业大学群体微生物研究中心从带病的杨梅枝叶上，也都分离到包括拟盘多毛孢菌在内的多种真菌，认为拟盘多毛孢菌是引发杨梅枯死的主要病原，但也可能是多病菌重复侵染所致[8-9]。

1.3 大面积存在的感病寄主

杨梅凋萎病在不同品种、不同立地条件和不同树龄的杨梅树上均能发病，但以外来品种居多，尤其是东魁杨梅受害最为严重，是林间枯死杨梅的主要品种。在浙江省，陈方永调查认为，不同杨梅品种间的抗性存在差异，东魁的感病性最为严重，荸荠种次之，本地梅雄株、白杨梅感病少，甚至不感病。张振兰[10]也认为不同品种的杨梅对凋萎病抗性差异明显，目前的主栽品种东魁是敏感品种。在广东省，较之本地品种，以东魁杨梅为主的外来杨梅品种，更适于病原菌的侵入、增殖和传播并成为林间病菌主要的寄主，是二次传播病源中心。

1.4 具备了适宜入侵的环境条件

任海英[11]对引发杨梅凋萎病的2个病原异色拟盘多毛孢和小孢拟盘多毛孢，从温度、湿度及营养物质对病菌分生孢子萌发的影响进行了研究，认为20~30℃最适合分生孢子萌发，相对湿度低于60%不适合分生孢子萌发，分生孢子能利用多种营养物质萌发。这与林间在秋季表现为病害发生的高峰基本吻合，因为此前的初夏天气适于分生孢子入侵，其后在寄主体内定殖，进入秋季则呈现新梢黄化，叶柄基部出现白色菌丝，落叶、枯枝等病变症状。这个气候条件在南方一带出现的时段较长，尤其是夏季沿海的台风雨较多，常常加速病害集中暴发。

1.5 仍然采用的不良栽培习惯

不良的栽培措施助长了杨梅凋萎病的发生。一是为了节省用工，多年来果农已习惯偏施或多施化肥。而化肥撒施于土表，根部易呈往上生长，影响果树正常生长。而过量的化学肥料也使杨梅根毛及菌根出现坏死，营养吸取受到影响，植株衰弱。二是为了果实又好又快地上市，多年来果农习惯多施激素。由于在生产过程中长期喷施了催熟剂或催果剂，最终也造成了植株畸形或长势衰退，导致对病菌的抗性低下。张绍升对福建长汀杨梅枯死原因进行了诊断，结论是果农过度施用多效唑，引起杨梅营养过度消耗，并提出应控制多效唑使用（中国森防信息网，2012-12-05）。任海英[12]也认为高浓度多效唑会加速加重凋萎病的发生。当前，长期的不良栽培习惯仍在继续中。

1.6 目前尚未发现真正有效的药剂

2011年，浙江省农技专家汇聚共商破解之法，在杨梅病害对策研讨会上，新梢抽发期采取喷药防治法得到专家肯定（黄岩区政府网，2011-11-22）。但实际上药剂防治效果不佳，病害无法控制，不断向外蔓延扩展，通过带菌穗条或嫁接带菌穗条的实生苗，一路向南部沿海及内陆扩散。2013 年杨梅凋萎病在广州市从化区良口镇暴发（金羊网，2013-06-12）。黄雪松[13]在对 2014 年传入广西的杨梅凋萎病应用 7 个药剂试验后，推荐苯醚甲环唑、咪鲜胺和丙环唑 3 个药剂轮流喷施；任海英[14]对 10 个药剂试验后，认为吡唑醚菌酯、苯醚甲环唑、咪鲜胺、异菌脲和丙环唑 5 个药剂有一定防效，但远远不能达到生产要求。这主要是因为该菌引发的多种植物病害通常寄生在叶、果上，但在杨梅上却主要定殖枝条的韧皮部，加上发病规律目前尚不清楚，导致药剂防效低。笔者根据广东省农业科学院植物保护研究所专家的建议及华南农业大学群体微生物研究中心对 16 个药剂室内毒力筛选结果，结合生产中实际使用情况，应用 9 个药剂进行喷药防治试验，防效均不理想，甚至有的药剂较对照还差（待发表）。

2 综合防控技术

基于上述的相关研究及初步掌握的病害在林间的发展规律，结合本项目在养分、品种和药剂三方面的试验情况及生产实践中掌握的经验，探索形成了针对杨梅凋萎病的防治技术，并在果园进行了应用示范，取得了一定成效。综合防控主要技术措施如下。

2.1 杜绝凋萎病原菌的再次进入

由于外来的杨梅品种常常是杨梅凋萎病的病原携带者，它们在林间一般形成病害暴发的中心。因此，要从源头上杜绝病原菌的进入，也就是要杜绝外来品种的引入，包括以东魁系列品种为主的外地杨梅品种及来自疫区的未经检疫的其他杨梅，都要采用一刀切的办法，决不能马虎大意。建议至少在 5 年之内不引种任何外来杨梅品种，所有生产上的植物材料，包括实生苗、嫁接苗和穗条，一率推荐使用来源于本土的无病杨梅优良品种植株。

2.2 常年保持果园卫生

清园工作很重要，特别是在防控杨梅凋萎病方面，经实践证明这是十分有效的措施。一是果实采摘后要做好果园的卫生工作，收集地面枯枝、落叶、落果，修剪植株衰弱枝、病虫枝，把枯枝、枯木、病死树尽量清理出园外，一并焚烧处理；二是每个台风过后都要进行清理，及时把园中的落叶和枯枝清理干净，撒施石灰；三是冬季清园要做到全面、彻底，破坏病虫滋生场所，减少病害传染源，在清理完毕后，可使用甲基硫菌灵进行喷药消毒；四是平时要注重果园巡查，时常保持果园卫生。

2.3 深度修剪，谨慎嫁接

修剪是杨梅生产中常用的技术措施，通过修剪重叠枝、荫生枝等，保证了树体通风透光，创造有利于植株生长的环境。但在当前，要特别注意杨梅凋萎病菌的传染入侵。修剪时要选择晴朗天气，健树与病树的修剪工具要分开或用酒精消毒。病枝要在病健交界处位置下 10cm 处作深度短缩，短截造成较大伤口的，要涂药膏保护，还要注意适当保湿，避免日晒爆裂。修剪后全园最好进行喷药保护。嫁接一般不在园内进行，尤其是在感病果园嫁接穗条，常常造成穗条感病致死的现象。如确实需要，除工具消毒外，嫁接前还应对嫁接的杨梅树喷一次药剂。

2.4 主施有机肥，停用激素、除草剂

提倡适当留草，人工除草，停用除草剂；提倡手工逐个疏果，不建议用硬物扫落疏果，以免造成伤口，禁用化学激素疏果；加速果实上市，可以覆盖地膜增加光照，禁止化学激素在催熟、膨大果实方面的应用；主施农家肥或含微生物菌的有机肥料，停止单一化

肥的应用，尤其是氮肥、磷肥；减少复合肥使用，使用的复合肥选择含活性腐植酸的品种；停止包括多效唑在内的各种激素的使用；根部每年要增培新土。

2.5　科学用药，防重于治

由于该病菌在林间的药剂防治效果低，因此，要尽量减少用药次数并科学用药。春梢抽生期、连日放晴后骤雨时、台风雨过后放晴时，都应喷药 1～2 次进行预防，喷药时要全株喷到位，尤其是叶背与枝干。可用吡唑醚菌酯、苯醚甲环唑、咪鲜胺和丙环唑等药剂，也可选用其他在实践应用中有一定效果的药剂，要注意轮换用药，一种药剂连续应用最多二次，第三次则要改用其他品种药剂。采果后、清园后及嫁接前都应考虑进行一次全园喷药。

3　回顾与展望

3.1　拟盘多毛孢菌是引发杨梅凋萎病的主要病原

拟盘多毛孢菌引致杨梅凋萎病的发生，基本已成共识，但应该还可能存在着其他因素的作用。从拟盘多毛孢属真菌为害其他果树引发的病害看，多是常见且防治并不困难的病害，如引发茶轮斑病、枇杷灰斑病、咖啡轮斑病、苹果叶斑病、番石榴果斑病、粗榧枯死病[15-20]等，目前仅在杨梅树上能形成难以防治的灾难性病害。而从多地健康无病症的杨梅树上，也同样可以分离到拟盘多毛孢菌株，迄今为止，也未见有关拟盘多毛孢菌量的快速增殖以及增殖后引起的结果可能是引发植物发病原因的报道[21]。而广东的研究者，从带病的杨梅枝叶上，多年来一直分离到包括拟盘多毛孢菌在内的其他真菌。拟盘多毛孢菌是不是唯一引发杨梅凋萎病的病原菌，它是如何从内生状态变为病理状态，还有待于作更为深入的研究。

3.2　东魁杨梅是拟盘多毛孢病菌的主要感染品种

东魁杨梅最容易感染拟盘多毛孢病菌，是杨梅凋萎病的主要寄主，得到普遍认同。据何桂娥[22]报道，1999 年浙江省台州市黄岩区屿头乡引坑村东魁杨梅上已出现此病。病害从浙江一路南下传播的路径痕迹清楚，这主要是因为拟盘多毛孢菌通过东魁杨梅的穗条或嫁接实生苗向沿海及内陆作远距离扩散所致。东魁杨梅是浙江农业大学吴耕民教授 1979 年命名的优良品种，在汕头市引种已有 20 年的历史了。作为目前国内果型最大的杨梅果种，包括粤东在内的全国各地杨梅产区大面积种植，因此，一旦发病，破坏力极强，可轻易毁灭整个果园。

3.3　化学防治在林间难以有效开展

杨梅东魁在原产地或引种地由于受一些未知因素的影响，内生的拟盘多毛孢转变为病原拟盘多毛孢，在林间形成了发病中心，而后病孢子借助空中的风雨、气流，在林间进行近距离传播。由于拟盘多毛孢菌主要定殖于杨梅枝条的韧皮部，具有隐蔽性且发病速度极快。一旦久雨暴晒、久晴骤雨、台风雨后，都将引发病害在林间的大发生。而目前也未见真正有效药剂，室内筛选的药剂在林间使用有一定效果，但离生产实际需要还有差距。针对该病害的综合防控技术，强调了农业措施的重要性，尤其是抗性品种，是当前应对该病害的最为直接有效的方法。目前，只能寄希望于有针对性的特效药剂出现，否则想在林间开展化学防治取得好的效果，基本是不可能的。

3.4 提倡以绿色发展为方向的杨梅生产

李红叶等[23]在1991—1993年研究浙江舟山杨梅根腐病的过程中，分离到拟盘多毛孢菌（*Pestalotiopsis* sp.），其描述的杨梅枯死慢性衰亡型症状与凋萎病相近。说明这个病菌的确长期寄生于杨梅的树体及根际土壤中，但并不存在危害，是基本可以忽略的。因此，长期的栽培管理技术应用不当，尤其是农药、激素和化肥的过度使用极有可能是发病的一个重要诱因。任海英[24]建议在采果前1个月，喷施0.4%硫酸亚铁，代替化学农药的使用，既有一定防效，又能避免果实中出现药物残留，这是符合绿色发展方向的。笔者认为，杨梅生产必须以绿色发展引领生产全过程，这有助于在整个良好的生态环境下，各种微生物保持某种程度上的互相制约而长期趋于和谐共存状态[25]。随着绿色发展理念的深入，改变以前单纯的经济利益驱动，应用绿色防控技术于生产，营造良好生态环境，对于包括杨梅在内的农业产业的可持续发展，显得尤其重要。

（致谢：华南农业大学周佳暖老师、王俊霞老师为本项目的研究开展提供了指导与帮助，特此致谢！）

参考文献

[1] 广东省林业局，广东省林学会．广东省经济林主要树种栽培技术［M］. 广州：广东科技出版社，2007.

[2] 任海英，戚定江，梁森苗，等．利用常规PCR和实时荧光定量PCR检测杨梅凋萎病菌［J］. 植物病理学报，2016，46（1）：1-10.

[3] 郑道序，黄武强，林文欢，等．汕头市金灶镇杨梅枯死病成因与对策［J］. 广东林业科技，2015，31（3）：102-105.

[4] 陈方永，王引，倪海枝，等．杨梅枯萎病流行规律调查及病原菌初步鉴定［J］. 农业科技通讯，2011（8）：74-77.

[5] 求盈盈，任海英，王汉荣，等．杨梅突发性枝叶凋萎病发病调查与病原接种研究［J］. 浙江农业科学，2011，1（1）：98-100.

[6] 吴阳春．杨梅凋萎病抗性机制研究［D］. 杭州：浙江师范大学，2017.

[7] Ren H Y，Lin G，Qi X J，et al. Identification and characterization of *Pestalotiopsis* spp. causing blight disease of bayberry（*Myrica rubra* Sieb. & Zucc）in China［J］. Eur J Plant Pathol.，2013，137：451-461.

[8] Li W J，Hu M，Xue Y，et al. Five Fungal Pathogens Are Responsible for Bayberry Twig Blight and Fungicides Were Screened for Disease Control［J］. Microorganisms，2020，8：689.

[9] 陈利新，黄武强，郑道序，等．杨梅凋萎病的发生与品种的关系研究［J］. 汕头科技，2019，1：44-47.

[10] 张振兰，朱萧婷，任海英，等．杨梅种质资源对凋萎病抗性评价［J］. 浙江农业科学，2014（10）：1567-1569.

[11] 任海英，戚定江，梁森苗，等．环境因子对杨梅凋萎病菌分生孢子萌发及侵染的影响［J］. 果树学报，2015，32（3）：474-480.

[12] 任海英．多效唑对杨梅及其凋萎病发生的影响［C］//2019年杨梅产业研讨会论文集．

[13] 黄雪松，赵艳红，黄秋庆．不同药剂对杨梅枝叶凋萎病防治效果［J］. 南方园艺，2016，27（5）：20-22.

[14] 任海英，戚定江，陈安良，等．十种杀菌剂对杨梅凋萎病的药效评价［J］. 果树学报，2013，

30（5）：848-853.

[15] 葛起新，陈育新，徐同．中国真菌志　拟盘多毛孢属［M］．北京：科学出版社，2009.

[16] 贺春萍，郑肖兰，李锐，等．红毛丹灰斑病病原鉴定及生物学特性研究［J］．果树学报，2010，27（2）：270-274.

[17] 陈长卿，张博，杨丽娜，等．越橘圆斑病病原菌鉴定及其生物学特性［J］．东北林业大学学报，2011，39（1）：95-98.

[18] 窦彦霞，瞿付娟，于晓东，等．枇杷花腐病病原生物学特性研究［J］．中国南方果树，2009，38（1）：47-50.

[19] 张小媛，何红，胡汉桥，等．红海榄赤斑病病原鉴定及生物学特性研究［J］．植物病理学报，2009，39（6）：584-592.

[20] Keith L M，Velasquez M E，Zee F T. Identification and characterization of *Pestalotiopsis* spp. causing scab disease of guava *Psiduim guajava* in Hawaii［J］. Plant Disease，2006，90：16-23.

[21] 任海英，梁森苗，郑锡良，等．杨梅凋萎病侵染、传播及树体内分布规律［J］．浙江农业学报，2016，28（4）：630-639.

[22] 何桂娥，徐春燕，何凤杰．杨梅枝叶凋萎病病因分析及综防建议［J］．浙江柑橘，2013，30（3）：29-33.

[23] 李红叶，曹若彬，任如红，等．杨梅（*Myrica rubra*）根腐病的症状和病原研究［J］．浙江农业大学学报，1995，21（4）：398-402.

[24] 任海英，梁森苗，郑锡良，等．杨梅凋萎病综合防治技术试验［J］．浙江农业科学，2014，12（4）：1849-1855.

[25] 郑道序，吴悦宏．以绿色防控技术为方向应对杨梅凋萎病的发生［C］//2019 全国农作物病虫害绿色防控与生物农药发展学术研讨会论文集．

广东省人参果青枯病病原鉴定*

余小漫**，汤亚飞，蓝国兵，于 琳，李正刚，何自福***
（广东省农业科学院植物保护研究所，广东省植物保护新
技术重点实验室，广州 510640）

摘 要：茄科雷尔氏菌［*Ralstonia solanacearum*（Smith）Yabuuchi *et al.*］是世界上最重要的植物病原细菌之一，分布于全球热带、亚热带和温带地区。该病原菌寄主范围广，可侵染 50 个科 200 多种植物。人参果学名为南美香瓜茄（Pepino Melon，*Solanum muricatum* Aiton），又名长寿果、凤果、艳果，原产南美洲，属茄科类多年生双子叶草本植物，在我国甘肃、四川、贵州、云南、湖北、湖南、江西、广西等省区均有种植。近年来，人参果开始在广东省种植。2018 年 3 月，在广东惠州的人参果种植地发生青枯病，田间病株率为 33%。人参果病株叶片萎蔫、失去光泽，病株维管束变褐，最后整株枯萎。在含 1% TZC 的 LB 琼脂平板上，30℃培养 48h 后，可从病株茎基部组织中分离到较菌落形态较一致的细菌分离物，菌落呈近圆形或梭形，隆起，中间粉红色，周围乳白色。采用传统及分子生物学的方法对广东省发生的人参果青枯病的病原进行了鉴定。细菌学鉴定及致病性测定结果表明，该病害是由茄科雷尔氏菌侵染引起的，且属于 1 号生理小种和生化变种 3；分子生物学分析结果进一步显示，人参果青枯病菌属茄科雷尔氏菌演化型Ⅰ即亚洲分支菌株、序列变种 13、15 或 34。

关键词：人参果青枯病；茄科雷尔氏菌；病原鉴定

---

* 基金项目：国家自然科学基金（31801698）；广东省自然科学基金项目（2018A030313566）；科技创新战略专项资金（高水平农科院建设）（R2018PY-JX004）

** 第一作者：余小漫，博士，研究员，研究植物病原细菌；E-mail：lizer126@126.com

*** 通信作者：何自福，研究员；E-mail：hezf@gdppri.com

紫花苜蓿炭疽病的研究进展*

罗　庭**，李彦忠***
（兰州大学草地农业教育部工程研究中心，兰州大学农业农村部草牧业创新重点实验室，兰州大学甘肃省西部草业技术创新中心，兰州大学草业科学国家级实验教学示范中心，兰州大学草地农业生态系统国家重点实验室，兰州大学草地农业科技学院，兰州　730020）

摘　要：苜蓿炭疽病（Alfalfa anthracnose）是在世界范围内苜蓿种植区普遍发生的一种局部侵染性植物病害。目前，紫花苜蓿炭疽病病原菌约 11 种，其中三叶草炭疽菌（*Colletotrichum trifolii*）、毁灭炭疽菌（*Colletotrichum destructivum*）和平头炭疽菌（*Colletotrichum truncatum*）是引起紫花苜蓿炭疽病的常见种。炭疽菌可危害苜蓿的叶片、茎秆和根，对茎秆危害较严重。感病茎秆表面有水渍状黑色凹陷圆形病斑或长条形病斑，严重时病斑环剥整个茎秆。由于炭疽菌属（*Colletotrichum* spp.）形态特征的单一性与分类系统的不稳定性，目前主要采用以 Sutton 分类系统形态学鉴定为基础结合多基因联合系统发育树分子生物学鉴定为主的方法对炭疽菌属的种类进行确定。该类真菌主要靠分生孢子侵入植株组织皮层或角质层产生真菌病害，病原菌主要在残茬上越冬，作为来年的主要侵染源，不适的温度、湿度与田间栽培措施等同样会加重苜蓿炭疽病的流行和田间病害的严重度，发病后苜蓿根损伤无法越冬，或直接在生长季萎蔫和死亡，导致苜蓿很快稀疏衰败，对草产量和使用年限造成不可挽回的损失和影响。现今，主要以抗病品种筛选为主，生物防治、药剂防治和农业防治方法等为辅对该病害进行防治，以期提高苜蓿产量和改善品质。

关键词：苜蓿；炭疽病；危害；侵染循环；防治

* 基金项目：长江学者和创新团队发展计划资助（IRT_ 17R50）；甘肃省科技重大专项计划草类植物种质创新与品种选育（19ZD2NA002）；公益性行业（农业）科研专项经费项目（201303057）；国家现代农业产业技术体系（CARS-34）；南志标院士工作站（2018IC074）

** 第一作者：罗庭，在读硕士；E-mail：luot19@ lzu. edu. cn
*** 通信作者：李彦忠；E-mail：liyzh@ lzu. edu. cn

奇异长喙壳菌基因组学分析*

牛晓庆**，孟秀利，余凤玉
（中国热带农业科学院椰子研究所，院士团队创新中心，椰子国家
工程研究中心，文昌　571339）

摘　要：奇异长喙壳菌 *Ceratocystis paradoxa* 是椰子泻血病的病原。本文首次对该菌进行三代 Nanopore 全基因组测序。组装得到完整基因组总长 29.8Mb，结合通用数据库和特殊数据库进行基因功能注释，最终得到6 935个基因。GO 注释基因2 375个，KOG 注释基因4 062个，Swissprot 注释4 752个，用 TrEMBI 注释工具得到基因6 550个。其中注释转运蛋白基因 110 个，辅酶 CAZyme 基因 285，致病相关基因2 005个。采用信号分析软件和膜蛋白预测软件得到分泌蛋白基因 357 个，并对2 003个可能的致病相关基因进行了归纳、总结，得到效应子蛋白有 22 个。基因组的测序为奇异长喙壳菌的分子水平研究提供重要线索和海量的数据，可为从中挖掘、筛选生长发育相关基因、致病相关基因等提供必要条件，也为后期探索新的病害防治策略提供理论依据。

关键词：椰子泻血病；奇异长喙壳菌；基因组；功能注释

---

* 基金项目：海南省重点研发计划项目——海南椰子病害调查、病原鉴定及主要病害防治技术研究与应用（ZDYF2019072）

** 第一作者：牛晓庆，副研究员，主要从事热带棕榈病害研究；E-mail：xiaoqingniu123@126.com

奇异长喙壳菌菌丝生长阶段转录组分析*

牛晓庆**，余凤玉，杨德洁

（中国热带农业科学院椰子研究所，院士团队创新中心，

椰子国家工程研究中心，文昌 571339）

摘　要：本文通过二代测序平台 Illumina Hiseq 2500 对椰子泻血病病原奇异长喙壳菌菌丝的两种发育阶段（即发育初期米白色菌丝阶段、发育后期黑色菌丝+厚垣孢子阶段）进行转录组测序，2 样品共获得 9. 85Gb 的数据，过滤后，获得总碱基数为 7. 09G，共15 637条 Unigenes。对基因结构进行 ORF 预测、SSR 及 SNP 分析，获得 SSR 标记6 635个，得到纯合 SNP 位点 759 个；生物信息学分析得到获得7 802条 Unigenes 的注释结果，共得到1 112个差异表达的基因，以产孢阶段基因为对照，处理组菌丝阶段上调表达的基因有 511 个，下调表达的基因有 601 个。代谢通路分析结果显示，从菌丝生长发育初期到菌丝生长发育后期产孢阶段，参与的代谢途径盘根错节、复杂多样，这是奇异根串珠霉在转录组分析方面的初次探索，为奇异长喙壳菌生长发育相关基因的功能研究提供重要参考。

关键词：奇异长喙壳菌；转录组测序；差异基因；功能注释

---

* 基金项目：海南省重点研发计划项目——海南椰子病害调查、病原鉴定及主要病害防治技术研究与应用（ZDYF2019072）

** 第一作者：牛晓庆，副研究员，主要从事热带棕榈病害研究；E-mail：xiaoqingniu123@ 126. com

槟榔黄化病病原研究最新进展、问题及建议*

唐庆华**，宋薇薇，于少帅，孟秀利，余凤玉，牛晓庆，杨德洁，覃伟权***
（中国热带农业科学院椰子研究所，院士团队创新中心，
海南省槟榔产业工程研究中心，文昌 571339）

摘　要：槟榔是一种典型的热带作物，在中国、印度等主要种植国占据重要经济地位。近年来，印度和中国槟榔黄化病日趋严重，已成为制约槟榔产业可持续发展的关键因素。迄今，仅印度、中国、斯里兰卡三国发生黄化病，但病原具有较大差异。在印度和斯里兰卡，已报道的病原均为植原体。其中，印度发现了16SrⅪ-B亚组、16SrI-B亚组和16SrⅩⅣ组3个组或亚组的植原体；斯里兰卡则为16SrXIV组植原体。在中国，2010年车海彦等、周亚奎等分别在黄化槟榔样品中检测到16SrI-G亚组和16SrI-B亚组植原体。2015年，中国科学技术大学吴清发教授团队在海南黄化槟榔上首次检测到线形科+ss RNA病毒；2020年海南大学黄惜教授团队则进一步对该病毒引起的症状、全基因组特征以及疑似媒介昆虫进行了研究，由此证实除了植原体外病毒病很可能也是引起中国槟榔黄化病的一种病原。为了避免混淆2种病原引起的黄化病，建议用槟榔植原体黄化病（areca palm phytoplasma yellow leaf disease，APPYLD）和槟榔病毒黄化病（areca palm virus yellow leaf disease，APVYLD）2个名称进行区分。同时，由于2种病原均可引起槟榔叶片黄化，因此有必要对其引起的症状进行系统研究，找出症状特点、相似性及差异，并对海南省黄化槟榔进行系统性调查及病原检测，从而摸清2种黄化病的分布范围、面积、为害程度等本底数据，研发、示范并推广有效防控措施及技术，进而制订针对性防控策略及措施，从而为广大槟榔农户脱贫增收提供技术支撑并保障确保中国槟榔产业的健康发展。

关键词：槟榔；黄化病；病原；植原体；病毒

---

* 基金项目：2018年海南省槟榔病虫害重大科技项目（ZDKJ201817）；槟榔产业技术创新团队（1630152017015）

** 第一作者：唐庆华，博士，副研究员，研究方向为植原体病害综合防治及病原细菌-植物互作功能基因组学；E-mail：tchuna129@163.com

*** 通信作者：覃伟权，研究员；E-mail：QWQ268@163.com

应用巢式 PCR 技术检测槟榔黄化植原体检出率低的原因分析*

唐庆华**，孟秀利，于少帅，宋薇薇，余凤玉，牛晓庆，杨德洁，覃伟权***
（中国热带农业科学院椰子研究所，院士团队创新中心，
海南省槟榔产业工程研究中心，文昌 571339）

摘　要：槟榔是海南省最具特色的重要经济作物之一，全省 200 多万农民以槟榔为主要经济来源。近年来，槟榔黄化病日趋严重，已成为制约海南槟榔产业健康发展的瓶颈。植原体是引起海南槟榔黄化的一种重要病原菌，病原检测中最常用的是巢式 PCR 技术。2019 年 12 月至 2020 年 6 月，笔者采用 P1/P7 + R16mF2/R16mR1、R16mF2/R16mR1 + R16F2n/R16R2 引物组合对采集于保亭、万宁、琼海、文昌、定安、屯昌 6 市县 108 株黄化槟榔的 714 份总基因组 DNA 样品（叶片、花苞、叶脉）进行了分子检测。共从 11 株槟榔的 11 份样品中扩增到约 1 400bp或 1 200bp的目标条带，测序、比对结果显示扩增得到的序列均为植原体。实验结果表明，植原体检出率非常低。扩增到植原体的植株占检测植株的 10.19%，阳性基因组 DNA 样品占全部样品的 1.54%。通过分析，笔者认为槟榔黄化植原体检出率的原因主要有 3 个：①田间采样需要准确识别植原体感染植株并采集合适部位（黄化小叶，这一点对于尚未掌握槟榔黄化植原体检测技术的实验室及人员尤为重要）；②植原体在槟榔体内含量极低且分布不均；③最重要的是巢式 PCR 技术检测灵敏度不足，严重制约了植原体的检出。针对这一问题，笔者应用槟榔黄化植原体环介导等温扩增（loop - mediated isothermal amplification，LAMP）、实时荧光定量 PCR（Real - time PCR）以及微滴式数字 PCR（droplet digital PCR，ddPCR）检测技术，进行批量检测有望解决笔者面临的传统巢式 PCR 植原体检出率低的问题，实现病害早期诊断，从而达到指导槟榔黄化病防控的目的。

关键词：槟榔；黄化病；植原体；巢式 PCR；检测

---

* 基金项目：2018 年海南省槟榔病虫害重大科技项目（ZDKJ201817）；槟榔产业技术创新团队（1630152017015）

** 第一作者：唐庆华，博士，副研究员，研究方向为植原体病害综合防治及病原细菌-植物互作功能基因组学；E-mail：tchuna129@ 163. com

*** 通信作者：覃伟权，研究员；E-mail：QWQ268@ 163. com

咖啡腐皮镰孢黑果病病原鉴定及其生物学特性测定*

吴伟怀[1**]，朱孟烽[1,2]，贺春萍[2]，梁艳琼[2]，陆　英[2]，易克贤[2***]
（1. 中国热带农业科学院环境与植物保护研究所，农业农村部热带作物有害生物综合治理重点实验室，海口　571101；2. 海南大学生命科学与药学院，海口　570228）

摘　要：针对云南咖啡园在雨季出现的一种咖啡果实变黑的病害进行了病原菌分离，获得 CPE5 与 CPE12 菌株。2 个菌株在 PDA 培养基上，菌落均呈圆形，毡状，菌丝体灰白色，表面稀疏，背面出现浅黄色色素。分生孢子具 1～8 个隔膜，长 6.08～65.30mm；宽 2.76～9.03mm。小型分生孢子肾形，大型分生孢子镰刀型。致病性测定表明，无论是接种健康新鲜的咖啡离体叶片还是果实，产生的症状以及再分离后获得的分生孢子形态特征均与初始接种菌株的一致。分子鉴定结果表明，无论是 ITS、β-tubulin、TEF、28S rDNA 单个基因聚类树，还是 ITS-TEF 加合基因序列聚类结果均一致表明，菌株 CPE5 与 CPE12 同属于腐皮镰孢（*Fusarium solani*）。这是国内腐皮镰孢为害咖啡果实的首次报道。病原菌的生物学特性研究表明，咖啡腐皮镰孢菌最适宜生长的培养基是 PDA 和玉米粉琼脂培养基；最适生长温度为 28℃；完全光照有利于病原菌的生长。病原菌对碳源甘露醇以及氮源牛肉浸膏、甘氨酸、尿素利用率最高；菌株在 75℃，10min 条件下即可致死。咪鲜胺锰盐、戊唑醇两种药剂的 EC_{50} 值分别为 1.835 2mg/ml，1.482 6mg/ml，对菌株 CPE5 菌丝体生长具有十分显著的抑制效果。

关键词：咖啡；腐皮镰孢；分子鉴定；生物学特性

* 基金项目：本研究由国家重点研发项目特色经济作物化肥农药减施技术集成研究与示范（2018YFD0201100）；中国热带农业科学院基本科研业务费专项资金（1630042017021）；FAO/IAEA 合作研究项目（NO. 20380）共同资助

** 第一作者：吴伟怀，副研究员；研究方向为植物病理学；E-mail：weihuaiwu2002@163.com

*** 通信作者：易克贤，博士，研究员；E-mail：yikexian@126.com

甘蔗抗褐锈病新基因定位抗感病池构建及SSR分子标记筛选*

仓晓燕**，李文凤，单红丽，王晓燕，张荣跃，王长秘，黄应昆***
（云南省农业科学院甘蔗研究所，云南省甘蔗遗传改良重点实验室，开远 661699）

摘　要：由黑顶柄锈菌（*Puccinia melanocephala* H. Sydow & P. Sydow）引起的甘蔗褐锈病是危害我国甘蔗生产的主要病害之一，鉴定和发掘新的抗病基因对防止褐锈病暴发流行及保证甘蔗安全生产具有重要的理论和实践意义。为了发掘抗褐锈病新基因，笔者以杂交组合“粤糖03-393”×“ROC 24”抗感分离真实性 F_1 代群体为材料，构建抗感基因池，合成449对引物进行抗感亲本及抗感基因池抗、感连锁SSR分子标记筛选。结果表明，有25对引物在抗感亲本间有多态性，有4对引物（SMC236CG、SCESSR0928、SCESSR0636、SCESSR2551）在抗感亲本及抗感池间有多态性，初步判定这4个SSR标记在染色体上的位点可能与抗褐锈病基因存在连锁关系。本研究结果为后续开展抗褐锈病新基因定位及我国甘蔗褐锈病防控和抗病育种奠定了良好的基础。

关键词：甘蔗；褐锈病；抗病基因；抗感病池；SSR标记

* 基金项目：国家自然科学基金项目（31660419）；国家现代农业产业技术体系（糖料）建设专项资金（CARS-170303）；云岭产业技术领军人才培养项目“甘蔗有害生物防控”（2018LJRC56）；云南省技术创新人才培养对象项目（2019HB074）和云南省现代农业产业技术体系建设专项资金

** 第一作者：仓晓燕，助理研究员，主要从事甘蔗病害研究；E-mail：cangxiaoyan@126.com

*** 通信作者：黄应昆，研究员，从事甘蔗病害防控研究；E-mail：huangyk64@163.com

斯里兰卡进境云南甘蔗暗色座腔孢菌的检测与鉴定*

仓晓燕**，张荣跃，王晓燕，单红丽，李　婕，王长秘，黄应昆***
（云南省农业科学院甘蔗研究所，云南省甘蔗遗传改良重点实验室，开远　661699）

摘　要：2019年，云南从斯里兰卡进境的蔗茎中发现多个棕红色感病蔗茎，通过分离培养获得菌株，对菌株进行形态学鉴定、致病性测定、基于ITS序列进化分析。结果表明，菌落初期为白色，中后期为灰黑色，绒毡状；分生孢子（8.5～12.5）μm×（3～4.5）μm，椭圆形至长圆形，淡褐色至深色，无隔膜；分生孢子梗褐色，有分叉，微弯曲。致病性接种表明，接种后蔗茎变为红色，具茎腐病典型症状。用引物ITS1和ITS4进行核酸序列扩增，获得约500bp的片段并进行测序，测序序列提交到NCBI数据库（登录号MK937756.1）。所获菌株km-1与暗色座腔孢菌（*Phaeocytostroma sacchari*）UMICH-1（登录号：KC893550.1）一致性为100%。基于ITS序列的系统进化分析结果表明，菌株km-1与暗色座腔孢菌（*P. sacchari*）UMICH-1（登录号：KC893550.1）聚在一个进化分枝。依据形态学、致病性测定、ITS序列和聚类分析结果，确证分离到的菌株为引起甘蔗茎腐病的暗色座腔孢菌（*P. sacchari*），这是斯里兰卡进境中国甘蔗材料中检测到暗色座腔孢菌（*P. sacchari*）的首次报道。

关键词：甘蔗茎腐病；形态学特征；致病性测定；序列分析；暗色座腔孢菌

---

* 基金项目：国家现代农业产业技术体系（糖料）建设专项资金（CARS-170303）；云岭产业技术领军人才培养项目“甘蔗有害生物防控”（2018LJRC56）；云南省现代农业产业技术体系建设专项资金

** 第一作者：仓晓燕，助理研究员，主要从事甘蔗病害研究；E-mail：cangxiaoyan@126.com

*** 通信作者：黄应昆，研究员，从事甘蔗病害防控研究；E-mail：huangyk64@163.com

甘蔗 *eIF4E* 基因克隆及生物信息学分析*

单红丽**，王晓燕，李　婕，张荣跃，王长秘，仓晓燕，李文凤，黄应昆***
（云南省农业科学院甘蔗研究所，云南省甘蔗遗传改良重点实验室，开远　661699）

摘　要：真核生物翻译起始因子 4E（eukaryotic translation initiation factor 4E，*eIF4E*）是病毒侵染植物必须的寄主因子，*eIF4E* 直接与病毒 VPg 蛋白互作启动病毒复制，在植物病毒侵染过程中起关键作用。本研究通过 RT-PCR 技术在甘蔗线条花叶病毒（*Sugarcane streak mosaic virus*，SCSMV）抗性品种 CP94-1100 中克隆到一个甘蔗 *eIF4E* 基因，命名为 *SseIF4E1*。生物信息学分析发现该基因 cDNA 序列包括一个长度为 663bp 的开放阅读框，可编码一个含 220 个氨基酸的蛋白。该蛋白分子量为 24.55ku，理论等电点 pI 为 5.70，酸性氨基酸（Asp+Glu）个数为 33，碱性氨基酸（Arg+Lys）个数为 26，属于稳定的亲水性蛋白，不存在信号肽，存在于细胞质中；蛋白结构分析表明该蛋白具有典型特征的真核生物翻译起始因子 4E 保守结构域 IF4E，二级结构中具有 α-螺旋（28.10%）和 β-折叠（4.09%）、无规则卷曲（52.73%）以及延伸链（15.00%）结构。多序列比对和进化分析表明，*eIF4E* 基因编码蛋白与割手密（*Saccharum spontaneum*）、甘蔗杂交种（*Saccharum hybrid cultivar*）、高粱（*Sorghum bicolor*）和玉米（*Zea mays*）等 *eIF4E* 蛋白具有较高的同源性，以上结果为进一步揭示甘蔗 *eIF4E* 基因的功能奠定了理论基础。

关键词：甘蔗；真核生物翻译起始因子 4E；基因克隆；生物信息学分析

---

* 基金项目：国家自然科学基金项目（31701490）；国家现代农业产业技术体系（糖料）建设专项资金（CARS-170303）；云岭产业技术领军人才培养项目“甘蔗有害生物防控”（2018LJRC56）；云南省技术创新人才培养对象项目（2019HB074）；云南省现代农业产业技术体系建设专项资金

** 第一作者：单红丽，副研究员，主要从事甘蔗病害研究；E-mail：shhldlw@163.com

*** 通信作者：黄应昆，研究员，从事甘蔗病害防控研究；E-mail：huangyk64@163.com

甘蔗品种对甘蔗梢腐病的自然抗性鉴定*

单红丽**，李文凤，李　婕，王晓燕，张荣跃，王长秘，仓晓燕，黄应昆***
（云南省农业科学院甘蔗研究所，云南省甘蔗遗传改良重点实验室，开远　661699）

摘　要：甘蔗梢腐病是严重影响中国甘蔗产业高质量发展的暴发流行性真菌病害，不同的甘蔗品种对甘蔗梢腐病的抗性不一，筛选和种植抗病品种是防治甘蔗梢腐病最经济有效的措施。为明确近年国家糖料体系育成的新品种及各蔗区主栽品种对甘蔗梢腐病的抗性，筛选抗梢腐病优良新品种供生产上推广应用。本研究结合甘蔗新品种区域化试验、选择云南临沧、普洱、玉溪和广西宜州甘蔗梢腐病高发蔗区，采用田间自然抗性调查方法，对中国近年选育的60个新品种和31个主栽品种进行自然抗性调查评价。田间自然发病调查结果表明：60个新品种中，35个表现高抗到中抗，占58.33%，25个表现为感病到高感，占41.67%；31个主栽品种中，15个表现高抗到中抗，占48.39%，16个表现为感病到高感，占51.61%。研究结果显示，目前大面积种植的新台糖25号、粤糖93-159、盈育91-59、柳城03-1137、云蔗03-258、川糖79-15、新台糖1号、桂糖11号、桂糖42号等主栽品种高度感病，而近年选育的粤甘49号、福农11-2907、闽糖11-610、闽糖12-1404、桂糖11-1076、粤甘46号、粤甘47号、福农09-2201、福农09-6201、福农09-7111、福农10-14405、闽糖06-1405、桂糖40号、桂糖44号、桂糖06-1492、桂糖06-2081、桂糖08-1180、桂糖08-1589、云蔗11-1074、德蔗07-36等优良新品种抗病力强。建议在多雨湿热且甘蔗梢腐病高发的蔗区，应加大淘汰感病主栽品种和推广应用抗病优良新品种力度，以期达到品种合理布局，从根本上控制甘蔗梢腐病暴发流行，为甘蔗产业高质量发展提供保障。

关键词：甘蔗；新品种；主栽品种；梢腐病；自然抗病性

---

* 基金项目：国家现代农业产业技术体系（糖料）建设专项资金（CARS-170303）；云岭产业技术领军人才培养项目“甘蔗有害生物防控”（2018LJRC56）；云南省技术创新人才培养对象项目（2019HB074）；云南省现代农业产业技术体系建设专项资金

** 第一作者：单红丽，副研究员，主要从事甘蔗病害研究；E-mail：shhldlw@163.com

*** 通信作者：黄应昆，研究员，主要从事甘蔗病害防控研究；E-mail：huangyk64@163.com

中国甘蔗主要育种亲本宿根矮化病检测分析*

李　婕**，张荣跃，仓晓燕，王晓燕，单红丽，王长秘，黄应昆***
（云南省农业科学院甘蔗研究所，云南省甘蔗遗传改良重点实验室，开远　661699）

摘　要：由 *Leifsonia xyli* subsp. *xyli*（Lxx）引起的甘蔗宿根矮化病（ratoon stuning disease，RSD）是一种细菌性维管束病害，可对甘蔗造成严重经济损失。了解当前中国甘蔗常用育种亲本宿根矮化病发生情况对甘蔗抗病育种及有效防控甘蔗宿根矮化病具有重要指导意义。为明确中国甘蔗常用育种亲本对 RSD 的自然抗性水平，筛选抗 RSD 亲本，本研究利用 PCR 方法对国家甘蔗种质资源圃保存的 255 份甘蔗常用育种亲本进行了 RSD 分子检测分析。结果表明，255 份供试亲本材料中，共 175 份亲本材料检测呈阳性（带有 RSD 病菌），检出率为 68.6%，其余 80 份亲本材料检测呈阴性不带有 RSD 病菌。不同系列亲本 RSD 检出率不同，其中 vmc 系列亲本 RSD 检出率最低（40.0%），其对 RSD 自然抗性较强，抗 RSD 的亲本所占比例相对较高，可作为抗 RSD 的育种亲本材料；桂糖系列亲本 RSD 检出率最高（84.6%），其对 RSD 自然抗性较弱，抗 RSD 的亲本所占比例较低。研究结果可为抗 RSD 育种亲本的选择提供参考依据，对甘蔗抗 RSD 育种具有重要指导意义。

关键词：甘蔗；宿根矮化病；主要育种亲本；PCR 检测

---

* 基金项目：国家现代农业产业技术体系（糖料）建设专项资金（CARS-170303）；云岭产业技术领军人才培养项目“甘蔗有害生物防控”（2018LJRC56）；云南省现代农业产业技术体系建设专项资金

** 第一作者：李婕，助理研究员，主要从事甘蔗病害研究；E-mail：lijie0988@163.com

*** 通信作者：黄应昆，研究员，从事甘蔗病害防控研究；E-mail：huangyk64@163.com

甘蔗白叶病抗病性鉴定方法的建立与应用*

李文凤**，王晓燕，仓晓燕，单红丽，王长秘，张荣跃，黄应昆***

（云南省农业科学院甘蔗研究所，云南省甘蔗遗传改良重点实验室，开远 661699）

摘　要：为建立简便高效、致病性稳定和规范实用的甘蔗抗白叶病鉴定方法，推动甘蔗抗白叶病育种。笔者从甘蔗材料处理与种植、接种液配制、接种方式、病情调查、分级标准制定等层面对甘蔗抗白叶病鉴定技术进行了系统研究与探索，首次优化创建了简便高效、致病性稳定和规范实用的甘蔗抗白叶病鉴定方法，即种苗喷雾接种法和生长期切茎接种法。种苗喷雾接种法包括直接筛选甘蔗白叶病植原体蔗茎榨汁加 10 倍量无菌水配制接种液、用接种液喷洒蔗种塑料薄膜保湿、接种材料桶栽置防虫温室培养、接种种植 30 天开始调查病株率、按 1~5 级标准进行抗病性评价。切茎接种法包括直接筛选甘蔗白叶病植原体蔗茎榨汁加 10 倍量无菌水配制接种液、鉴定材料桶栽置防虫温室培养、4—5 月株龄切茎用移液枪将 100μl 接种液滴入根部切口接种、接种种植 20 天开始调查病株率、按 1~5 级标准进行抗病性评价。两种方法与自然传播相似，接种后发病显著、灵敏度高、重现性好，抗性鉴定结果与田间自然发病相吻合。研究通过两种方法和田间自然发病调查，鉴定明确了 10 个主栽品种对甘蔗白叶病抗病性，其抗病性真实、可靠，可作为今后甘蔗抗白叶病鉴定标准品种。

关键词：甘蔗白叶病；接种技术；种苗喷雾接种法；切茎接种法；抗病鉴定

---

* 基金项目：国家自然科学基金项目（31760504）；国家现代农业产业技术体系（糖料）建设专项资金（CARS-170303）；云岭产业技术领军人才培养项目“甘蔗有害生物防控”（2018LJRC56）；云南省创新人才培养对象项目（2019HB074）；云南省现代农业产业技术体系建设专项资金

** 第一作者：李文凤，研究员，主要从事甘蔗病害研究；E-mail：ynlwf@ 163. com

*** 通信作者：黄应昆，研究员，从事甘蔗病害防控研究；E-mail：huangyk64@ 163. com

甘蔗品种对甘蔗褐锈病的自然抗性评价与 *Bru*1 分子检测*

李文凤**，仓晓燕，单红丽，王晓燕，张荣跃，王长秘，李　婕，黄应昆***
（云南省农业科学院甘蔗研究所，云南省甘蔗遗传改良重点实验室，开远　661699）

摘　要：为明确近年国家糖料体系育成的新品种及各蔗区主栽品种对甘蔗褐锈病的抗性，筛选抗褐锈病优良新品种供生产上推广应用。本研究结合甘蔗新品种区域化试验，选择云南临沧、普洱、玉溪和广西宜州甘蔗褐锈病高发蔗区，采用田间自然抗性调查与抗性基因分子标记辅助鉴定方法，对中国近年选育的60个新品种和34个主栽品种进行自然抗性评价及抗褐锈病基因 *Bru*1 分子检测。田间自然发病调查结果表明，94个新品种及主栽品种中，66个表现高抗到中抗，占70.21%，28个表现为感病到高感，占29.79%；分子检测结果显示，共54个抗病新品种及主栽品种含有抗褐锈病基因 *Bru*1，频率为57.45%，表明中国近年选育的新品种及主栽品种中蕴藏着优良的 *Bru*1 基因。研究结果显示，目前大面积种植的桂糖29号、桂糖44号、德蔗03-83、柳城03-1137、粤糖60号、巴西45号、桂糖46号等主栽品种高度感病，而近年选育的粤甘48号、福农09-2201、福农09-7111、福农11-2907、桂糖08-120、桂糖08-1533、桂糖11-1076、柳城09-15、中蔗1号、云蔗08-1095、云蔗08-1609、云蔗11-1204、云蔗11-3898、云瑞10-187、德蔗12-88、粤甘50号、粤甘51号、福农08-3214、福农09-6201、福农09-12206、闽糖12-1404、桂糖06-1492、桂糖08-1180、柳城09-19、中蔗6号、中蔗13号、云蔗11-1074、云蔗11-3208、云瑞10-701、德蔗09-78、中糖1201等新品种抗病力强。

关键词：甘蔗；新品种；主栽品种；褐锈病；抗褐锈病基因 *Bru*1；自然抗病性

---

* 基金项目：国家现代农业产业技术体系（糖料）建设专项资金（CARS-170303）；“云岭产业技术领军人才”培养项目“甘蔗有害生物防控”（2018LJRC56）；云南省现代农业产业技术体系建设专项资金

** 第一作者：李文凤，研究员，主要从事甘蔗病害研究；E-mail：ynlwf@163.com

*** 通信作者：黄应昆，研究员，从事甘蔗病害防控研究；E-mail：huangyk64@163.com

甘蔗黑穗病研究进展*

王长秘**，李　婕，张荣跃，王晓燕，单红丽，仓晓燕，黄应昆***
（云南省农业科学院甘蔗研究所，云南省甘蔗遗传改良重点实验室，开远　661699）

摘　要：甘蔗黑穗病（*Ustilago scitaminea* Sydow）是一种世界性的重要真菌病害，属系统性侵染病害，历史上此病在一些蔗区曾流行，导致甘蔗植株生长受阻，有效茎减少，纤维含量增加，蔗糖含量降低，引起重大经济损失，至今仍在造成不同程度经济损失，严重威胁到甘蔗产业稳定和发展。尤其近两年，云南蔗区春夏持续高温干旱，多数蔗区黑穗病发生严重，感病品种 ROC22、闽糖 69-421 等高度感病，病株率达 20%以上，为害日趋严重，严重影响甘蔗生产。本文结合国内外最新研究成果综述了甘蔗黑穗病的发生及危害、病原、症状、遗传多样性及分子检测、甘蔗对黑穗病菌的胁迫响应及黑穗病防治方法，并对甘蔗黑穗病的深入研究进行了展望，以期为甘蔗黑穗病有效防治提供理论参考和科学依据，有效控制该病害大面积发生流行。

关键词：甘蔗；黑穗病；病原；胁迫响应；防控对策

---

* 基金项目：国家现代农业产业技术体系（糖料）建设专项资金（CARS-170303）；云岭产业技术领军人才培养项目“甘蔗有害生物防控”（2018LJRC56）；云南省现代农业产业技术体系建设专项资金

** 第一作者：王长秘，研究实习员，主要从事甘蔗病害研究；E-mail：wcmlucky@163.com

*** 通信作者：黄应昆，研究员，从事甘蔗病害防控研究；E-mail：huangyk64@163.com

云南新平南恩蔗区疑似甘蔗白条病检测鉴定*

王长秘**，张荣跃，李　婕，王晓燕，单红丽，仓晓燕，黄应昆***
（云南省农业科学院甘蔗研究所，云南省甘蔗遗传改良重点实验室，开远　661699）

摘　要：为了明确2019年云南新平南恩蔗区发现的疑似甘蔗白条病症状蔗株致病病原，笔者利用白条黄单胞菌特异性引物XAF1/XAR1检测来自云南新平的6份疑似病样，这些疑似病样均检测到约600bp的特异性条带。通过克隆测序得到完全一致大小均为608bp序列，并与不同地方白条黄单胞菌序列进行BLAST比对和系统发育树分析。结果表明，云南新平病样的raxB1基因核苷酸序列与白条黄单胞菌GPE PC73菌株（GenBank登录号：FP565176）对应基因的核苷酸序列一致性为100%，在系统发育树中处于同一分支。根据田间症状诊断和分子鉴定结果，确认云南新平蔗区发生的甘蔗病害为*Xanthomonas allbilineans*引起的甘蔗白条病。

关键词：甘蔗白条病；BLAST序列；系统发育树

---

* 基金项目：国家现代农业产业技术体系（糖料）建设专项资金（CARS-170303）；云岭产业技术领军人才培养项目“甘蔗有害生物防控”（2018LJRC56）；云南省现代农业产业技术体系建设专项资金

** 第一作者：王长秘，研究实习员，主要从事甘蔗病害研究；E-mail：wcmlucky@163.com

*** 通信作者：黄应昆，研究员，从事甘蔗病害防控研究；E-mail：huangyk64@163.com

甘蔗品种对甘蔗褐条病的自然抗性鉴定*

王晓燕**，李文凤，李　婕，单红丽，张荣跃，王长秘，仓晓燕，黄应昆***
（云南省农业科学院甘蔗研究所，云南省甘蔗遗传改良重点实验室，开远　661699）

摘　要：甘蔗褐条病是为害甘蔗叶部的重要流行性真菌病害，不同的甘蔗品种对甘蔗褐条病的抗性不一，选育种植抗病品种是防治甘蔗褐条病最经济有效的措施。为明确近年国家糖料体系育成的新品种及各蔗区主栽品种对甘蔗褐条病的抗性，筛选抗褐条病优良新品种供生产上推广应用。本研究结合甘蔗新品种区域化试验，选择云南临沧、普洱、玉溪和广西宜州甘蔗褐条病高发蔗区，采用田间自然抗性调查方法，对中国近年选育的 60 个新品种和 31 个主栽品种进行自然抗性调查评价。田间自然发病调查结果表明：60 个新品种中，32 个表现高抗到中抗，占 53.33%，28 个表现为感病到高感，占 46.67%；31 个主栽品种中，21 个表现高抗到中抗，占 67.74%，10 个表现为感病到高感，占 32.26%。研究结果显示目前大面积种植的新台糖 25 号、粤糖 93-159、云引 3 号、桂糖 11 号、桂糖 42 号、柳城 03-1137、闽糖 69-421、桂糖 29 号等主栽品种高度感病，而近年选育的粤甘 48 号、福农 09-2201、福农 10-14405、闽糖 12-1404、桂糖 44 号、桂糖 11-1076、柳城 09-15、中蔗 13 号、云蔗 08-1095、云蔗 08-1609、云蔗 11-1204、德蔗 07-36、粤甘 47 号、粤甘 51 号、福农 09-7111、桂糖 06-1492、桂糖 08-1180、桂糖 13-386、柳城 07-150、柳城 09-19、云蔗 09-1601、云蔗 11-1074、云蔗 11-3208、中糖 1201 等优良新品种抗病力强。建议多雨湿润的甘蔗褐条病高发蔗区，应加大淘汰感病主栽品种和推广应用抗病优良新品种力度，以期达到品种合理布局，从根本上控制甘蔗褐条病暴发流行，为甘蔗产业高质量发展提供保障。

关键词：甘蔗；新品种及主栽品种；褐条病；自然抗性

---

* 基金项目：国家现代农业产业技术体系（糖料）建设专项资金（CARS-170303）；“云岭产业技术领军人才”培养项目“甘蔗有害生物防控”（2018LJRC56）；云南省现代农业产业技术体系建设专项资金

** 第一作者：王晓燕，副研究员，主要从事甘蔗病害研究；E-mail：xiaoyanwang402@ sina. com

*** 通信作者：黄应昆，研究员，从事甘蔗病害防控研究；E-mail：huangyk64@ 163. com

细胞周期蛋白 SsCdc28 参与核盘菌生长发育及环境胁迫的研究*

景思豪，李家乐，赵玉纶，张俊婷，张艳华，潘洪玉
（吉林大学植物科学学院，吉林省资源微生物工程研究中心，长春）

摘　要：核盘菌 *Sclerotinia sclerotiorum*（Lib）de Bary 是一种世界性分布的典型的死体营养型植物病原真菌，寄主范围广，能侵染至少 75 科 278 属 400 多种植物，包括重要的农作物和果蔬，引起菌核病，造成严重的经济损失。Cdc28 是细胞周期蛋白依赖性激酶（Cdk）家族成员之一，在酿酒酵母中，Cdc28 通过磷酸化底物来协调细胞周期。在 G1 后期 Cdc28 磷酸化 Whi5，导致 Whi5 从转录因子复合物 SBF（Swi4/6 依赖性细胞周期盒结合因子）中解离。Whi5 的解离激活 SBF，诱导细胞周期蛋白基因（包括 *Cln*1、*Cln*2、*Clb*5、*Clb*6）表达以进入细胞周期。在 G2/M 期，Cdc28 与细胞周期蛋白结合，磷酸化主要的同源重组调节因子 Rad51/ Rad52，实现 G2/M 特异性转录，是激活同源重组的分子开关。因此，Cdc28/Cdk1 参与调节基因转录和细胞分裂，对细胞周期调控至关重要。本研究克隆获得了与酵母同系物 Cdc28 高度同源，具有蛋白激酶活性的细胞周期蛋白 SS1G_02296，将其命名为 SsCdc28。为阐明 SsCdc28 蛋白的功能，利用 CRISPR/Cas9 基因编辑体系，构建基因编辑载体，通过核盘菌原生质体转化，获得靶基因 SsCdc28 突变菌株。与野生型相比，*SsCdc*28 突变菌株细胞周期 M/G1、G1/S 期转录起始“开关”基因的表达量显著降低，其表型与 SsMcm1 突变体表型相近，生长缓慢，不形成菌核，附着胞数量显著降低，对渗透胁迫敏感，对氧胁迫不敏感。上述结果表明，SsCdc28 对核盘菌菌丝生长、菌核发育及环境胁迫都有重要调控作用。

关键词：核盘菌；环境胁迫；生长；发育

* 基金项目：国家重点研发计划（2017YFD0300606）

农业害虫

褐飞虱唾液蛋白基因 *NlMul* 和 *Nl30* 的克隆与功能分析*

唐彬芳**，万品俊，傅　强***
（中国水稻研究所水稻生物学国家重点实验室，杭州　310006）

摘　要：褐飞虱是一类植食性刺吸式昆虫，以吸食水稻韧皮部汁液为生，对水稻产生严重危害。褐飞虱取食水稻的过程中分泌的唾液参与水稻互作，且其相关的唾液蛋白在影响植物抗虫防御反应过程中发挥重要作用。本研究利用前期筛选到的 2 个褐飞虱唾液蛋白基因 *NlMul* 和 *Nl30* 为研究对象，以 TN1 种群和 IR56 种群、感虫水稻品种 TN1 和抗虫水稻品种 IR56（含 *Bph3* 抗虫基因）为实验材料，通过分子克隆、实时荧光定量 PCR、RNAi 等方法克隆了 2 个种群 *NlMul* 和 *Nl30* 基因及其 5′端上游启动子序列并分析 *NlMul* 和 *Nl30* 基因的功能。结果表明：①两个种群 *NlMul* 和 *Nl30* 基因及其 5′端上游启动子无明显差异；②*NlMul* 和 *Nl30* 基因在褐飞虱头部表达量显著高于体壁、翅、中肠、脂肪体、卵巢和足等组织；且在褐飞虱各个发育阶段均有表达，其中一龄虫的表达量显著高于其他虫态；褐飞虱 IR56 种群中 *NlMul* 和 *Nl30* 基因的表达量显著高于对照组 TN1 种群；③与对照组 ds*GFP* 相比，注射 *NlMul* 和 *Nl30* 基因外源 dsRNA 显著降低了其在抗虫水稻品种 IR56（含 *Bph3* 抗虫基因）上的存活率、蜜露量和体重增重，提高了水稻抗虫基因 *OsLecRK4* 和 *Os-NPR1* 基因的表达量。本研究将进一步探究褐飞虱唾液蛋白 *NlMul* 和 *Nl30* 基因在褐飞虱对含 *Bph3* 抗虫基因水稻的致害性作用提供了基础资料。

关键词：褐飞虱；唾液蛋白；启动子

---

* 基金项目：现代农业产业技术体系（CARS-01-35）；中国农业科学院科技创新工程“水稻有害生物防控技术团队”

** 第一作者：唐彬芳，硕士研究生；E-mail：2533846148@ qq. com

*** 通信作者：傅强，研究员；E-mail：fuqiang@ caas. cn

利用正交设计优化褐飞虱 ISSR-PCR 反应体系

黄立飞，姜建军，陈红松，曹雪梅，杨　朗*

（广西农业科学院植物保护研究所，广西作物病虫害生物学重点实验室，南宁　530007）

摘　要：褐飞虱 *Nilaparvata lugens*（Stål）是我国最主要的水稻害虫之一，尤其近几年来由于气候的影响，从越南迁飞入境的褐飞虱其迁入时期与频率都比以往早且强，给广西乃至全国的水稻生产地区造成了极大的损失。要做好褐飞虱的监控防治工作，加强褐飞虱不同生物型与不同地理种群的遗传多样性、种群间的遗传分化等研究工作很有必要。由于ISSR 分子标记方法的优点，被广泛应用于各种生物的遗传多样性分析、品种和种质鉴定以及物种和种群亲缘关系等方面研究。本实验通过建立并优化褐飞虱的 ISSR-PCR 反应体系，可为今后开展褐飞虱的分子遗传学及遗传多样性研究提供理论依据。本研究利用正交设计，从 Taq 聚合酶、Mg^{2+}、dNTP、DNA 模板、引物浓度 5 个因素、4 个水平对褐飞虱 ISSR 反应体系进行优化试验，确立了适合褐飞虱的快速而又高效的 ISSR 反应体系，即总体积 25μl，其中包含 2. 0mmol/L 的 Mg^{2+}，0. 10mmol/L 的 dNTP，1U 的 Taq DNA 聚合酶，0. 2μmol/L 的 ISSR 引物，100ng 模板 DNA。PCR 反应程序为 95℃预变性 4min，95℃变性 1min，退火 1. 5min（温度因引物而异），35 个循环后，71℃延伸 1min，71℃终止延伸 6min。该反应体系扩增效果好，条带清晰且较稳定，为今后进一步开展褐飞虱的分子遗传学及种群 DNA 遗传多样性研究提供理论依据。

关键词：褐飞虱；ISSR-PCR；正交设计

* 通信作者：杨朗；E-mail：yang2001lang@ 163. com

草地贪夜蛾成虫的识别和形态特征可视化分析*

魏　靖[1**]，王玉亭[1**]，袁会珠[2]，张梦蕾[1]，王振营[2]
(1. 深圳市识农智能科技有限公司，深圳　518063；2. 中国农业科学院植物保护研究所，北京　100193)

摘　要：作为对我国粮食安全具有最大威胁的外来入侵害虫，草地贪夜蛾的早发现、早防治对虫情控制有着至关重要的意义。近些年以卷积神经网络为代表的深度学习技术在端到端的图像分类任务上成绩显著。另外，人们识别草地贪夜蛾成虫也主要是基于其翅上的视觉特征。以上两点提示了笔者可利用深度学习技术来对草地贪夜蛾成虫图像进行识别。然而，目前已有的相关研究存在着数据量严重偏小和验证集不充分的情况，模型是否真正学习到了草地贪夜蛾成虫的关键视觉特征不得而知。因此本研究采取了网络获取和自行拍摄的方式建立了包含草地贪夜蛾成虫在内的 7 种夜蛾科成虫共计10 177张图像组成的数据库。本研究利用当前最有代表性的 3 种深度学习模型架构（VGG-16、ResNet-50 和 DenseNet-121）建立了草地贪夜蛾成虫识别模型，并在测试集上取得了超过 99.2%的识别准确率。最后，本研究利用特征可视化技术证明了模型习得的特征和专家进行识别的关键视觉特征的一致性，这进一步支持了利用深度学习技术进行草地贪夜蛾成虫实时监测的可行性。此外，本研究还表明不同模型对视觉特征的学习能力不一样，在评价模型时不能只看识别率一个指标，需要加入视觉特征识别率指标对模型的学习内容进行评价。

关键词：草地贪夜蛾；视觉特征；识别率

---

* 基金项目：中央级公益性科研院所基本科研业务费专项（Y2019YJ06）；中国农业科学院重大科研任务（CAAS-ZDRW202007）

** 第一作者：魏靖，博士，主要从事农业害虫防治研究；E-mail：jing. wei@ senseagro. com
王玉亭，博士，助理研究员，主要从事人工智能识别研究；E-mail：yuting. wang@ senseagro. com

入侵湖北省的草地贪夜蛾生物型鉴定*

许　敏**，王　玲，许　冬，尹海辰，万　鹏，李文静***，郑江杰
（湖北省农业科学院植物保护土肥研究所，农业农村部华中作物有害
生物综合治理重点实验室，武汉　430064）

摘　要：重大作物害虫草地贪夜蛾 *Spodoptera frugiperda* 是鳞翅目 Lepidoptera 夜蛾科 Noctuidae 灰翅夜蛾属 *Spodoptera* 的多食性害虫，又称秋黏虫，原产于美洲热带和亚热带地区，在美洲大陆广泛分布。草地贪夜蛾食性杂，寄主植物多样，可为害玉米、水稻、棉花等 180 余种植物，其暴发时可造成作物产量损失高达 50%以上。

在 2015 年之前，草地贪夜蛾只分布在美洲地区。2016 年，草地贪夜蛾被确认入侵到非洲，并迅速蔓延；2018 年 12 月 11 日入侵我国云南。该虫入侵后，2019 年 1—3 月在云南多地为害，4 月后快速扩散蔓延至广西、广东、贵州、湖南和湖北。截至 2019 年年底，草地贪夜蛾已侵入西南、华南、江南、长江中下游、黄淮、西北、华北地区的 26 省（自治区、直辖市）1 538个县（区、市），已发生面积达1 620万亩（1 亩=667m^2）。草地贪夜蛾于 2019 年 5 月 8 日首次在湖北省出现，截至年底已扩散到全省 17 个市、自治州的所有农业地区，全省累计发生面积 150 万余亩。湖北省地处华中地区，是草地贪夜蛾北迁南回的必经之地，控制虫源以阻断该虫迁移为害，对确保全国粮食生产安全有重要意义。

准确迅速地进行物种识别，对防控外来入侵生物、降低损失至关重要。草地贪夜蛾还存在寄主种类嗜好性差异，由于主要存在两种不同的亚型，通常称为“水稻型”和“玉米型”。水稻是湖北省第一大粮食作物，水稻是否会受到为害引起高度关注。因此，对入侵湖北省的草地贪夜蛾进行生物型鉴定显得极为迫切。

本研究采集湖北省草地贪夜蛾样本共 85 头，检测生物型。采集地点为武汉洪山区、新洲区和咸宁市通城，采集时间为 2019 年 5—7 月。具体检测方法：将草地贪夜蛾虫体单头用液氮研磨成粉，进行 DNA 提取，根据已发表的引物和 PCR 扩增方法，分别对虫体的 COⅠ基因和 Tpi 基因片段进行扩增，使用琼脂糖电泳检测扩增结果，PCR 产物送生工生物公司进行测序。结果：通过对 COⅠ基因序列和 Tpi 基因序列进行比对分析，所有样品均只显示一种基因型，并且均与“玉米型”单倍型特征相符合，该结果表明以上 3 个地区采集的草地贪夜蛾均为“玉米型”。

关键词：草地贪夜蛾；玉米型；水稻型

---

* 基金项目：湖北省农业科技创新项目（NYKJ2019011）

** 第一作者：许敏，硕士研究生；E-mail：1575483834@ qq. com

*** 通信作者：李文静，助理研究员；E-mail：liwenjingpingyu@ 163. com

湖北玉米田主要害虫种类及草地贪夜蛾种群动态监测*

杨甜甜**，李文静，许　敏，许　冬，尹海辰，万　鹏***

（湖北省农业科学院植物保护土肥研究所，农业农村部华中作物有害生物综合治理重点实验室，武汉　430064）

摘　要：玉米是我国的第一大粮食作物，在湖北省范围内均有种植，常年种植面积在1 200万亩左右，已成为湖北省第三大粮食作物。草地贪夜蛾 *Spodoptera frugiperda* 原分布于美洲热带和亚热带地区，幼虫食量大，食性杂，于2019年入侵我国，现已成为我国玉米生产中最重要的生物胁迫问题。本文通过调查湖北武汉市草地贪夜蛾在玉米上的发生情况，确定该虫的发生高峰期及发生量，为草地贪夜蛾的虫情测报和防控工作提供依据。

草地贪夜蛾发生动态监测试验在湖北省武汉市新洲区试验田进行。于2019年5—10月，玉米生长期内，采用对角线五点取样法，定点调查。每点固定10株，共50株玉米。先观察为害状，再调查叶片正反面、心叶、雄穗、花丝和果穗中的幼虫数量，每隔5天调查一次。记录玉米植株不同部位幼虫数，计算平均百株虫量。

调查分析发现，湖北玉米田为害严重的害虫是钻蛀性害虫、食叶害虫和刺吸式害虫，其中钻蛀性害虫主要是玉米螟 *Ostrinia furnacalis*、棉铃虫 *Helicoverpa armigera*，以玉米螟发生量最高；食叶害虫主要是草地贪夜蛾、黏虫 *Mythimna separata*、叶甲、潜叶虫、蝗虫，以草地贪夜蛾发生量最高；刺吸式害虫主要是玉米蚜、蓟马、叶螨，以玉米蚜发生量最高。

玉米不同生育期调查过程中，草地贪夜蛾种群数量从苗期至小喇叭口期呈现上升趋势，在玉米抽雄期后出现下降趋势；整体呈双峰型变化，第一高峰出现在6月上中旬玉米小喇叭口期，百株虫量为18.67±5.70；第二高峰出现在6月底玉米抽雄期，百株虫量为5.33±3.33。第一高峰种群密度高于第二高峰种群密度。玉米田草地贪夜蛾发生量最高峰在6月上中旬（玉米小喇叭口期）出现。

关键词：害虫种类；草地贪夜蛾；发生动态；百株虫量

---

* 基金项目：湖北省农业科技创新项目（NYKJ2019011）

** 第一作者：杨甜甜，硕士研究生；E-mail：794131318@ qq. com

*** 通信作者：万鹏，研究员；E-mail：wanpenghb@ 126. com

不同寄主植物对斜纹夜蛾取食和产卵选择的影响*

丛胜波**，王金涛，王　玲，许　冬，刘卫国，杨妮娜，万　鹏***

（农业农村部华中作物有害生物综合治理重点实验室，农作物重大病虫草害防控湖北省重点实验室，湖北省农业科学院植保土肥研究所，武汉　430064）

摘　要：为明确斜纹夜蛾的转主为害规律，建立区域监测预警及综合防控体系提供理论依据，选取棉花、大豆、甘薯、芝麻和花生共5种大面积种植作物，采用培养皿叶盘法和养虫笼产卵法，分析斜纹夜蛾对不同寄主植物的取食偏好及成虫产卵选择性。结果表明，在非选择性取食试验中，斜纹夜蛾一龄幼虫对棉花、大豆、甘薯、芝麻和花生叶片均保持较高的取食率，未表现明显的忌避行为。当多寄主植物共存时，斜纹夜蛾一龄幼虫对棉花、大豆、红薯、芝麻叶片的取食率随时间延长呈上升趋势，对花生叶片的选择取食率呈逐渐下降趋势。表明斜纹夜蛾幼虫对不同寄主植物的取食具有选择性，取食喜好顺序为甘薯>芝麻>棉花>大豆>花生。斜纹夜蛾雌成虫对5种寄主植物亦表现出显著的产卵选择性，产卵喜好顺序为大豆>甘薯>芝麻>棉花>花生。可见，斜纹夜蛾对5种寄主植物具有不同的选择性，表现出不同的行为节律，幼虫取食和成虫产卵的选择性并不相一致。

关键词：斜纹夜蛾；寄主植物；取食行为；产卵行为；选择

---

* 基金项目：湖北省农业科技创新中心资助项目（2016-620-003-001-016）

** 第一作者：丛胜波，助理研究员，主要从事农作物害虫Bt抗性治理及生物防治研究；E-mail：congshengbo@163.com

*** 通信作者：万鹏，研究员，主要从事转基因作物安全性评价和农业害虫防治研究；E-mail：wanpenghb@163.com

不同温度和预处理时间对绿盲蝽药剂敏感性的影响*

窦亚楠**，安静杰，党志红，潘文亮，高占林，李耀发***
（河北省农林科学院植物保护研究所，河北省农业有害生物综合防治工程技术研究中心，
农业农村部华北北部作物有害生物综合治理重点实验室，保定 071000）

摘　要：温度不仅能够影响杀虫剂的理化性质，同时也会造成昆虫生理代谢方面的改变。这就致使在不同温度下杀虫剂对昆虫的毒力存在差异，毒力随温度升高而增加的杀虫剂称为正温度系数杀虫剂，反之为负温度系数杀虫剂。然而在杀虫剂温度效应的测定过程中，多数只测定药剂处理后的温度变化对杀虫剂毒力的影响，而试验前、试验过程中的温度变化也可能就造成杀虫剂温度效应的明显差异。基于此，笔者以绿盲蝽（*Apolygus lucorμm*）为试虫，探索不同温度、不同预处理时间对绿盲蝽杀虫剂敏感性的影响，以期为杀虫剂的温度效应研究及精准室内药剂生测试验设计奠定一定基础，进而为田间不同温度下防治害虫提供理论依据。基于此，本文挑选于25℃±1℃温室条件下饲养的、生理状态一致的绿盲蝽3龄若虫分别在15℃和35℃温度条件下0h、2h、4h、8h、12h和24h共6个不同时间预处理后，以氟铃脲（正温度系数药剂）、高效氯氰菊酯（负温度系数药剂）和辛硫磷（无温度系数药剂）为供试药剂，采用浸渍法，测定各不同预处理时间对绿盲蝽杀虫剂敏感性的影响。

从不同预处理时间对绿盲蝽药剂敏感性影响来看，对于正温度系数药剂（氟铃脲），高温（35℃）预处理0h、2h、4h、8h、12h和24h后，其对绿盲蝽的毒力随预处理时间增长而增强，但变化较小，2~3倍（9.38~24.39mg/L），而低温（15℃）预处理0h、2h、4h、8h、12h和24h后，其毒力增强明显，约8倍（114.72~900.03mg/L）。对于负温度系数药剂（高效氯氰菊酯）高温（35℃）及低温（15℃）预处理0h、2h、4h、8h、12h和24h等不同时间后的结果与之正相反，低温处理对绿盲蝽药剂敏感性影响较小（毒力相差2倍以内），而高温预处理后影响明显（毒力相差超过3倍）。对于无温度系数药剂（辛硫磷）高温（35℃）及低温（15℃）预处理0h、2h、4h、8h、12h和24h等不同时间后，绿盲蝽的药剂敏感性未随预处理时间的变化而出现明显的变化。另外，正温度系数药剂（氟铃脲）低温预处理不同时间和负温度系数药剂（高效氯氰菊酯）高温预处理不同时间后，绿盲蝽的药剂敏感性均随着预处理时间的增长而增加。

本文研究表明，杀虫剂对害虫室内毒力测定结果常因温度和预处理时间的不同而对试验结果产生不同的影响，这与药剂对该种试虫毒力的温度效应有关，需引起注意。

关键词：温度效应；预处理时间；绿盲蝽；毒力测定

---

* 基金项目：国家重点研发计划（2017YFD0201906）；河北省现代农业产业技术体系（HBCT2018-040204）

** 第一作者：窦亚楠，硕士研究生，研究方向为农业昆虫与害虫防治

*** 通信作者：李耀发，研究员，主要从事农业昆虫与害虫防治研究；E-mail：liyaofa@ 126. com

一株棉铃虫胚胎新细胞系的建立及继代培养*

窦亚楠**，闫　秀，安静杰，党志红，高占林，潘文亮，李耀发***
（河北省农林科学院植物保护研究所，河北省农业有害生物综合防治工程技术研究中心，
农业农村部华北北部作物有害生物综合治理重点实验室，保定　071000）

摘　要：自1961年Grace首次成功建立了连续培养的桉蚕蛾（*Anteraea eucalypti*）卵巢细胞系，迄今为止，已经报道的昆虫细胞系超过800株。昆虫细胞系在诸如生物学，包括免疫学、内分泌学、毒理学、生物化学以及农业、医学和遗传学等许多领域都得到了广泛应用。体外培养的细胞具有生长速度快、结构统一等特点，可将其应用于农药活性检测、新杀虫剂的研发以及对其作用机制进行更深一步的探索等。棉铃虫（*Helicoverpa armigera*）是我国重要的农业害虫，因其寄主范围广、繁殖能力强、抗药性水平高而难以防治，常造成作物大面积减产。本文针对自主研发的昆虫细胞少，应用受限等难题，研究建立了一株棉铃虫胚胎细胞系，以期丰富我国棉铃虫细胞系，以及细胞系的利用提供技术及理论支持。

采用室内连续多代饲养的棉铃虫品系，挑选健康活泼的成虫，交配后收集其24h内的卵200粒至无菌离心管中。将卵粒用10%次氯酸钠和70%酒精消毒分别消毒处理，并用HBSS缓冲液冲洗后备用。同时，将试验用具依次用10%次氯酸钠和70%酒精消毒备用。本试验选用的细胞培养液为Insect-XPRESS（BioWhittaker），加入10%牛血清蛋白和1%抗生素后置于4℃下备用。吸取1ml的培养液至T25培养盒中，然后吸取0.5ml的细胞培养液注入离心管，用镊子将卵破碎后。用移液管吹打混匀后转移至培养盒中，最后补足培养液至总体积达到2ml，以上操作均在超净工作台下完成。将培养盒置于28℃培养箱内饲养，待组织附着至瓶底后，一周更换一次培养液并观察拍照记录其生长过程。培养近5个月后，细胞逐渐铺满盒底，从形态来看多为圆形、卵圆形和纺锤形，并出现少量巨细胞。细胞生长状态良好，且稳定传代，表明棉铃虫胚胎细胞系建立成功。

本文介绍了建立昆虫细胞系的详细方法，建立了一株棉铃虫胚胎细胞系，且连续多代培养，生长稳定，可为进一步昆虫毒理学相关研究提供细胞材料。

关键词：昆虫细胞系；棉铃虫；细胞培养；继代培养

---

* 基金项目：河北省高层次人才资助项目（A201802015）
** 第一作者：窦亚楠，硕士研究生，研究方向为农业昆虫与害虫防治
*** 通信作者：李耀发，研究员，主要从事农业昆虫与害虫防治研究；E-mail：liyaofa@126.com.

红铃虫不同品系幼虫生存竞争能力比较*

杨甜甜**，丛胜波，李文静，王　玲，万　鹏***

（农业农村部华中作物有害生物综合治理重点实验室，农作物重大病虫草害防控湖北省重点实验室，湖北省农业科学院植保土肥研究所，武汉　430064）

摘　要：在实验室条件下，以棉红铃虫（*Pectinophora gossypiella*）为研究对象，采用人工饲料单头饲养和多头混养两种不同方式，研究了不同品系幼虫的生长发育参数变化。本试验设置了室内抗性驯化品系单头饲养、田间敏感品系单头饲养、室内抗性驯化品系多头混养、田间敏感品系多头混养、抗性品系与敏感品系混养共5种处理。结果显示：单头饲养和同一品系多头混养时，抗性品系的各项生命参数（幼虫存活率、蛹重、化蛹率、羽化率）均显著高于敏感品系。同一品系内多头混养时，幼虫的各项生命参数均显著低于其单头饲养。抗性品系与敏感品系混养时，通过分子生物学手段对存活个体进行鉴定，显示抗性品系幼虫的存活率显著高于敏感品系。该结果表明，单头饲养时，不同品系红铃虫的适合度存在一定差异，表现为室内驯化品系的适合度更高；群养时，红铃虫种群内存在显著的竞争效应，且适合度更高的种群竞争能力更强。本文为进一步摸清红铃虫的生活习性，优化其人工饲养技术，以及开展大规模的人工繁育提供理论依据。

关键词：红铃虫；适合度；生存竞争

---

* 基金资助：湖北省农业科技创新项目（NYKJ2019011）

** 第一作者：杨甜甜，硕士研究生；E-mail：794131318@ qq. com

*** 通信作者：万鹏，研究员；E-mail：wanpenghb@ 126. com

基于转录组测序技术分析虱螨脲对甜菜夜蛾表皮几丁质合成基因表达的影响*

张职显**，胡红岩，王　丹，宋贤鹏，任相亮，马　艳***
（中国农业科学院棉花研究所，棉花生物学国家重点实验室，安阳　455000）

摘　要： 甜菜夜蛾 *Spodoptera exigua* Hübner. 属鳞翅目夜蛾科害虫，近年来甜菜夜蛾对多种化学农药的耐受性越来越高，其为害也日益严重。为满足甜菜夜蛾的综合防治对环境安全的更高要求，昆虫生长调节剂的使用日益受到关注，虱螨脲是一种低毒的几丁质合成抑制剂，其主要机理是通过调控干扰鳞翅目昆虫的正常生长发育起防治作用。

为研究掌握虱螨脲对甜菜夜蛾幼虫几丁质合成基因表达的影响，本实验采用人工饲料药膜法，用虱螨脲（LC_{30}=27.13ng/cm^2）处理甜菜夜蛾 3 龄幼虫 72h 后，构建甜菜夜蛾表皮的转录组测序文库，并进行 RNA-seq 测序，筛选出差异性表达的几丁质合成及代谢基因。采用不同浓度的虱螨脲（LC_{10} = 10.08ng/cm^2、LC_{30} = 27.13ng/cm^2、LC_{50} = 44.66ng/cm^2）处理甜菜夜蛾后，通过实时荧光定量 PCR（qPCR）测定几丁质合成基因的表达情况。测序结果显示，共获取 unigene 93 874个。深入分析比对结果，在 P-adjust < 0.05 且 |log2FC| >=1 的条件下筛选基因，共有3 762个基因的表达量发生变化，其中上调基因2 130个，下调基因1 632个。几丁质合成基因中，上调基因 4 个，下调基因 4 个。运用 qPCR 验证不同浓度的虱螨脲对几丁质合成基因诱导表达的影响，其结果与测序文库显示的结果基本一致，均表现为上调基因随虱螨脲浓度的上升而升高，下调基因随虱螨脲浓度的上升而降低。

综上所述，本研究通过分析甜菜夜蛾的表皮转录组数据，研究虱螨脲对甜菜夜蛾表皮几丁质合成基因表达的影响，结果可为深入研究虱螨脲的杀虫机理及对甜菜夜蛾几丁质合成通路的作用机制提供理论依据。

关键词： 甜菜夜蛾；虱螨脲；转录组；几丁质合成

* 基金项目：“十三五”国家现代农业产业技术体系—棉花产业技术体系（CARS-15-20）；中国农业科学院科技创新工程：棉花虫害防控与生物安全

** 第一作者：张职显，硕士；E-mail：zhangzhixianmhs@126.com

*** 通信作者：马艳，研究员；E-mail：aymayan@126.com

绝对定量转录组在检测荻草谷网蚜气味结合蛋白 OBP 的组织表达特异性方面的应用*

范　佳**，张思宇，陈巨莲***
（中国农业科学院植物保护研究所，植物病虫害生物学国家重点实验室，北京　100193）

摘　要： 荻草谷网蚜 *Sitobion miscanthi* 是我国小麦重要害虫，其嗅觉感受在寄主定位上具有重要作用。气味结合蛋白 OBPs 是蚜虫嗅觉感受系统的重要组分。OBP 家族是昆虫变异性最强烈的蛋白家族之一，其分类主要依据 6 个保守半胱氨酸及其形成的保守结构域，其功能不局限于化学感受，还包括嗅觉、取食、生殖等。从 OBPs 在触角表达丰度的巨大差异（FPKM 介于 1~10^4倍）现象中不难看出，高丰度表达 OBPs 可能与化学感受有关，而较低丰度的 OBP 可进一步通过组织特异性表达检测确定主要表达部位，进而推测功能。昆虫 OBP 虽然广谱，但仍然具有选择性，是对生境中庞杂的挥发性信息物质的一次粗筛；并保证被捕捉到的气味分子能够快速高效地透过水性血淋巴到达特异的嗅觉神经受体，开启生境中特定化学信息向大脑的传递。转录组表达差异分析的重点是准确量化样品中基因的转录本丰度。然而常规的转录组文库扩增是基于 PCR 指数式扩增会引入背景噪音，特别是对低拷贝 mRNA，因此必须做进一步应用 qPCR 加以验证。UMI 绝对定量转录组通过在 cDNA 文库扩增前对每一个 cDNA 片段插入特异序列标签（UMI），能够忠实还原文库中最原始的 RNA 表达量，在组间基因表达相对定量的基础上实现精确的绝对定量，同时能够有效避免低丰度基因丢失。本研究利用 UMI 建库策略，对荻草谷网蚜有翅和无翅孤雌成蚜的触角、头、胸、足、腹管、腹转录组数据进行绝对定量。通过对 15 个 *SimOBP*s 基因表达丰度分析结果发现，在触角中的特异表达有 9 个 OBP 基因即 *OBP*2/6/7/9/10/13/14/16/19；在头部特异表达有 2 个 OBP 基因为 *OBP*2/8；在足中特异表达有 3 个 OBP 基因即 *OBP*9/14/15；在腹管中表达较特异有 2 个 OBP 基因即 *OBP*1/5。1 个 OBP 即 *OBP*3 是一个全身广泛表达，但在触角和足表达量相对低。与 qPCR 验证结果完全一致。该蚜虫的 OBP3/7/9 均与蚜虫报警信息素结合程度高，其他多个触角特异表达 OBPs 则表现出广泛结合植物绿叶气味物质等的特性，是蚜虫响应生境信号物质的重要分子基础。

关键词： 荻草谷网蚜；气味结合蛋白；绝对定量转录组；组织特异性表达

* 基金项目：国家重点研发计划（2017YFD0200900）；国家自然科学基金（31871966）；国家农业产业技术体系（CARS-22-G-18）；农业科技创新工程（ASTIP）；中国农业科学院基本科研业务费（Y2020GH21-1）

** 第一作者：范佳；E-mail：jfan@ippcaas.cn
*** 通信作者：陈巨莲；chenjulian@caas.cn

荻草谷网蚜唾液蛋白效应子的鉴定与功能分析*

付　裕**，张　勇**，王　倩，刘　欢，刘晓蓓，陈巨莲***
（植物病虫害生物学国家重点实验室，中国农业科学院植物保护研究所，北京　100193）

摘　要：荻草谷网蚜 *Sitobion miscanthi*（在我国一直被误称为麦长管蚜 *Sitobion avenae*）是我国小麦上的重要害虫，严重威胁小麦的产量与质量。蚜虫属于韧皮部取食的刺吸式害虫，唾液通过蚜虫口针深入植物组织，引发刺吸式昆虫与寄主植物特有的以“zig-zag”模型为主的复杂互作关系。因此，唾液蛋白效应子的鉴定是解析蚜虫与植物互作模式的重要突破口。多种唾液蛋白效应子已从桃蚜、豌豆蚜等模式昆虫中被成功鉴定，但关于小麦蚜虫尤其是荻草谷网蚜唾液蛋白效应子相关研究仍较少。本研究根据前期获取的荻草谷网蚜唾液腺转录组数据，以在唾液腺中高表达的基因 *Sm*10、*SmC*002、*SmGST*1 和 *SmCSP*2 为潜在效应子，利用细菌三型分泌系统（T3SS）将潜在效应子在小麦叶片中瞬时表达，并检测其对小麦防御反应及蚜虫适应性的影响以筛选可调节植物防御的效应子。研究结果表明，Sm10、*SmC*002、*SmGST*1 和 *SmCSP*2 渗透注射的小麦叶片没有明显的黄化和坏死，过氧化氢积累不明显。苯胺蓝染色结果表明，*Sm*10 与 *SmC*002 过表达后小麦叶片中胼胝质的积累与对照相比显著降低，而 *SmGST*1、*SmCSP*2 渗透注射的小麦叶片胼胝质数目显著增加；荧光定量 PCR 及植物激素含量检测结果表明 *Sm*10、*SmC*002、*SmGST*1 和 *SmCSP*2 过表达后，水杨酸（SA）信号途径中相关防御基因表达量显著上升，且叶片中 SA 含量显著增加。蚜虫适应性结果表明，取食 *Sm*10 和 *SmC*002 叶片后荻草谷网蚜的存活率和产蚜量与对照相比显著上升，而与此相反，*SmGST*1 和 *SmCSP*2 则导致蚜虫的存活率和产蚜量显著降低。本研究利用 T3SS 瞬时表达系统建立了麦蚜唾液蛋白效应子快速鉴定方法，并成功鉴定了 4 个可诱导或抑制小麦防御的效应子，为后续研究其调控蚜虫-小麦互作关系中功能奠定了基础。

关键词：荻草谷网蚜；唾液蛋白；效应子鉴定；细菌三型分泌系统；防御反应；蚜虫适应性

---

* 基金项目：国家自然科学基金（31871979，31901881），国家重点研发计划（2017YFD02017）

** 第一作者：付裕，专业方向为农业昆虫与害虫防治；E-mail：fuyufight@ 163. com
张勇，研究方向为麦蚜与小麦互作机理；E-mail：zhangyong02@ caas. cn

*** 通信作者：陈巨莲；chenjulian@ caas. cn

河北省点蜂缘蝽早春寄主种类调查*

闫　秀**，李耀发，安静杰，党志红，华佳楠，潘文亮，高占林***
（河北省农林科学院植物保护研究所，河北省农业有害生物综合防治工程技术研究中心，
农业农村部华北北部作物有害生物综合治理重点实验室，保定　071000）

摘　要：点蜂缘蝽 *Riptortus pedestris* 属半翅目（Hemiptera）缘蝽科（Alydidae），是刺吸式口器害虫。该虫近年来上升为大豆优势害虫，造成大豆贪青，空荚瘪荚等“荚而不实”的现象，俗称大豆“症青”，严重时造成大豆大面积减产甚至绝收。由于2019年才确定大豆“症青”是由点蜂缘蝽的为害造成的，研究历史比较短，农民对其认识不充分，故常因药剂选择、防治时期不当，以及防治不及时，导致大豆产量降低，影响了农民种植大豆的积极性。并且国内外对点蜂缘蝽寄主种类的研究较少，现有条件下点蜂缘蝽早春寄主并不明确。故而，研究点蜂缘蝽在早春寄主植物上的分布，探索其早春寄主种类，可为点蜂缘蝽的田间防治提供理论依据。

据目测法观察，保定地区小麦田4月10日第一次发现点蜂缘蝽越冬代成虫。进一步采用点蜂缘蝽聚集信息素诱捕器，于4月26日开始在保定市满城区小麦田、苜蓿田和苹果园，沧州市献县小麦田、柴胡田和杨树、槐树，石家庄市赵县小麦田、油菜田、土豆田和梨园，唐山市小麦田、大葱田、豌豆田、春玉米田及干草、杂草等不同作物田放置聚集信息素桶型诱捕器和三角形诱捕器，每7天调查一次各诱捕器中点蜂缘蝽数量，探索点蜂缘蝽的早春寄主分布。从聚集信息素诱捕器诱捕结果总体来看，小麦、大葱、油菜、豌豆、春玉米、梨树、苜蓿、杨树、槐树、苹果等作物（林木）均可作为点蜂缘蝽的早春寄主。从诱集总量来看，小麦、油菜、春玉米是诱集数量最多和持续时期最长的作物种类，也是河北省最主要的点蜂缘蝽早春寄主种类。油菜和大葱第一次发现该虫均为花期，诱集虫量最多，花期之后虫量均骤减，说明点蜂缘蝽寄主转移有一定的趋花特性。另外，大葱、油菜、玉米、苜蓿等点蜂缘蝽寄主植物种类均未在其他研究中详细报道，需引起密切关注。

关键词：大豆；点蜂缘蝽；聚集信息素；早春寄主；河北省

---

* 基金项目：河北省大豆产业技术体系（326-0702-JSNTKSF）

** 第一作者：闫秀，硕士研究生，研究方向为农业昆虫与害虫防治

*** 通信作者：高占林，研究员，主要从事农业昆虫与害虫防治研究；E-mail：gaozhanlin@ sina. com

小菜蛾对几种蔬菜用野菜的选择趋性*

黄立飞**，姜建军，陈红松，潘启寿，曹雪梅，杨　朗***
（广西农业科学院植物保护研究所，广西作物病虫害生物学重点实验室，南宁　530007）

小菜蛾 *Plutella xylostella*（Linnaeus）属鳞翅目菜蛾科（Lepidoptera：Plutellidae），是世界性十字花科蔬菜重要害虫[1]，为害严重时可使十字花科蔬菜减产高达90%以上，甚至绝收[2]。植物与昆虫在长期协同进化过程中，产生了多种次生代谢物质，这些植物次生化合物对大多数植食性昆虫及其他一些生物起一定防御作用[3]。每一种植食性昆虫能适应的植物次生化合物并不多，其嗜食植物也是很少的。笔者在调查中发现小菜蛾对常见的几种蔬菜用野菜为害率较低，产卵量也少，那么小菜蛾与野菜之间的关系怎么样？对于这方面的报道较少，本研究拟通过研究探明几种蔬菜用野菜中挥发性物质含量以期解释其与小菜蛾之间的关系。

1　材料和方法

1.1　小菜蛾对各蔬菜的自由选择性

1.1.1　供试虫源

从田间采集小菜蛾的大龄幼虫，在室内用菜心苗继代饲养、繁殖，建立试验种群，作为供试虫源。

1.1.2　选择性试验

选择长势基本相同的白花菜、当归、芥菜、生菜、紫背菜、一点红、菜心植株（种在小花盆），每笼放入3盆苗。将各种蔬菜和常用野菜交错排列至养虫笼中，每笼接入300头羽化的小菜蛾成虫，24h、48h后检查各植株苗上小菜蛾的数量。每处理设3个重复。用下式计算选择率 。

选择率（%）= 各植株上虫数/总虫数×100

1.2　挥发性次生物提取

取白花菜、当归、芥菜、生菜、紫背菜、一点红、菜心等植株的新鲜叶片40g，剪碎，放置于蒸馏烧瓶中，加入蒸馏水22ml，约100℃下蒸馏，收集蒸馏液至32ml结束。加入5ml正己烷对收集液进行萃取，取上清液，用无水硫酸钠除去水分，挥发浓缩，用针式过滤器过滤，用于GC-MS分析。

---

* 基金项目：广西科技重大专项（AA17204041）；广西农业科学院创新团队项目（2015YT37）

** 第一作者：黄立飞，助理研究员

*** 通信作者：杨朗，博士，研究员；E-mail：yang2001lang@163.com

1.3 气相色谱质谱条件

气相色谱质谱联用仪为 Perkin Elmer Clarus 500 MS。色谱条件：SupelcoCV1701 柱（30m×0.25mm×0.25μm）；进样口温度 250℃。柱温：初始温度 60℃保持 2min，以 6℃/min 升至 120℃，保持 2min；再以 3℃/min 升至 190℃，保持 15min。质谱条件：载气为高纯 He 气，流量 1ml/min，电离方式 EI，电子能量 70 eV。质谱扫描质量范围：45~350。分流进样：分流比 1：10，进样量 1μl。传输线 280℃，离子源温度 220℃。

2 结果与分析

2.1 小菜蛾对几种蔬菜用野菜的自由选择性

小菜蛾对几种蔬菜及野菜的自由选择率见表 1。从表中可以看出，小菜蛾偏好菜心与芥菜，而对于常用蔬菜生菜的喜好程度与当归、紫背菜、一点红相当，白花菜作为最常用的野菜之一，经过多年的驯化其很多特性与普通蔬菜很接近，因此也成为小菜蛾较喜好的蔬菜用野菜之一。

表 1 小菜蛾对几种蔬菜用野菜的自由选择性

品种	24h 自由选择率（%）	48h 自由选择率（%）
白花菜	15.25±1.36b	10.54±10.36bc
当归	1.36±0.35d	1.36±0.35c
紫背菜	5.25±1.02c	2.45±1.25c
一点红	6.21±2.01c	3.78±1.02c
菜心	31.65±4.35a	38.38±4.36a
芥菜	35.77±4.21a	40.15±6.35a
生菜	4.51±2.14c	3.34±0.58c

注：表中数据后相同字母表示在 5%水平上差异不显著。

2.2 几种蔬菜及野菜的次生物质分析结果

GC-MS 的分析结果见下图，从图 1 中可见普通蔬菜与野菜中所含的物质还是有很大的差异，笔者选择了 10 种差异性明显的挥发性物质进行了比较，从表 2 中可见反式石竹烯、1，4，7-CYCLOUNDECATRIENE，1，5，9，9-TETRAM、大根香叶烯 D、α-佛手柑油烯、α-法呢烯这几种物质在当归、紫背菜、一点红中含量明显比其他的高，推测这些物质可能与小菜蛾不喜好这几种野菜有较大的关系。而 2，6-二叔丁基对甲基苯酚、苯乙醛在常用蔬菜生菜中含量明显高于其他种类，这也可能与小菜蛾不喜好生菜有极大关系，反过来也可以推测这两种物质可能对小菜蛾有拒避作用。

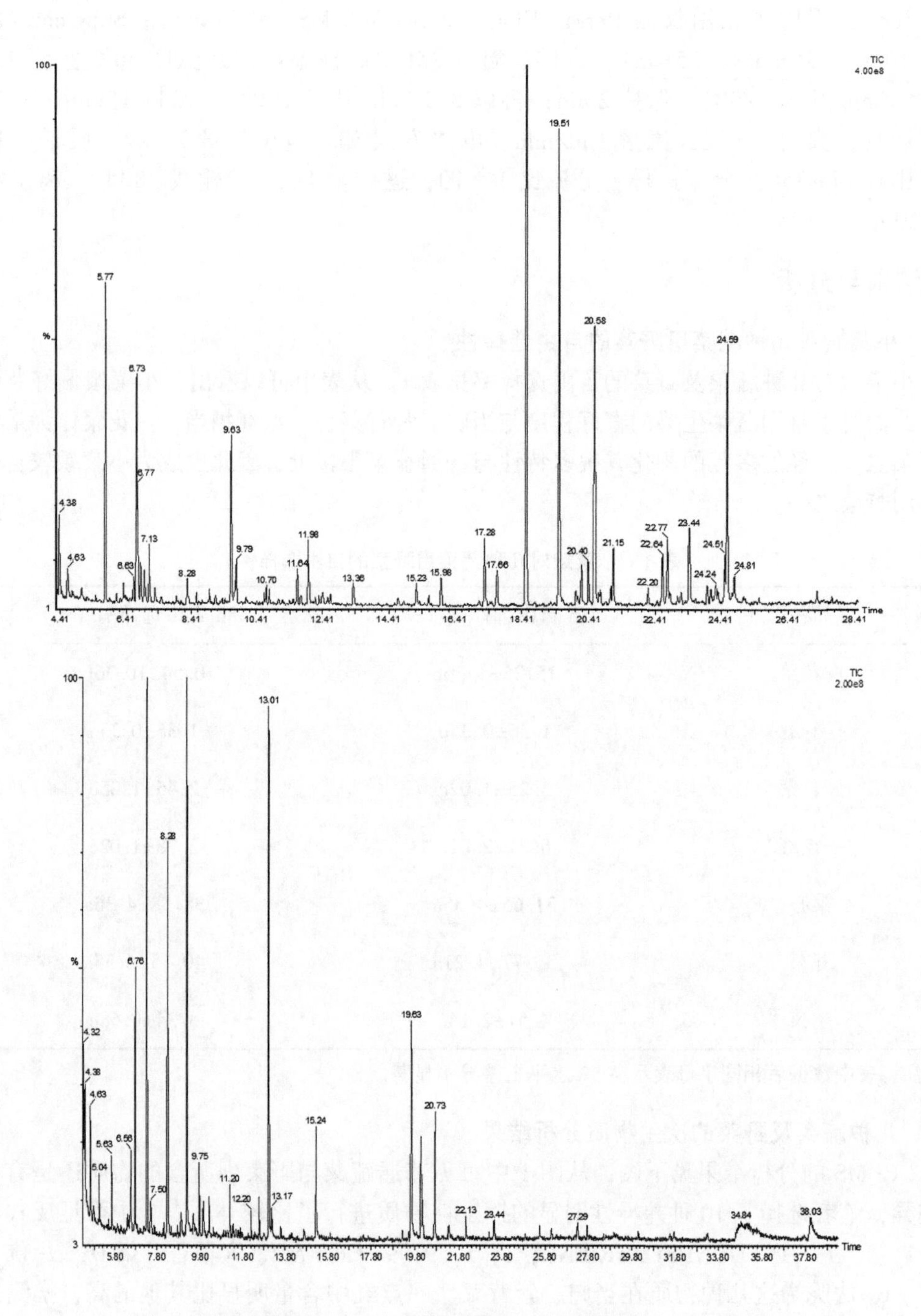

图 1　主要代表的 GC–MS 原子流量图（上：紫背菜；下：菜心）

表 2　几种蔬菜和野菜的主要挥发性物质相对含量

序号	中文名称	英文名称	各种挥发物质含量（%）						
			白花菜	当归	紫背菜	一点红	菜心	芥菜	生菜
1	苯乙醛	BENZENEACETALDEHYDE	7.62	0.51	0.77	0.65	3.21	2.59	19.54
2	间乙基苯甲醛	BENZALDEHYDE, 3-ETHYL-	0.82	—	—	—	0.51	0.14	—
3	4-乙烯基-2-甲氧基苯酚	2-METHOXY-4-VINYLPHENOL	1.95	—	—	0.17	3.58	4.09	4.28
4	反式石竹烯	CARYOPHYLLENE	—	2.99	24.33	8.85	—	—	—
5	—	1，4，7-CYCLOUNDECATRIENE，1，5，9，9-TETRAM	—	2.59	17.83	2.57	—	—	—
6	β-紫罗兰酮	3-BUTEN-2-ONE，4-（2，6，6-TRIMETHYL-1-CYCL）	2.61	—	—	0.131	0.52	0.26	3.44
7	大根香叶烯 D	1，6-CYCLODECADIENE，1-METHYL-5-METHYLENE	—	5.83	1.52	26.83	—	—	—
8	α-佛手柑油烯	ALPHA-BERGAMOTENE	—	57.73	1.49	0.17	—	—	—
9	2，6-二叔丁基对甲基苯酚	BUTYLATED HYDROXYTOLUENE	2.22	—	0.39	—	0.35	0.31	32.31
10	α-法呢烯	ALPHA.-FARNESENE	—	2.67	9.41	21.01	—	—	—

3　讨论

植食性昆虫对不同植物的选择行为是昆虫与植物长期协同进化过程中形成的重要生存策略之一。昆虫可利用植物组织的特异化学成分通过嗅觉或味觉识别寄主植物，而植物也可以产生大量的次生性化学物质对前来取食的昆虫造成拒避或拒食作用[4-5]。本文研究结果发现小菜蛾对几种蔬菜用野菜的选择性表现为不喜好，可能与野菜中的次生性物质有极大关系。而本研究只是初步提取了挥发性物质对部分物质进行预测性分析，对于每种物质对小菜蛾的功能作用及小菜蛾对这些物质的反应尚未做进一步的研究。小菜蛾对每种物质的触角电位反应以及每种物质对小菜蛾的功能作用将是下一步的工作重点。这也将利用野菜为小菜蛾的防控提供一种异于常规方法的思路。

烟粉虱 MEAM1 隐种为害诱导葫芦科 4种寄主对瓜蚜的防御*

贾志飞**，赵海朋，仇延鑫，王 燕，李 冰，薛 明***
（山东农业大学植物保护学院，泰安 271018）

摘 要：烟粉虱 MEAM1 隐种是世界性入侵害虫，能竞争或取代多种土著种。瓜蚜和烟粉虱同为葫芦科蔬菜上的重要害虫，并可同时发生为害。本文在前期研究明确烟粉虱为害葫芦科不同寄主植物对其生长指标和生理生化指标影响不同的基础上，进一步研究葫芦科不同寄主上烟粉虱 MEAM1 隐种对瓜蚜的竞争取代能力及可能机制。本试验测定比较了烟粉虱为害前后葫芦科蔬菜 4 个属的代表寄主（西葫芦、黄瓜、瓠瓜和丝瓜）上瓜蚜生长指标、防御激素水杨酸（SA）含量以及防御酶活性变化。结果表明：烟粉虱 MEAM1 隐种为害不同程度降低了瓜蚜在 4 种寄主上的存活率及繁殖力，其中以对西葫芦上瓜蚜抑制作用最为显著，分别较对照下降了 53.0%和 49.1%；其次为黄瓜，而烟粉虱为害对丝瓜和瓠瓜上瓜蚜的影响小，存活率仅较对照下降 17.2%和 15.2%。SA 定量分析结果表明，与无虫对照相比，烟粉虱 MEAM1 隐种为害诱导西葫芦 SA 含量升高最为显著，3 龄若虫（9~10 头/cm^2）为害后西葫芦 SA 含量较无虫对照升高 8.42 倍，黄瓜 SA 含量较对照升高 4.83 倍，但瓠瓜和丝瓜受害后 SA 水平变化较小，仅较对照升高 2.98 倍和 2.78 倍，这与烟粉虱 MEAM1 隐种诱导的 4 寄主对瓜蚜的抗性趋势基本一致。此外，防御酶分析结果显示，与无虫对照相比，烟粉虱 MEAM1 隐种若虫为害西葫芦、黄瓜、丝瓜均可诱导 SOD、POD 和 CAT 活性升高，其中，受害的西葫芦 3 种防御酶活性升高最为显著，而瓠瓜受害后 SOD 和 POD 活性略有升高，CAT 活性没有明显变化。总之，烟粉虱 MEAM1 隐种为害诱导葫芦科不同寄主的抗蚜性存在差异，以在西葫芦中最为显著，而且与 SA 介导的相关防御密切相关。

关键词：烟粉虱 MEAM1 隐种；葫芦科；瓜蚜；SA；防御酶

---

* 基金项目：国家自然科学基金（30971906）

** 第一作者：贾志飞，在读硕士研究生，研究方向：昆虫生态与害虫综合治理；E-mail：jiazf0525@163.com

*** 通信作者：薛明，博士，教授，研究方向：昆虫生态与害虫综合治理；E-mail: xueming@sdau.edu.cn

嗜卷书虱 LbHSP70 和 LbHSP90 家族基因定量表达研究*

苗泽青[1,2**]，涂艳清[1,2]，郭鹏宇[1,2]，王进军[1,2]，魏丹丹[1,2***]

（1. 昆虫学及害虫控制工程重点实验室，西南大学植物保护学院，重庆　400715；
2. 西南大学农业科学研究院，重庆　400715）

摘　要： 嗜卷书虱 *Liposcelis bostrychophila* 属啮虫目（Psocoptera）书虱科（Liposcelididae），其活动能力强，繁殖迅速，广泛存在于粮食仓库、图书馆和家居环境中，为害严重。目前，该虫在我国已成为"双低"和"三低"储粮方式中的优势害虫种群。本研究基于嗜卷书虱基因组和转录组数据，筛选获得 5 个热激蛋白 70 家族基因（LbHSP70. 1－LbHSP70. 5）和 3 个热激蛋白 90 家族基因（LbHSP90. 1－LbHSP90. 3）。LbHSP70s 的开放阅读框长度在1 515～2 070bp（氨基酸序列长度在 505～690aa）；LbHSP90s 的开放阅读框长度在2 028～2 328bp（编码氨基酸序列长度为 675～775aa）。利用 qPCR 技术对 8 个 *LbHSPs* 基因在不同发育阶段（卵、1 龄、2 龄、3 龄、4 龄若虫、成虫）的表达模式进行解析发现，几乎所有 *LbHSPs* 基因在各发育阶段的表达相对稳定，仅 *LbHSP*70. 5 和 *LbHSP*90. 1 在卵、1 龄和 2 龄若虫高表达，而在其他发育阶段低表达。上述结果说明大部分 *LbHSP70s* 和 *LbHSP90s* 基因在书虱体内属组成型热激蛋白，表达水平稳定，而 *LbHSP*70. 5 和 *LbHSP*90. 1 基因呈应激型表达模式。此外，采用不同温度（－5℃、－2. 5℃、0℃、2. 5℃、5℃、35℃、37. 5℃、40℃、42. 5℃、45℃）对成虫分别进行 2h、4h、6h、8h 处理，并利用 qPCR 技术检测了温度胁迫处理后 8 个热激蛋白基因的 mRNA 水平表达规律。结果表明，高温胁迫时，随着处理温度的升高，*LbHSPs* 基因的表达量均有不同程度的上调。在 42. 5℃时，多数基因的表达量达到峰值，且显著高于其他温度处理。其中，*LbHSP*70. 1、*LbHSP*70. 2、*LbHSP*70. 3 和 *LbHSP*90. 1 基因在 37. 5℃的 4h、6h 亦出现显著性高表达。在 40℃及更高温度的处理时，*LbHSP*70. 5 的表达量上调最为明显（>1 000倍）。低温胁迫时，*LbHSPs* 基因在 5℃时的相对表达量出现普遍上调现象，但随着温度的降低，表达量呈现下降趋势。此外，就低温处理的时间效应而言，*LbHSPs* 的表达量在 4h 处理时相比其他处理时间呈现出不同程度的上调。综上所述，温度胁迫下，LbHSP70s 和 LbHSP90s 普遍参与书虱抵御高温胁迫的过程中，但是对低温胁迫的响应并不明显。同时，*LbHSP*70. 5 可能在嗜卷书虱应对高温胁迫时的保护机制中承担着关键作用。

关键词： 啮虫目；书虱；温度胁迫；热激蛋白 70 家族基因；热激蛋白 90 家族基因

---

* 基金项目：国家自然科学基金面上项目（31972276）；中央高校基本科研业务费重点项目（XDJK2018B041）

** 第一作者：苗泽青，研究生，研究方向为昆虫分子生态学；E-mail：15310403421@ 163. com

*** 通信作者：魏丹丹，副教授，硕士生导师；E-mail：weidandande@ 163. com

基于 Citespace 的黄粉虫研究动态分析*

潘润东**，高冬梅，董毛村，高立洪，李　萍，郭　萧***

（重庆市农业科学院，重庆　401329）

摘　要：为了明确当前黄粉虫研究态势，揭示中外黄粉虫研究差异与差距，基于 CNKI 和 WEB OF SCIENCETM 核心合集，查阅了 1978—2019 年黄粉虫领域的中英文文献，采用文献计量学统计方法，使用 Citespace 文献分析工具从文献年度变化趋势、主要研究人员、研究内容、科研机构、刊载分布 5 个方面进行了定量分析。结果发现我国黄粉虫研究自 1994 年以来快速发展，但在研究广度、深度方面与国际先进水平还有差距，特别是在黄粉虫资源开发利用方面还有所欠缺，且研究团队在国际知名期刊发文数量较少，国际竞争力与影响力较弱。因此推荐相关研究人员应加强黄粉虫资源开发利用的研究，在黄粉虫品种改良及规模化生产中相关关键技术方面进行研究与攻关。

关键词：黄粉虫；发展态势；文献计量学

黄粉虫 *Tenebrio molitor* 又被称为面包虫，隶属于鞘翅目 Coleoptera 拟步行虫科 Tenebrionidae[1]。黄粉虫原产于北美洲，20 世纪从苏联引进中国，后作为宠物饲料被大范围饲养[2]。黄粉虫本是一种仓储害虫，但因其干品含脂肪 30%，含蛋白质高达 50%以上，此外还含有磷、钾、铁、钠、铝等常量元素和多种微量元素[3]，现已普遍用于食品添加和活体饲料，被誉为“蛋白质饲料宝库”[4]。黄粉虫饲养方便简单，饲料来源丰富，麦麸、浮萍甚至粪便等富含纤维素的材料都可以作为它的饲料。黄粉虫对饲养环境要求低[5]，具有抗病性强、取食范围广、生长发育快、繁殖力强等优点[6]。目前，国内外对黄粉虫已经做了大量研究，包括黄粉虫的生长发育[7]、饲养条件及其优化[8]、虫粪的开发利用[9]、虫体营养分析及其体内抗菌肽、几丁质和甲壳素的提取应用[10]、生活垃圾过腹转化[11]、动物饲料[12]等方面。特别是在黄粉虫饲养条件及其优化、虫体蛋白质和多糖的提取应用和对经济动物饲喂方面最为集中和深入。近年来，还发现黄粉虫可取食并消化聚乙烯和聚苯乙烯[13]，并将其转化为 CO_2 和自身所需的营养物质[14]，利用黄粉虫消纳聚乙烯等塑料垃圾，在解决环境问题的同时还可以提供昆虫蛋白等资源，开发利用潜力巨大。本文使用文献计量学的方法，在发文作者、发文单位、发文期刊、发文国家及关键词等方面对黄粉虫研究文献进行统计分析，明确该领域的研究热点及研究态势，根据中外相关研究

---

* 基金项目：重庆市社会事业与民生保障科技创新专项（cstc2017shms-zdyfX0032）；重庆技术创新与应用示范项目（cstc2018jscx-msybX0243）；重庆市农业科学院青年创新团队项目（NKY-2019QC07）；重庆市农发资金良种创新项目（NKY-2017AA001）

** 第一作者：潘润东，助理研究员，主要从事资源昆虫人工养殖与开发工作；E-mail：1445414809@qq. com

*** 通信作者：郭萧，博士，副研究员，主要从事农业昆虫与害虫防治工作；E-mail：qiyeshu2000@163. com

现状的对比，揭示中外黄粉虫研究中的各自特点及差距，旨在了解黄粉虫研究整体态势，通过与国外相关研究对比，强优势，补短板，为挖掘新的研究热点提供参考。

1 材料与方法

1.1 研究方法

利用 CiteSpace5. 3. R6 对黄粉虫研究相关中英文文献发文量、关键词、作者、发文单位、载文期刊分别进行分析[15]，并生成相关知识图谱。

1.2 数据来源

中文文献所用数据来源于中国学术期刊出版总库（CNKI 总库），以“黄粉虫”为主题进行查询，检索年限不限，精确匹配检索，共获的检索结果1 913条，对检索结果按照文章内容进行甄别，结合人工检查和纠错，删除所有重复文献和短讯、会议介绍、新闻报告等无关文献，最终加以合并汇总得到 460 篇黄粉虫相关文献，发表时间在 1978—2019 年。

英文文献来源主要为 WOS 数据库中 WEB OF SCIENCETM 核心合集，以 *Tenebrio molitor* 为主题词和关键词，以 1978—2019 年为选择时间，共得检索结果2 282篇，经过去重和删除无关文献，最终加以合并汇总得到 850 篇相关文献。

2 结果与分析

2.1 发文数量时间分析

黄粉虫领域相关论文的年代分布在一定程度上反映了黄粉虫在国内的研究状况和发展速度，并反映出在某一时间段内该领域的研究水平，如图 1 所示，在 1978—2019 年间，

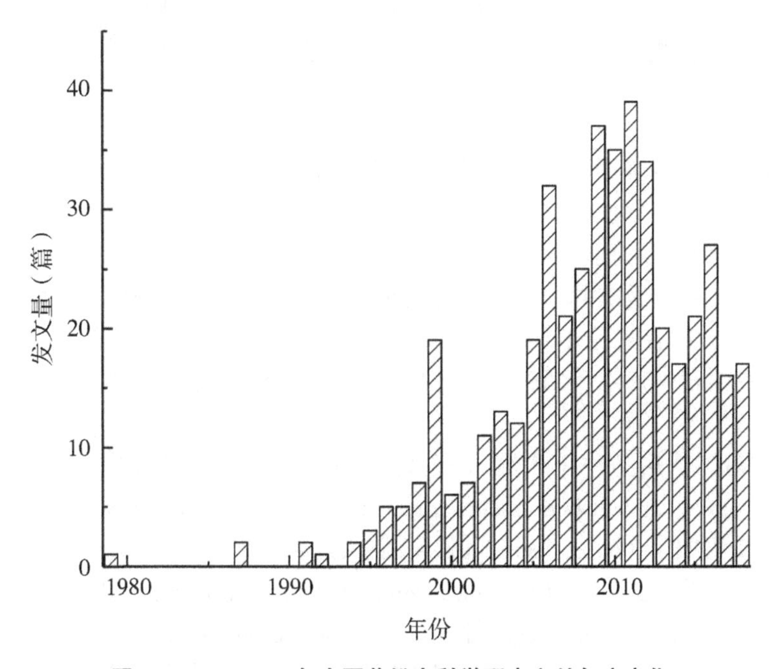

图 1 1978—2019 年中国黄粉虫科学研究文献年度变化

CNKI收录的有关黄粉虫领域研究论文变化规律，大致分为3个阶段，1978—1995年，年发布论文数量在5篇以下，为黄粉虫研究的起步阶段；1996—2011年，年发布论文数量逐年上升，平均年增幅2.2篇，为黄粉虫领域研究的加速阶段；2012—2019年，年平均论文发布虽然有小幅回落，但始终保持在20篇上下波动，为黄粉虫领域的可持续发展阶段。整体来看，我国黄粉虫领域的研究在稳步增长。

从黄粉虫研究发文数量来看（表1），目前国际上黄粉虫相关文献发表最多的国家是美国，1978—2019年，一共发布了166篇，远超位列第二的法国（99篇），其次是韩国（71篇）、英国（63篇）、加拿大（60篇），中国首次发表黄粉虫相关文献是在2006年，截至2019年，共发表47篇，位列第八。

表1　1978—2019年黄粉虫领域发文量≥10篇的国家

排序	国家	数量	排序	国家	数量
1	美国	166	13	日本	27
2	法国	99	14	阿尔及利亚	23
3	韩国	71	15	联邦德国	17
4	英国	63	16	希腊	17
5	加拿大	60	17	西班牙	16
6	巴西	51	18	丹麦	15
7	意大利	48	19	芬兰	12
8	中国	47	20	印度	12
9	德国	42	21	南非	11
10	波兰	34	22	捷克斯洛伐克	10
11	比利时	32	23	爱沙尼亚	10
12	瑞士	32	24	瑞典	10

2.2　关键词分析

在关键词出现频率当中（图2），除对研究对象“黄粉虫”出现次数最多以外。抗菌肽（30次）和黄粉虫幼虫（29次）出现频率也相当高，说明有关黄粉虫抗菌肽的提取利用、黄粉虫幼虫多样化利用等研究方面较多，另外生长发育（21次）、饲料（21次）出现频率也较高，说明涉及黄粉虫生长发育的影响因子、黄粉虫饲料的选择多样化等方面的研究也较为突出。还有其他出现频率较高的关键词，如有小鼠实验（6次）、生长性能（6次）、蛋白质（6次）、n-乙酰-β-d氨基葡萄糖（5次）、甲壳素（5次）、胰蛋白酶（5次）、鱼粉（5次）等。

从英文关键词使用频率上来看（表2），黄粉虫生长性能及分类鉴定（coleoptera、beetle、identification、growth performance、metamorphosis、reproduction、metabolism）、黄粉虫营养物质分析提取（protein、purification、sequence、chitin、fatty acid、expression、peptide、extraction）、黄粉虫色型分析（mealworm、yellow mealworm）、黄粉虫幼虫饲养（larvae、feed、mechanism）、黄粉虫食用性（food、insect meal、edible insect、diet）等研究领域为当前国际黄粉虫相关研究热点。从引用频次上分析，在黄粉虫种类研究和营养物质分析提取方面研究较为突出，关键词被引频率均超过40次。

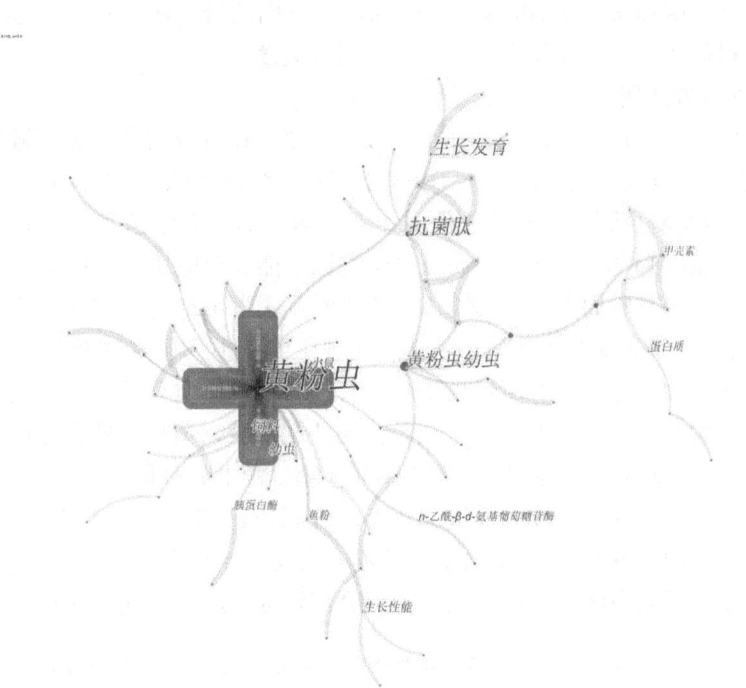

图 2　1978—2019 年黄粉虫高频关键词图谱

表 2　1978—2019 年黄粉虫英文文献高频关键词（被引频次≥10）

排序	关键词	被引频次（次）	序号	关键词	被引频次（次）
1	*Tenebrio molitor*	195	17	metamorphosis	13
2	insect	114	18	midgut	13
3	coleoptera	71	19	chitin	12
4	protein	45	20	diet	11
5	larvae	44	21	expression	11
6	yellow mealworm	42	22	insect meal	11
7	food	37	23	innate immunity	11
8	purification	33	24	fatty acid	11
9	mealworm	29	25	resistance	10
10	beetle	26	26	reproduction	10
11	edible insect	25	27	peptide	10
12	feed	21	28	metabolism	10
13	identification	21	29	mechanism	10
14	juvenile hormone	21	30	insect immunity	10
15	sequence	20	31	extraction	10
16	growth performance	19	32	biology control	10

关键词对比发现：国内外都比较重视黄粉虫的营养物质提取和幼虫饲养，但黄粉虫食

用性（food、insect meal、edible insect、diet）方面的研究在国外也较为重视，而在国内研究较少，科研人员还需要加大这些方面的研究力度。

2.3 发文作者和团队分析

通过对人员分析，可以了解某个领域里的核心作者及其在相关领域里的研究情况，从而促进该学术领域的研究和合作。如表 3 所示，统计 1978—2019 年中国期刊全文数据库 CNKI 中发表黄粉虫研究文献前 5 位的作者：福建师范大学杨兆芬（18 篇）、河北科技师范学院吉志新（14 篇）、山东省农业科学院原子能农业应用研究所王文亮（13 篇）、河南省科学院地理研究所周文宗（12 篇）、四川农业大学黄琼（12 篇）。发表 5 篇及以上文献的有 15 人，大部分属于某一同一团队。在这些团队中，杨兆芬及其团队主要探究黄粉虫分泌物的功效和外界环境对黄粉虫生长发育的影响；王文亮及其团队主要对黄粉虫食品开发和其营养物质的提取加工；吉志新及其团队主要探究饲料、外界环境等对黄粉虫生长发育的影响；而黄琼及其团队主要探究不同色型黄粉虫的种间差异及其生长规律。总体而言，我国黄粉虫研究团队较为稳定，核心研究队伍已基本确立，且从文章作者署名来看，署名 1 位作者的文献 97 篇（21%），署名 3 位及以上作者的文献 324 篇（70%）由此可见，在黄粉虫领域内研究人员之间的交流合作较为普遍，有利于黄粉虫研究的发展。

表 3 1978—2019 年黄粉虫中文文献发文作者（发文量>5）

排序	发文量（篇）	作者	排序	发文量（篇）	作者
1	18	杨兆芬	9	8	叶榕村
2	14	吉志新	10	7	潘晓亮
3	13	王文亮	11	7	胡　杰
4	12	周文宗	12	6	潘小芳
4	12	黄　琼	13	6	谢晓兰
6	11	申　红	14	6	强承魁
7	9	孙爱东	15	6	马彦彪
8	8	徐世才			

统计黄粉虫外文文献数量可知（表 4），1978—2019 年间，国外黄粉虫相关文献发文量大于 15 篇的作者有 14 人，其中 Happ 是发表英文文献最多的作者，Delachambre 是总被引次数和篇均被引次数最多的作者。

表 4 1978—2018 年黄粉虫外文文献发文作者（发文量>15）

作者	发文量（篇）	总被引次数（次）	按总被引次数排序	篇均被引次数（次）	按篇均被引次数排序
Happ G M	26	98	6	3.77	8
Delachambre J	25	183	1	7.32	1
Lee B L	22	85	7	3.86	7
Jo Y H	21	57	11	2.71	12
Terra W R	20	71	8	3.55	9
Lee Y S	19	58	10	3.05	10

（续表）

作者	发文量（篇）	总被引次数（次）	按总被引次数排序	篇均被引次数（次）	按篇均被引次数排序
Hurd H	18	128	2	7.11	2
Han Y S	18	49	12	2.72	11
Oppert B	17	100	5	5.88	5
Breidbach O	16	107	3	6.69	3
Gasco L	16	107	3	6.69	3
Elpidina E N	16	83	9	5.19	6
Patnaik B B	16	43	13	2.69	13
Rosinski G	16	15	14	0.94	14

主要研究人员对比发现：国内发文量超过5篇的作者有15人，超过15篇的作者仅有1人，与国外相比，国外发文量超过15篇的作者就有14人，说明近年来虽然我国黄粉虫领域发展较快，但同世界先进水平相比还有较大差距。

2.4 发文机构分析

统计分析列出了发表文献量前8位的科研机构（表5），其中四川农业大学以总量31篇占优势，可见四川农业大学对黄粉虫的研究比较重视投入科研力量较强；福建师范大学以23篇居第二，该研究机构在黄粉虫领域也做出了许多贡献，具有一定的影响力。

表5 1978—2019年黄粉虫中文文献发文机构（出现次数>5）

排序	发文量（篇）	研究机构
1	31	四川农业大学
2	23	福建师范大学
3	18	河北科技师范学院
4	10	河南省科学院地理研究所
5	9	仲恺农业技术学院
6	7	河北农业大学
7	6	河南科技学院

从黄粉虫英文文献发文机构分析，全球范围内发表关于黄粉虫相关研究文献的机构有614所，平均发文1.4篇。如表6所示，俄罗斯Moscow MV Lomonosov State Univ（莫斯科大学）发文数量最多（37篇），在这前10所研究机构中，韩国3所（共69篇），巴西2所（共58篇）和美国2所（共46篇）。我国发表黄粉虫英文文献最多的机构是中国科学院，数量为10篇，离世界领先水平还有一部分差距，还需要广大科研人员的努力来弥补这部分的空白。

表6　1978—2019年黄粉虫英文文献发文机构（前10名）

研究机构	所属国家	发文量（篇）	总被引次数（次）	按总被引次数排序	篇均被引次数（次）	按篇均被引次数排序
Moscow MV Lomonosov State Univ（莫斯科大学）	俄罗斯	37	158	1	4.27	4
Univ Fed Vicosa（维索萨联邦大学）	巴西	30	45	10	1.50	10
Katholieke Univ Leuven（荷语鲁汶天主教大学）	比利时	29	131	3	4.52	3
Univ Sao Paulo（圣保罗大学）	巴西	28	110	5	3.93	5
USDA ARS（美国农业部农业研究组织）	美国	24	116	4	4.83	2
Pusan Natl Univ（釜山国立大学）	韩国	24	85	6	3.54	6
Chonnam Natl Univ（国立全南大学）	韩国	23	54	8	2.35	9
Soonchunhyang Univ（顺天乡大学）	韩国	22	55	7	2.50	7
UNIV VERMONT（佛蒙特大学）	美国	22	54	8	2.45	8
Univ Turin（都灵大学）	意大利	19	127	2	6.68	1

2.5　主要载文期刊

对筛选文献的检索和分析发现，这460篇研究文献共刊登在176种期刊上，平均每种期刊刊载数量为2.61篇。表7列出了刊载黄粉虫相关研究文献排在前11位的我国学术期刊，与农业相关的期刊占4种，与食品相关的期刊占2种，与昆虫相关的期刊占2种，其余3种为综合研究类期刊，一共刊登113篇，占全部文献的24%，其中《昆虫学报》和《安徽农业科学》分别以24篇和20篇占据绝对优势，这些刊物主要研究黄粉虫的饲喂、生长、生态等方面，说明黄粉虫饲喂和黄粉虫生长发育为发文热点，而在食品、营养方面的关注还不够。

表7　1978—2018年黄粉虫中文文献载文期刊（发文量>5）

排序	发文量（篇）	期刊名称	排序	发文量（篇）	期刊名称
1	24	昆虫学报	7	7	湖北农业科学
2	20	安徽农业科学	8	6	安徽农业科学
3	12	黑龙江畜牧兽医	9	6	应用昆虫学报
4	11	食品科技	10	6	仲恺农业技术学院学报
5	8	中国食物与营养	11	6	湖北农业科学
6	7	泉州师范学院学报			

从黄粉虫英文文献载文期刊来分析，一共检索到相关期刊320家，平均载文2.65篇，载文数量不少于10篇的期刊有11家，如表8所示，载文数量最多的是*Journal of Insect Physiology*，共44篇，主要涉及黄粉虫的生理生化性质等方面。

表8　1978—2018年黄粉虫英文文献载文期刊（发文量≥10）

排序	期刊名称	发文量（篇）	总被引次数（次）
1	Journal of Insect Physiology	44	172
2	Insect Biochemistry and Molecular Biology	33	83
3	Insect Biochemistry	20	109
4	Parasitology	20	100
5	Pesticide Biochemistry and Physiology	13	26
6	Archives of Insect Biochemistry and Physiology	11	16
7	Entomological Research	11	9
8	Cell and Tissue Research	10	54
9	Comparative Biochemistry and Physiology B - Biochemistry & Molecular Biology	10	42
10	Plos One	10	18
11	American Zoologist	10	0

3　讨论与结论

本文通过检索中国知网和Web of Science数据库对国内外黄粉虫研究领域相关文献进行了研究，利用文献计量学方法对黄粉虫研究领域发文年代数量、关键词、发文作者、发文机构、载文期刊等指标进行定量分析，并得出结论：尽管我国黄粉虫研究起步较晚，1994年以前黄粉虫研究相关文献零散出现，没有形成一定的团队规模，但1994年后研究增速显著，研究规模不断扩大，在2006年，*Environmental Microbiology*上刊载了中国学者贡献的第一篇黄粉虫英文文献，标志着我国黄粉虫研究已经在向世界舞台迈进。但从关键词、发文期刊、发文机构及发文作者等方面综合来看，仍然与世界先进水平有着一定的差距，主要体现在以下几个方面：①黄粉虫领域相关文献主要集中在农业学科，主要刊登在农业类期刊上，如昆虫学报、安徽农业科学等，而黄粉虫作为一种高营养的可食用昆虫关注较少，食品相关的期刊在前10家中只占2家；②我国对黄粉虫的研究以基础为主，推广应用较少，仅是把它作为一种高昆虫蛋白饲料，极少用来食用，而在国外人们已经接受了insect meal（昆虫餐）、edible insect（食用昆虫）[16]；③从外文文献总量来看，我国英文发文数量（47篇）虽然位列前十，但只占第一名美国发文数量（166篇）的28%，差距明显。

另外，通过文献分析还发现，由于国内外对黄粉虫的利用途径不一样，且国内品种与国际品种相比有一定的差距，所以在黄粉虫领域内仍有很大的提升空间：①主要是与品质相关的营养物质含量、个体大小等影响因子的遗传规律、遗传改良等基础研究；②对黄粉虫生态分布区域的进一步研究，涉及了华中、华南、华东、华北、西南地区，而西北、东北地区未见相关报道，尤其是西北、东北地处高纬地区，该地区的黄粉虫的种类、形态以及特点是否与国内其他地区相同，有待进一步探究；③确定由于各种媒介而引起的黄粉虫的各种病害，如干枯病、软腐病、黑头病等相关病害的发生规律及其防御措施。

国内黄粉虫研究已经取得较快进展，已经形成诸多具有一定实力的研究团队，在国际相关领域有一定的影响力。但国内黄粉虫研究在品种筛选、规模化饲养关键技术、黄粉虫资源开发利用等方面与世界先进水平还有一定差距，建议国内相关学者与研究团队在上述领域及黄粉虫对有机废弃物过腹转化方面开展深入研究。

参考文献

[1] Roberson W H. Urban Insects and Arachnids, a Handbook of Urban Entomology [M]. Cambridge: Cambridge University Press, 2005: 126-127.

[2] 申红，潘晓亮．高蛋白黄粉虫的饲养及其利用 [J]. 草食家畜，2004，2：47-50.

[3] 王文凯．食用昆虫资源的开发利用 [J]. 资源开发与市场，1997，4：161-164.

[4] 许齐爱，彭伟录，李小玺，等．经济昆虫黄粉虫与大麦虫研究进展 [J]. 安徽农学通报，2008，21：158-160.

[5] 黄雅贞，彭锴，曾学平，等．黄粉虫规模化高效养殖技术 [J]. 渔业致富指南，2014，17：31-33.

[6] 王春青，吕树臣，吴梅艳．黄粉虫的开发与利用 [J]. 农牧产品开发，2000，12：25-26.

[7] 徐世才，潘小花，奚增军，等．不同时期补充营养对黄粉虫繁殖力的影响 [J]. 黑龙江畜牧兽医，2017，11：158-161.

[8] 高红莉，周文宗，张硌，等．饲料种类和饲养密度对黄粉虫幼虫生长发育的影响 [J]. 生态学报，2006，10：3258-3264.

[9] 高妍．黄粉虫粪的营养价值分析 [J]. 畜牧与兽医，2012，44 (10)：105-106.

[10] 李宁，冉学文，熊晓莉．黄粉虫主要活性物质的提取研究进展 [J]. 应用化工，2019，48 (3)：704-708.

[11] 张可，胡芮绮，蔡珉敏，等．黄粉虫取食和消化降解 PE 塑料薄膜的研究 [J]. 化学与生物工程，2017，34 (4)：47-49.

[12] 李江森，林玉秋，黄骏杨，等．饲料中添加黄粉虫干粉对果园生态放养鸡生长性能与免疫功能的影响 [J]. 福建畜牧兽医，2013，35 (6)：1-2.

[13] Bombelli P, Howe C J, Bertocchini F. Polyethylene bio-degradation by caterpillars of the wax moth *Galleria mellonella* [J]. Current Biology, 2017, 27: 8-9.

[14] Yang J, Yang Y, Wu W M, et al. Evidence of polyethylene biodegradation by bacterial strains from the guts of plastic-eating waxworms [J]. Environmental science & technology, 2014, 48: 23-24.

[15] 陈悦，陈超美，胡志刚，等．引文空间分析原理与应用：CiteSpace 使用指南 [M]. 北京：科学出版社，2014：1-151.

[16] Janssen R H, Vincken J P, van den Broek L A M, et al. Nitrogen-to-Protein Conversion Factors for Three Edible Insects: *Tenebrio molitor*, *Alphitobius diaperinus*, and *Hermetia illucens* [J]. Journal of agricultural and food chemistry, 2017, 65: 11-12.

喜树碱暴露对甜菜夜蛾解毒相关基因表达的影响

赵真真*，王丽萍，张　兰**，张燕宁，毛连纲，朱丽珍，蒋红云**
（中国农业科学院植物保护研究所，农业农村部有害生物综合
治理重点实验室，北京　100193）

摘　要：昆虫对外源性物质的解毒能力在其生命活动中占有重要的地位。喜树碱（Camptothecin，CPT）是一种具有抗肿瘤活性的植物生物碱，也是一种潜在的生物农药。为了更好地了解甜菜夜蛾 *Spodoptera exigua* Hübner 对 CPT 的解毒机制，本实验室利用第二代测序技术对 CPT 处理后的 IOZCAS-Spex-II 细胞进行了转录组测序、分析和筛选。结果显示：共筛选出 43 个解毒酶基因，包含 21 个细胞色素 P450 酶（Cytochrome P450s，P450s）、19 个谷胱甘肽 S-转移酶（Glutathione S-transferases，GSTs）和 3 个羧酸酯酶（Carboxylesterases，CarEs）基因。采用邻接法分别构建了这些基因的系统发育树，其中 21 个 P450 酶基因分属于 CYP306、CYP321、CYP324、CYP333、CYP337、CYP339、CYP354、CYP4、CYP6、CYP9 家族；19 个 GSTs 基因分属于 Delta、Epsilon、Sigama、Theta、Microsomal 家族；3 个 CarEs 基因均为 Clade A 家族。表达差异分析表明其中 21 个基因的表达量发生改变，包含 19 个上调基因、2 个下调基因，荧光定量 PCR 进一步验证了转录组测序结果，从而表明这 21 个基因可能参与 CPT 解毒代谢，为理解这一重要农业害虫的解毒机制提供了重要的基础信息。

关键词：喜树碱；细胞色素 P450 酶；谷胱甘肽 S-转移酶；羧酸酯酶；甜菜夜蛾

* 第一作者：赵真真，硕士研究生，研究方向为资源利用与植物保护；E-mail：zhaozz_one@163.com

** 通信作者：张兰，蒋红云

橘小实蝇种内杂交调控种群表型演化及生态机制

王祎丹*

（中国农业大学，北京　100193）

摘　要：外来物种的成功入侵，常常引起外来入侵物种不断繁殖、扩散，严重威胁森林、草原、农田、水系等生态系统，对经济发展具有极大危害。也会直接或间接地导致被入侵地生物多样性的降低，改变当地生态系统的结构与功能，造成本地物种的丧生或灭绝，并最终导致生态系统的退化、生态系统功能和服务的丧失。外来生物的传入常常把遗传上不同的源种群聚集在一起，产生遗传上的混合，即杂交。一般而言，杂交存在种内杂交和中间杂交两种形式。对于外来生物来说，外来生物在传入的过程中难免发生种间杂交或种内杂交，那么其传入或定殖在某地的外来生物有很大的可能就是一个杂交种，即传入和定殖的外来生物也普遍具有杂交优势，也就是传入的外来生物较其原来的种在繁殖力、生活力或体型等表型或基因等方面更优化。种内杂交入侵假说提出入侵物种的种内杂交能够明显增强入侵性，杂交种群相对于亲代类群能够产生新表型，增加在新地区存活和定殖的可能性。杂交种群的新表型主要是超亲本表型，即杂交种群性状值的范围会显著超过亲本，以及亲本性状的新组合。杂交种群相对于亲代类群可以导致表型和遗传变异的增强，这可能有助于杂交种群更好地应对环境随机性，并增加其进化潜力。杂种优势是遗传变异增加的一个特例，杂种由于杂合度的增加而获得性能的提高。当杂交伴随着稳定其世系的杂种优势生物机制时，产生的杂种可能会有更大的入侵力。如果亲本类群是相对孤立的，并且是小种群，杂交可能导致遗传负荷的清除，由此产生的适合度提升可能会增加入侵力。在许多种群中都已经发现种内杂交种的存活率、抗寒力以及抗病力都明显高于亲本。本研究通过橘小实蝇各生活史阶段的生态学观察以及转录组测序等分子手段探究橘小实蝇种内杂交调控表型演化及生态机制。橘小实蝇是世界上最重要的农业经济害虫之一。橘小实蝇起源于南亚地区（秦），后逐步扩散到周边国家和地区，目前广泛分布于亚太地区和非洲在内的65个国家和地区。已有研究证实北京地区橘小实蝇来源于我国南方，在北京地区只是一种季节性存在，并没有定殖。因此，我国北方的橘小实蝇很可能为南方各地杂交后产生的后代，增加了橘小实蝇在北方的入侵性，对我国北方产生了更大的经济、生态等方面威胁。通过生态学指标观察，发现种内杂交种群生物量及寿命显著高于亲本种群，因此应注重糖类代谢、脂肪合成等通路的探究。本研究期望通过对橘小实蝇种内杂交的生命表观察证实橘小实蝇种内杂交优势的存在，找出其具体生态机制，并将其运用到橘小实蝇的北方防治研究中。

关键词：橘小实蝇；种群；防治

---

* 第一作者：王祎丹，研究生，主要从事橘小实蝇种内杂交调控表型演化及生态机制的研究；E-mail：S20193192662@ cau. edu. cn

橘小实蝇 ABCG 亚家族基因的表达模式解析*

何　旺**，王　磊，魏丹丹，王进军***
（昆虫学及害虫控制工程重点实验室，西南大学植物保护学院，
西南大学农业科学研究院，重庆　400715）

摘　要： 橘小实蝇 *Bactrocera dorsalis*（Hendel）是一种重要的果蔬害虫，由于其寄主范围广、适应性强、抗药性发展迅速而导致防治困难。ATP 结合盒转运蛋白（ATP-binding cassette transporter，ABC transporter）是一类广泛存在于生物体内的跨膜蛋白，在氨基酸、糖类、激素和外源物质等多种底物的转运中起着重要作用，同时也参与许多其他的生化和生理过程，因此明确 ABC 转运蛋白在桔小实蝇中的作用显得尤为重要。本研究在已鉴定出橘小实蝇 ABC 转运蛋白的基础上，聚焦数量最多、功能较为多样的 ABC 转运蛋白 G 亚家族基因（*BdABCG*1-15），首先运用 RT-qPCR 技术明确橘小实蝇 *ABCG* 基因的时空表达模式和环境胁迫下的应激表达规律，筛选出在橘小实蝇生理或抗逆过程中行使重要功能的成员。RT-qPCR 结果表明，*BdABCG*1/2/6/7/10/11/12 等基因均在白蛹和新羽化的成虫中高表达，表明其可能通过转运相关物质参与变态发育这个重要过程。多数 *BdABCG* 基因在脂肪体和马氏管中高表达，表明其可能参与解毒代谢过程。*BdABCG*1 和 *BdABCG*8 均在卵、性成熟的雌虫和卵巢中高表达，猜测其可能参与胚胎发育过程。在多种环境胁迫下，*BdABCG* 共有 13 条基因不同程度响应，其中 *BdABCG*6 在高温处理时显著下调，在低温处理、低温品系、高温品系、饥饿处理和干燥处理下均显著上调，暗示该基因在橘小实蝇应对逆境胁迫中的过程中具有着重要功能。此外，在马拉硫磷和阿维菌素 LD_{20} 和 LD_{30} 处理下，*BdABCG* 基因只有极少数在特定时间点上调，暗示 *BdABCG* 基因可能较少参与药剂的解毒代谢。本研究旨在明确橘小实蝇 ABC 转运蛋白 G 亚家族基因在生长发育和抗逆胁迫过程中的功能，为橘小实蝇防控靶点的发掘奠定理论基础。

关键词： 橘小实蝇；ABC 转运蛋白；时空表达；环境胁迫

* 基金项目：国家重点研发项目（2019YFD1002102）；国家自然科学基金面上项目（31972276）

** 第一作者：何旺，硕士研究生，研究方向为昆虫分子生态学；E-mail：953827697@ qq. com

*** 通信作者：王进军，教授，博士生导师；E-mail：wangjinjun@ swu. edu. com

4种诱剂对橘小实蝇诱集效果的初步研究*

李鹏燕[1**]，张永梅[2]，张秋婷[3]，陈伟平[1]，廖永林[1***]
（1. 广东省农业科学院植物保护研究所，广东省植物保护新技术重点实验室，广州 510640；2. 惠州市惠阳区农业技术推广中心，惠州 516259；3. 中南林业科技大学食品科学与工程学院，稻谷及副产物深加工国家工程实验室，长沙 410004）

摘　要：橘小实蝇 *Bactrocera dorsalis* Hendel 又称橘小实蝇、柑橘小实蝇、东方果实蝇，属双翅目实蝇科（Diptera：Tephritidae）。其成虫繁殖力强，俗称“针蜂”，在果实内产卵，幼虫在果实内取食并发育成长，老熟幼虫钻出果实入土化蛹。果实受橘小实蝇幼虫为害后，果实腐烂。橘小实蝇在全世界广泛分布，其寄主范围也非常广，主要为害杨桃、番石榴、杧果、柑橘、番木瓜等40多科的250多种作物。此外，橘小实蝇是一种重要的检疫害虫，目前是水果上的最重要的害虫之一。本研究为了解当前市售橘小实蝇诱剂的诱集效果，选取了不同类型的且具有代表性的4种诱剂（PE瓶装性诱剂、食诱剂1、食诱剂2和微管性诱剂）在杨桃园开展诱集试验。结果表明：4种诱剂对橘小实蝇均有一定的诱集作用。从5月14日至7月9日的橘小实蝇诱集总量看，PE瓶装性诱剂的平均诱虫量最多，达到22.5头/诱捕器/天，其次是食诱剂1为19.2头/诱捕器/天，而食诱剂2和微管型分别为5.6头/诱捕器/天和2.2头/诱捕器/天，显著低于PE瓶装性诱剂处理。另外，食诱剂能同时诱集雌虫和雄虫，据调查统计，食诱剂1诱雌率为31.3%，食诱剂2诱雌率为10.5%。因此，从雌雄诱集量及雌雄比例来看，食诱剂1的诱集效果更利于田间应用。

关键词：橘小实蝇；诱剂；诱集效果

---

* 基金项目：广州市农村科技特派员项目（GZKTP201918、GZKTP201802）；广东省农业科学院乡村振兴地方分院工作经费项目（2020驻点46-23）；湖南省研究生科研创新项目（CX20200720）

** 第一作者：李鹏燕，副研究员，研究方向为农业昆虫与害虫防治；E-mail：lpycau@163.com

*** 通信作者：廖永林，高级农艺师，研究方向为农业昆虫与害虫防治；E-mail：liaoyonglin2108@163.com

生物防治

玉米穗腐病生防菌的筛选*

周红姿**，周方园，吴晓青，赵晓燕，张广志，张新建***

［齐鲁工业大学（山东省科学院）生态研究所，山东省应用微生物重点实验室，济南 250014］

摘 要：禾谷镰孢菌 *Fusarium graminearum* 是禾本科作物的重要病原菌之一，能侵染大麦、小麦、玉米、水稻、燕麦等粮食作物。该病菌主要为害粮食作物的穗部，使受害穗部变色、皱缩，进而引起产量和品质下降。病菌在侵害作物的同时能产生多种毒素，其中脱氧雪腐镰刀菌烯醇（deoxynivalenol，DON）和玉米赤霉烯酮（zearalenone，ZEN）等可破坏人和动物的免疫系统，还有致癌、致畸的作用，严重威胁人畜的健康安全。目前，生产上防治措施主要是依靠化学农药，随着用药面积扩大，用药量和用药频率增加，病原菌的抗药性也不断增强。随着农业可持续发展的需要和人们环保意识的提高，生物防治措施在农业生产上的应用受到越来越广泛的关注。研究从山东、江苏、浙江、河北、河南、安徽、辽宁等多个地区采集了玉米穗腐病病穗，从这些样品上共分离得到600多株细菌，通过平板共培养试验筛选到对禾谷镰孢菌F18有拮抗活性的菌株205株。其中23个菌株对F18有较好的抑制效果，共培养6天后，拮抗菌株对F18的抑制率均在99%以上。经16S rDNA和 *gyrB* 基因测序结合形态学分析，结果显示，这23个菌株分属解淀粉芽孢杆菌 *Bacillus amyloliquefaciens*、枯草芽孢杆菌 *B. subtilis*、贝莱斯芽孢杆菌 *B. velezensis*、甲基营养型芽孢杆菌 *B. methylotrophicus*、地衣芽孢杆菌 *B. licheniformis*、香草芽孢杆菌 *B. vanillea*。该结果将为玉米穗腐病的生物防治提供优良的菌株资源。

关键词：禾谷镰孢菌；玉米穗腐病；生物防治

---

* 基金项目：国家重点研发计划（2018YFD0200604）；山东省重点研发计划（2019GSF107043）；山东省重点研发计划（2019GSF109012）；山东省重点研发计划（2019GSF109056）

** 第一作者：周红姿，硕士，副研究员，主要从事微生物应用研究；E-mail：zhouhz@ sdas. org

*** 通信作者：张新建，博士，副研究员；E-mail：zhangxj@ sdas. org

球孢白僵菌定殖对玉米叶内微生物的影响*

常玉明[1,2**]，康　钦[1,3**]，夏信瑶[4]，李　乐[1,5]，
隋　丽[1]，张正坤[1***]，李启云[1***]
(1. 吉林省农业科学院，农业农村部东北作物有害生物综合治理重点实验室，吉林省农业微生物重点实验室，长春　130033；2. 吉林农业大学生命科学学院，长春　130118；3. 中国农业大学植物保护学院，北京　100193；4. 中国农业科学院植物保护研究所，北京　100193；5. 吉林农业大学植物保护学院，长春　130118)

摘　要：球孢白僵菌 *Beauveria bassiana* 是一种虫生病原真菌，可寄生多种昆虫，在害虫生物防治中得到广泛的应用，并且能够在植物组织中定殖，对植物具有促进生长、抗病虫等作用。内生微生物与其宿主之间存在着密切的关系，许多内生微生物通过诱导系统抗性或系统耐受性来促进植物生长并引发植物免疫。植物叶片内微生物组在光合作用促进植物生长，抵抗害虫和病原微生物侵染过程中扮演重要角色。然而，球孢白僵菌在玉米组织内定殖对玉米叶内微生物组的影响了解甚少。本研究使用球孢白僵菌分生孢子灌根盆栽玉米，并利用 Illumina Miseq PE250 平台对玉米叶内细菌 V3～V4 区、真菌 ITS 1～2 区进行高通量测序，并进行生物信息学分析白僵菌定殖对玉米叶片微生物组的影响。结果显示，相比于未处理玉米叶片，球孢白僵菌定殖能够显著降低玉米叶内细菌和真菌微生物群落的 Shannon 和 chao1 α 多样性指数。主坐标分析（PCoA）分析表明，球孢白僵菌定殖对叶内细菌和真菌群落具有明显的分离效应。球孢白僵菌孢子悬液灌根后叶内变形菌门 Proteobacteria、酸杆菌门 Acidobacteria 的相对丰度增加，显著降低厚壁菌门 Firmicutes 和拟杆菌门 Bacteroidetes 的相对丰度；增加不动杆菌属 *Acinetobacter* 和假单胞菌属 *Pseudomonas* 的相对丰度，显著降低乳杆菌属 *Lactobacillus* 和埃希菌属 *Escherichia* 的相对丰度。对于真菌而言，球孢白僵菌孢子悬液灌根处理显著增加了子囊菌门 Ascomycota 的相对丰度，降低了担子菌门 Basidiomycota 的相对丰度；显著增加虫草属 *Cordyceps* 和枝孢属 *Cladosporium* 的相对丰度。本研究对更好地发挥虫生真菌内生定殖后的生防效果，制定科学的施用技术具有重要意义。

关键词：内生菌；生防微生物；高通量测序；微生物组

* 基金项目：国家重点研发计划项目“基于耕地地力的有害生物防控新途径与技术”（2017YFD0-200608）

** 第一作者：常玉明，硕士研究生，主要从事生防微生物研究；E-mail：ymchang1996@163.com
康钦，硕士研究生，主要从事生防微生物研究；E-mail：sy20193192687@cau.edu.cn

*** 通信作者：张正坤，主要从事生防微生物农药研究；E-mail：zhangzhengkun1980@126.com
李启云，研究员，研究领域为生防微生物；E-mail：qyli@cjaas.com

内生菌 HB3S-20 对棉花黄萎病的生防机制研究*

金利容**，黄　薇，杨妮娜，尹海辰，万　鹏***
（农业农村部华中作物有害生物综合治理重点实验室，农作物重大病虫草害防控
湖北省重点实验室，湖北省农业科学院植保土肥研究所，武汉　430064）

摘　要：笔者实验室筛选出一株对棉花黄萎病具有抑制作用的内生菌株 HB3S-20，平板抑制率为 47.30%，温室防效达到 60%以上，经鉴定为恶臭假单胞菌 *Pseudomonas putida*，笔者在其对棉花黄萎病的生防机制方面进行了初步研究。利用抗生素筛选获得抗 300μg/ml 利福平（Rifampicin）的菌株 Rif^rHB3S-20，追踪该菌株在棉花根部、茎部和叶部的定殖情况。设置不同的取样时间：根部接种后 1 天、3 天、5 天、7 天、9 天和 11 天，以及不同的取样部位：根部、茎基部以上 1cm 处、茎基部以上 3cm 处和叶部，结果表明，在棉株的根部和茎部均能够分离出抗性菌株（对照不能分离到），不同时间和不同部位的菌量呈现动态的分布，根部和茎基部以上 1cm 处的菌株数量随时间的推移呈现先上升后下降的趋势；茎基部以上 3cm 处的菌株数量的变化幅度不大；叶部未分离到菌株。比较不同部位所分离的菌量，结果为根部>茎基部以上 1cm 处>茎基部以上 3cm 处>叶部。用 GFP 标记追踪菌株 HB3S-20 在棉花植株根部的定殖位点表明，该菌主要定殖在植株根部的维管组织内，与引起棉花黄萎病的大丽轮枝菌可能存在生态位点上的竞争。在诱导抗性方面，菌株 HB3S-20 能够引起棉花植株中与抗性相关酶（如 POD、SOD 等）的酶活性升高。另外，菌株 HB3S-20 能够产生嗜铁素之类的抗菌物质，同时对棉花植株具有一定的促生和诱导抗性的作用。

关键词：恶臭假单孢菌 HB3S-20；棉花黄萎病；防治机制；定殖；诱导抗性

---

* 基金项目：国家重点研发计划（2017YFD0201907）

** 第一作者：金利容，助理研究员，专业方向为棉花病害防治；E-mail：jinlirong_ 1999@ 163. com

*** 通信作者：万鹏，研究员，专业方向为棉花病虫害防治和抗性治理；E-mail：wanpenghb @ 126. com

大丽轮枝菌蛋白激发子PevD1诱导植物抗病性及作用机理*

李　泽**，梁颖博，卜冰武，段佳琪，杨秀芬***
（中国农业科学院植物保护研究所，植物病虫害生物学国家重点实验室，北京　100193）

摘　要：由大丽轮枝菌 *Verticillium dahliae* 引起的棉花黄萎病是世界范围内的土传维管束病害，严重影响棉花产量和品质，目前尚缺乏有效的防治措施，有“棉花癌症”之称。由于棉花栽培品种遗传背景较为复杂，抗黄萎病育种方面进展缓慢。在当前缺乏棉花抗病品种的情况下，诱导植株抗性成为该病害防控可选的措施之一。病原菌在侵染寄主植物过程中产生的激发子可以触发植物免疫防御反应，通过复杂的防御信号传导网络来提高植物防御基因和PR蛋白的表达，增强细胞壁结构和诱导植保素合成，从而提高植物广谱性的基础抗性。PevD1是笔者实验室从大丽轮枝菌培养液中分离、纯化出的一种蛋白类激发子，研究证明，PevD1能引起烟草叶片过敏反应，激活植物免疫系统，包括早期信号分子 H_2O_2 和NO的产生和积累，抗病基因和防御蛋白的表达。用大肠杆菌和毕赤酵母细胞表达的重组蛋白PevD1能提高本生烟对烟草花叶病毒（TMV）和烟草野火病致病菌 *Pseudomonas syringae* pv. *tabaci*、棉花/烟草对黄萎病致病菌大丽轮枝菌的抗病性。转录组测序（RNA-Seq）数据分析显示，本生烟响应PevD1诱导的大量差异表达基因显著富集苯丙烷代谢途径和倍半萜和三萜合成通路上。进一步研究证明，PevD1能诱导次级代谢产物木质素的大量积累，电镜观察到PevD1处理5天后维管束细胞壁明显比未处理的细胞壁加厚，维管束周围细胞颗粒状物质有大量积累，说明PevD1诱导植物提高了物理防御能力。通过qPCR技术验证了PevD1能诱导倍半萜合成途径中多个基因的上调表达，特别是茄科倍半萜植保素辣椒醇合成关键基因 *EAS* 和 *EAH* 的转录表达水平显著上调；用HPLC检测了PevD1诱导后辣椒醇的含量，结果证明PevD1能诱导本生烟产生大量的植保素辣椒醇，用缓冲液处理的对照叶片未检测到辣椒醇的产生，辣椒醇对多种病原细菌和真菌都有强烈的抑制或杀死作用，说明PevD1除了能增强物理防御外，也能提高植物的化学防御能力。

关键词：蛋白激发子PevD1；植保素；辣椒醇；诱导抗病性

---

*　基金项目：国家自然科学基金（31772151）；国家重点研发计划（2017YFD0201100）
**　第一作者：李泽，硕士研究生，研究方向为植物病害生物防治；E-mail：lizedbhz@163.com
***　通信作者：杨秀芬，研究员，主要从事植物病害生物防治研究；E-mail：yangxiufen@caas.cn

枯草芽孢杆菌 Czk1 挥发性物质的萃取条件优化*

梁艳琼**，李　锐，吴伟怀，习金根，郑金龙，陆　英，贺春萍***，易克贤***
（中国热带农业科学院环境与植物保护研究所，农业农村部热带作物有害生物综合治理重点实验室，海南省热带农业有害生物检测监控重点实验室，海南省热带作物病虫害生物防治工程技术研究中心，海口　571101）

摘　要：微生物挥发性物质成分较为复杂，往往含有不同化学结构、不同极性的多种物质。样品中挥发性成分的提取是进行分析的关键环节，但在萃取过程中，萃取量、萃取头类型、萃取温度、萃取时间等都是影响萃取效果的重要因素。为了建立快速测定枯草芽孢杆菌 *Bacillus subtilis* Czk1 挥发性物质的方法。以总峰个数和总峰面积为指标，采用顶空固相微萃取气相色谱质谱联用技术鉴定枯草芽孢杆菌 Czk1 的挥发性物质，采用单因素和正交试验确定最佳萃取条件，并在此条件下对 Czk1 的挥发性物质组分进行分析。结果表明，最佳组合为 50/30 DVB/CAR/PDMS 萃取头、萃取温度 40℃，萃取时间 40min，解吸时间 7min，升温程序 4。在此优化条件下，共获得 33 种挥发性物质，其主要组分含有酮类（28.65%）、酚类（13.51%）、酯类（9.17%）、醛类（15.60%）、醇类（12.08%）、碳氢化合物（4.49%）、其他类物质（10.58%）。该萃取方法的建立可为枯草芽孢杆菌 Czk1 挥发性物质的分析提供参考。

关键词：枯草芽孢杆菌 Czk1；挥发性物质；HS-SPME-GC-MS；萃取条件优化

---

* 基金项目：海南省科协青年科技英才学术创新计划项目（QCXM201714）；国家天然橡胶产业技术体系建设项目（No. nycytx-34-GW2-4-3；CARS-34-GW8）

** 第一作者：梁艳琼，助理研究员，研究方向为植物病理；E-mail：yanqiongliang@ 126. com

*** 通信作者：贺春萍，硕士，研究员，研究方向为植物病理；E-mail：hechunppp@ 163. com
易克贤，博士，研究员，研究方向为分子抗性育种；E-mail：yikexian@ 126. com

栓叶安息香树皮提取物抑菌作用研究

刘冰蕾，李彩红，李 飞，郭莉莉，何叔军，梅正鼎
（湖南省棉花科学研究所，常德 415101）

摘 要：以烟草赤星病菌，番茄早疫病菌、苹果轮纹病菌、小麦赤霉病菌、棉花枯萎病菌、柑橘砂皮病菌、香樟炭疽病菌、茭白白绢病菌、棉花黄萎病菌、草莓灰霉病菌等为供试菌种，采用离体与活体相结合的方法系统测定栓叶安息香树皮提取物橡苔、苔色酸甲酯、苔色酸乙酯的抑菌活性。离体抑菌活性测定结果表明，3 种单体化合物对供试病原菌均具有一定的抑制效果，其中对棉花枯萎病菌抑制效果高于其他供试菌株，有效中浓度（EC_{50}）分别为 4. 3mg/L、3. 5mg/L 和 2. 2mg/L；橡苔对草莓灰霉病的防治试验表明，供试浓度为1 000mg/L 时，防效可达 57. 9%。

关键词：橡苔；苔色酸甲酯；苔色酸乙酯；栓叶安息香；植物源杀菌剂

苜蓿黑色茎斑上的微生物区系研究*

罗　庭**，李彦忠***

（兰州大学草地农业教育部工程研究中心，兰州大学农业农村部草牧业创新重点实验室，兰州大学甘肃省西部草业技术创新中心，兰州大学草业科学国家级实验教学示范中心，兰州大学草地农业生态系统国家重点实验室，兰州大学草地农业科技学院，兰州　730020）

摘　要： 苜蓿春季黑茎病 *Phoma medicaginis*、苜蓿夏季黑茎病 *Cercospora medicaginis*、苜蓿炭疽病 *Colletotrichum* spp.、苜蓿细菌性茎枯病 *Pseudomonas syringae* pv. *syringae* 等多种病害均可导致苜蓿茎秆变黑，继而腐生或弱寄生多种其他细菌和真菌，严重影响草产量和品质。河北省沧州苜蓿茎秆变黑为最主要的病害症状，枝条的发病率达40%，为探究黑茎上微生物区系，本研究开展了分离、培养、鉴定，并采用高通量测序。结果表明，黑茎上可分离培养的微生物有平头刺盘孢 *Colletotrichum truncatum*、食油假单胞菌 *Pseudomonas oleovorans*、链格孢 *Alternaria* sp.、镰刀菌 *Fusarium* sp.、青霉菌 *Penicillium* sp. 5个属共5种微生物，分离率分别为21.48%、64.44%、2.22%、3.70%、2.22%。而高通量测序真菌有100属微生物，其中，95.86%为子囊菌门 Ascomycota，与健康茎上无显著差异占93.09%，其余为担子菌门 Basidiomycota、被孢霉门 Mortierellomycota、油壶菌门 Olpidiomycota 与罗兹菌门 Rozellomycota。子囊菌中的链格孢属为优势种，平均丰度为52.4%，显著高于对照，其次为刺盘孢属占3.2%、芽枝霉属 *Cladosporium*，占3.2%等10个属，未鉴定至属的占38.54%。细菌有32属微生物，其中，99.92%为变形菌门 Proteobacteria，与健康茎秆上无显著差异占97.48%，其余为拟杆菌门 Bacteroidetes 与放线菌门 Actinobacteria。其中黄单胞菌属 *Xanthomonas*、泛菌属 *Pantoea*、假单胞菌属 *Pseudomonas* 和根瘤菌属 *Allorhizobium* 为主要优势菌属，平均丰度分别为50.93%、23.88%、14.26%和6.43%。以上微生物均在健康茎上也有分布，但丰度较低。说明苜蓿黑茎是由刺盘孢侵染后链格孢等复合侵染所致。如此多的微生物存在于苜蓿黑茎对家畜的健康是否产生不良影响有待后续深入研究。

关键词： 苜蓿黑色茎斑；分离鉴定；高通量测序；群落结构；微生物多样性

---

* 基金项目：长江学者和创新团队发展计划资助（IRT_17R50）；甘肃省科技重大专项计划草类植物种质创新与品种选育（19ZD2NA002）；公益性行业（农业）科研专项经费项目（201303057）；国家现代农业产业技术体系（CARS-34）；南志标院士工作站（2018IC074）

** 第一作者：罗庭，硕士研究生；E-mail：luot19@lzu.edu.cn

*** 通信作者：李彦忠；E-mail：liyzh@lzu.edu.cn

白僵菌3种不同形态孢子在拟南芥中的定殖研究*

隋 丽[1**]，路 杨[1]，韦小贞[3]，万婷玉[2]，王佳佳[3]，张正坤[1***]，李启云[1***]
（1. 吉林省农业科学院植物保护研究所，公主岭 136100；2. 吉林农业大学植物保护学院，长春 130118；3. 哈尔滨师范大学生命科学与技术学院，哈尔滨 150025）

摘 要：白僵菌内生定殖对植物具有促生及提高抗性的作用，为明确白僵菌不同形态孢子在植物体内的定殖特性，本试验采用*gfp*标记的白僵菌菌种培养3种孢子，通过浸根法构建白僵菌-拟南芥共生体，利用激光共聚焦显微镜观测了气生孢子（圆形），芽生孢子（棍形）和深层孢子（卵圆形）在拟南芥根部的附着及分布情况，检测了不同处理浓度（低浓度和高浓度）及处理时间（1h、2h、3h和4h）对气生孢子在拟南芥中定殖率的影响。结果表明，显微镜视野中白僵菌3种形态孢子均能够在拟南芥根部附着。在白僵菌气生孢子悬液低浓度（10^5个孢子/ml）和高浓度（10^7个孢子/ml）条件下，白僵菌均能够在拟南芥各组织（根部，茎部和叶片）内定殖。在低浓度孢子悬液处理条件下，随着浸根时间的增加，白僵菌定殖率逐渐升高，浸根时间1h，定殖检测率为58%，浸根时间4h，定殖检测率为100%；在高浓度孢子悬液处理条件下，浸根时间1～4h，定殖检测率均为100%。综上所述，白僵菌不同孢子形态均能够在拟南芥中宿存，不同孢子浓度对其在植物中的定殖效率有一定影响。本研究能够为白僵菌在植物中的定殖规律及其互作机理研究提供依据。

关键词：白僵菌；孢子形态；植物内生性；拟南芥；荧光标记

---

* 基金项目：农业农村部东北作物有害生物综合治理重点实验室开放基金（DB2018-2）

** 第一作者：隋丽，副研究员，研究领域为农业微生物；E-mail：suiyaoyi@163.com

*** 通信作者：张正坤，副研究员，研究领域为生防微生物农药；E-mail：zhangzhengkun@126.com
李启云，研究员，研究领域为生防微生物；E-mail：qyli1225@126.com

哈茨木霉 M-17 厚垣孢子可湿性粉剂的研制*

王喜刚[1**]，焦　杨[2]，郭成瑾[1]，张丽荣[1]，沈瑞清[1***]
（1. 宁夏农林科学院植物保护研究所，银川　750002；2. 河西学院，张掖　734000）

摘　要：化学肥料和农药是保障国家粮食安全和主要农产品有效供给不可替代的投入品，随着农业的不断发展，围绕解决农药过量施用带来的生态环境污染、农产品质量安全、生物多样性破坏、耕地质量下降、农产品生产成本持续升高等问题已成为农业工作者的关注重点，生物防治作为一种环境友好型的病虫害防治技术逐渐走进公众的视野，生物农药副作用小、对人无害是目前化学农药减量和替代的主要方式之一，而研制出防治效果良好的生防菌剂则是加快化学农药替代化进程的前提，日益成为全球农药发展的一种趋势。木霉菌（*Trichoderma*）是目前应用最为广泛的生防真菌之一，本项目通过对测定不同载体、润湿剂、分散剂、紫外保护剂对哈茨木霉 M-17 厚垣孢子萌发率和菌丝生长及不同含量助剂对可湿性粉剂性能的影响，确定了哈茨木霉 M-17 厚垣孢子可湿性粉剂的组成成分和比例，其中厚垣孢子粉为 20%，载体为 67% 的凹凸棒，润湿剂为 5% 的吐温-40，分散剂为 7%的羧甲基纤维素钠，紫外保护剂为 1%维生素 C。该厚垣孢子可湿性粉剂的活孢子数为 2.3×10^{9} cfu/g，制剂的各项指标均符合可湿性粉剂及微生物制剂的相关标准。该研究为马铃薯产业高质量发展提供一种新型的木霉制剂，对稳定木霉制剂的田间防效具有重要的意义。

关键词：哈茨木霉；厚垣孢子；可湿性粉剂；高质量

* 基金项目：宁夏农林科学院科技创新引导项目（NKYG-18-07）；宁夏回族自治区自然科学基金项目（2020AAC03315）；宁夏回族自治区一二三产业融合发展科技创新示范项目（YES-16-0104）

** 第一作者：王喜刚，助理研究员，硕士研究生，主要从事植物病原学及生物防治方面的研究；E-mail:wxg198712@163.com

*** 通信作者：沈瑞清，研究员，博士，研究方向为植物病理学和真菌学；E-mail：srqzh@sina.com

卡伍尔链霉菌 *Streptomyces cavourensis* 对几种蔬菜病原菌的抑菌作用初探*

夏　蕾**，邹晓威***，郑　岩
（吉林省农业科学院，长春　130024）

摘　要：灰葡萄孢菌（*Botrytis cinerea*）、尖孢镰刀菌（*Fusarium oxysporum*）、链格孢菌（*Alternaria alternata*）、炭疽菌（*Colletotrichum lagenarium*）是几种主要的植物病原真菌，所引起的病害严重影响蔬菜的品质和产量，目前，多以化学防治为主。卡伍尔链霉菌（*Streptomyces cavourensis*）隶属于放线菌目链霉菌科链霉菌属，是一种重要的植物病害生防菌。为了确定卡伍尔链霉菌的生防潜力，本研究利用平板拮抗实验，初步确定卡伍尔链霉菌对几种蔬菜病害病原菌的拮抗作用。将直径 0.5cm 的病原菌和拮抗菌菌饼分别接种到平板两端，培养 10 天后测量抑菌带宽度，确定抑菌效果。结果表明，卡伍尔链霉菌拮抗灰霉病菌的效果最好，产生明显的 2~3cm 拮抗带，灰霉菌菌落与对照相比生长受到明显抑制，靠近抑菌带边缘的灰霉菌菌丝变为灰褐色，向上束生，且在室温下培养皿内的抑菌圈可保持约 30 天，抑菌作用稳定；链格孢菌和炭疽菌次之，产生约 1cm 的拮抗带，室温下抑菌圈可保持 15 天左右；而尖孢镰刀菌生长迅速远超过拮抗菌，72h 直径可达 6cm，几乎覆盖全部平板，故而对枯萎病菌没有拮抗作用。

关键词：链霉菌；蔬菜病害；病原菌；生物防治

---

* 基金项目：国家重点研发计划项目“基于耕地地力的有害生物防控新途径与技术”（2017YFD0-200608）

** 第一作者：夏蕾，博士，中级，研究方向为生防微生物应用技术；E-mail：fushun1020@ yeah. cn
*** 通信作者：邹晓威

3株辛硫磷降解菌的分离鉴定及生防评价*

赵晓燕**，周方园，吴晓青，周红姿，张广志，范素素，谢雪迎，张新建***
［齐鲁工业大学（山东省科学院）生态研究所，山东省应用
微生物重点实验室，济南　250103］

摘　要：通过富集培养法从山东菏泽农田土壤分离到3株能以辛硫磷为唯一碳源生长的高效降解菌D39、P26和P9。这3株辛硫磷降解菌能在96h之内完全降解500mg/L的辛硫磷。对D39、P26和P9分别进行了16S rDNA序列分析，结合菌落形态、生理生化特征研究，初步将其分别鉴定为戴尔福特菌属 *Delftia* sp. 、邻单胞菌属 *Plesiomonas* sp. 和芽孢杆菌属 Bacillus sp.，其中D39为戴尔福特菌属的一个新菌株。通过对峙培养法分别测定了3株辛硫磷降解菌对白菜黑腐病菌 *Xanthomonas campestris* pv. *campestris*、玉米弯孢叶斑病菌 *Curvularia lunata*、黄瓜枯萎病菌 *Fusarium oxysporum f.* sp. *cucumerinum*、苹果轮纹病菌 *Botryosphaeria dothidea* 和小麦纹枯病菌 *Rhizotonia cerealis* 共5种植物病原菌的抑制作用，结果表明对峙培养5天后3株降解菌对5种植物病原菌均有不同程度的抑制作用。其中D39在对峙培养5天后对小麦纹枯病菌的平均抑菌率最高为50.00%；P26在对峙培养5天后对苹果轮纹病的平均抑菌率最高为63.33%；P9在对峙培养5天后对苹果轮纹病的平均抑菌率最高为38.67%。本研究为解决农田土壤的辛硫磷残留提供了坚实的理论基础，兼具生防功能的降解菌更利于以后生产上的推广应用。

关键词：辛硫磷降解菌；分离；鉴定；平均抑菌率

---

* 基金项目：山东省重点研发项目（2019GSF109012；2019GSF107086；2019GSF109056；2019GSF107043）；国家自然科学基金（31700426；31901928）；山东省重大科技创新工程项目（2019JZZY020610）

** 第一作者：赵晓燕，硕士，助理研究员，主要从事微生物和面源污染修复研究；E-mail：284618805@qq.com

*** 通信作者：张新建，博士，副研究员，主要从事微生物和面源污染修复研究；E-mail：zhangxj@sdas.org

贝莱斯芽孢杆菌 Jnb16 的鉴定及生物活性分析*

朱　峰**，王继春***，田成丽，祁山颜，任金平，
姜兆远，刘晓梅，李　莉
（吉林省农业科学院植物保护研究所，长春　130033）

摘　要：稻瘟病是为害水稻产量的重要真菌病害，造成严重的经济损失。化学防治是控制稻瘟病的重要措施，但化学药剂的大量使用给生态系统带来了越来越多的负面影响。因此，生物防治受到了广泛关注与青睐。菌株 Jnb16 是从土壤中分离的菌株，通过形态学、16S rDNA 和 *gyr* A 序列分析，鉴定其为贝莱斯芽孢杆菌（*Bacillus velezensis*）；采用对峙培养法测定其对水稻稻瘟病菌的抑菌能力，结果显示具有较好的抑制效果，抑菌圈大小为（8.3 ± 0.6）mm，相对抑制率大于 90.5%；水稻种子经菌株 Jnb16 发酵液（10^8 cfu/ml）处理后，水稻茎长、茎鲜重、根长、根鲜重均高于对照组，能够促进水稻生长。综上，菌株 Jnb16 对稻瘟病有较好的防治与促生长作用，是一株具有开发潜力的生防菌株，为开发具有自主知识产权的生物农药奠定基础。

关键词：贝莱斯芽孢杆菌；Jnb16；促生作用；抑菌活性

* 基金项目：吉林省农业科技创新工程项目（CXGC2017TD010）；吉林省科技厅优秀青年人才基金（20190103131JH）；吉林省农科院博士后基金项目（188320）

** 第一作者：朱峰，博士，主要从事水稻病害生物防治研究；E-mail：zhufeng0726@163.com

*** 通信作者：王继春，主要从事水稻分子病理学研究；E-mail：wangjichun@cjaas.com

贝莱斯芽孢杆菌 CY30 防治茶轮斑病研究*

黄大野**，杨　丹，曹春霞***
（湖北省生物农药工程研究中心，武汉　430064）

摘　要：茶树作为全球重要的经济作物，广泛种植于热带和亚热带地区。中国是世界第一大产茶国，茶叶种植对我国农业经济发展和农村脱贫起到了重要作用。由拟盘多毛孢 *Pestalotiopsis* spp. 引起的茶轮斑病是茶叶的一种重要病害，全世界茶叶种植区均有报道，在我国茶区也普遍发生。防治该病害主要依靠化学杀菌剂，化学杀菌剂的频繁使用造成了轮斑病抗药性的发生。同时，化学杀菌剂的使用会造成农药残留，降低茶叶品质。生物杀菌剂因对环境友好、对人畜安全及不易产生抗药性，引起了越来越多人的关注。从湖北恩施州鹤峰县茶园根际土壤中分离和筛选的一株生防菌株 CY30，经 16S 和生理生化鉴定为贝莱斯芽孢杆菌 *Bacillus velezensis*。保存于武汉大学中国典型培养物保藏中心，菌种保藏编号 CCTCC No：M2018710。

离体抑菌试验表明，CY30 对茶轮斑病具有良好的抑菌效果，抑菌率达到 78.82%。显微镜下观察，与对照菌丝相比，CY30 处理后菌丝发生扭曲和肿胀变形。离体叶片试验，CY30 发酵液稀释 5 倍和 10 倍对茶轮斑病防效分别为 77.58% 和 60.38%。CY30 对 4 种常用化学杀菌剂吡唑醚菌酯、苯醚甲环唑、多菌灵和啶酰菌胺具有良好的相容性。全基因组测序表明，CY30 菌株全长2 494 759bp，GC 含量为 46.51%。在与 COG、KEEG 和 GO 等数据库做 BLAST 比对后可知，CY30 具有产生 Surfactin、Macrolactin、Bacillaene、Fengycin 和 Difficidin 5 种杀菌肽的基因，同时具有分泌几丁质酶基因，从而实现防治茶轮斑病效果。综上所述，CY30 菌株在防控茶轮病方面具有广阔的应用前景。

关键词：贝莱斯芽孢杆菌；茶轮斑病；抑菌活性；防效

---

* 基金项目：国家重点研发计划（2016YFD020090501）；湖北省技术创新专项（2017ABA160）；湖北省农业科技创新中心创新团队项目（2019-620-000-001-27）

** 第一作者：黄大野，博士，副研究员，主要从事微生物杀菌剂研究；E-mail：xiaohuangdaye@126.com

*** 通信作者：曹春霞，硕士，研究员，主要从事农药剂型研究；E-mail：Caochunxia@163.com

枯草芽孢杆菌 Czk1 与根康协同对橡胶树炭疽病的防效评价*

贺春萍[1**]，谢　立[2**]，梁艳琼[1]，李　锐[1]，吴伟怀[1]，陆　英[1]，易克贤[1,2***]

(1. 中国热带农业科学院环境与植物保护研究所，农业农村部热带作物有害生物综合治理重点实验室，海南省热带农业有害生物监测与控制重点实验室，海南省热带作物病虫害生物防治工程技术研究中心，海口　571101；
2. 海南大学林学院，海口　570228)

摘　要：由胶胞炭疽菌（*Colletotrichum gloeosporioides*）和尖孢炭疽菌（*Colletotrichum acutatum*）侵染引起的炭疽病是橡胶上最重要的叶部病害之一。病原菌可侵染叶片、嫩梢和果实，引起叶片脱落、嫩梢回枯、果实腐烂，造成重大的产量和经济损失。探究生防菌与化学杀菌剂协同防治橡胶树炭疽病的防治策略，不仅能有效减少化学药剂的使用、抗药性产生和环境污染的问题，同时弥补了生物防治和农业防治的不足，对促进橡胶树炭疽病绿色可持续防治具有重要的理论和实践意义。本研究通过将毒力强的化学药剂根康与枯草芽孢杆菌 Czk1 复配，探讨复配剂对橡胶树炭疽病菌毒力的持续性及田间防效。室内生物测定 1 个月后结果表明，单剂根康对炭疽病菌的抑菌率由最初 49.41%下降为 36.32%，药效持续性较差，而根康与 Czk1 的复配剂对 RC178 的抑菌率较最初抑菌率有所上升，特别是当 V（Czk1）：V（根康）= 7：3 时抑菌率由原来 88.32%变为 90.00%，抑菌率未降反上升，药效持续性好。离体叶片和盆栽接种实验表明，菌药复配剂比单剂根康和 Czk1 的预防和治疗效果均好。其中离体叶片防效测定中，单剂根康的预防效果（82.86%）比治疗效果（72.22%）好，Czk1 的预防效果（54.29%）比治疗效果（63.89%）稍差，而根康与 Czk1 的复配剂预防效果（91.43%）比治疗效果（83.33%）好；盆栽防治试验中，根康与 Czk1 复配剂防效为 73.68%，显著高于单剂根康（68.42%）和 Czk1（36.84%）防效，且复配剂中根康使用量仅有单剂使用量的 1/3，表明二者复配不仅可以提高防效，持效期长，且能有效减少化学药剂的使用量。

关键词：橡胶树炭疽病；枯草芽孢杆菌；根康；协同防治

---

* 基金项目：国家重点研发计划项目（No. 2018YFD0201100）；国家天然橡胶产业技术体系建设专项资金资助项目（No. CARS-33-BC1）

** 第一作者：贺春萍，硕士，研究员。研究方向为植物病理学；E-mail：hechunppp@163.com
谢立，硕士研究生，研究方向为林业；E-mail：13178981326@163.com

*** 通信作者：易克贤，博士，研究员，研究方向为植物病理学；E-mail：yikexian@126.com

天敌昆虫 DNA 条形码研究进展*

纪宇桐**，王孟卿***，李玉艳，田小娟，刘晨曦，毛建军，陈红印，张礼生
（中国农业科学院植物保护研究所，中美合作生物防治实验室，北京 100193）

摘　要：DNA 条形码技术具有快速简便、不受检测目标生物体的发育状态限制、数据共享性高、可以建立国际鉴定平台的特点，自产生以来引起了各领域学者的重视。在国际生命条形码计划（iBOL）提出以后，全球学者开展了针对各种生物（包括动物、植物和真菌等）的条形码数据库构建工作，并集中收录在生命条形码数据系统（BOLD）中，该系统中不仅包括物种条形码，还提供了样本的地理信息和图像资料，根据鉴定程序用户能够快速准确地识别已知物种并检索它们的相关信息。

DNA 条形码在昆虫学领域中首要的应用就是昆虫种类的分子鉴定。目前 DNA 条形码在很多类群中都展现了良好的物种鉴定效力。天敌昆虫的条形码研究涉及的种类有捕食性甲虫、寄生蜂、瓢虫等。刘少番（2016）对国内多个捕食性甲虫类群进行了条形码数据库的构建，Halim 等（2017）应用 DNA 条形码鉴定出了马来西亚 8 种瓢虫并进行系统发育关系探讨。岳瑾等（2014）和胡泽章（2015）分别证明了 COⅠ对赤眼蜂、蚜小蜂种类的良好鉴定效力。周青松（2014）用 COⅠ和 28S 对阔柄跳小蜂的鉴定和系统发育研究表明 COⅠ的鉴别能力强于 28S 基因，而后者能体现更强的系统发育关系，建议二者联合使用效果更佳。

除此之外 DNA 条形码对生物间食物链关系的认知具有重要功能，可以通过检测研究对象肠道残留的条形码确定其寄主范围。Zhang 等（2007）从田间采集的 185 个天敌样本中，通过个体检测，从超过 50%的个体体内检测到了烟粉虱 DNA，由此确认了烟粉虱的捕食者。Yang 等（2016）观察到七星瓢虫、异色瓢虫和龟纹瓢虫之间存在相互取食卵的现象，通过肠内容物分子检测证实该方向的捕食关系。Morenoripoll 等（2012）对 2 种粉虱、烟盲蝽、矮小长脊盲蝽以及寄生蜂之间营养关系进行分子追踪，表明 2 种捕食蝽中烟盲蝽杂食性更强，捕食蝽对寄生蜂存在捕食现象。

关键词：DNA 条形码；天敌昆虫；鉴定；物种关系

* 基金项目：科技部重点研发计划项目（2019YFD0300100）；中国农业科学院创新工程项目
** 第一作者：纪宇桐，硕士，研究方向为生物防治学；E-mail：aynumb@163.com
*** 通信作者：王孟卿；E-mail：mengqingsw@163.com

蝽类昆虫线粒体基因组研究进展*

纪宇桐**，王孟卿***，李玉艳，毛建军，陈红印，张礼生

（中国农业科学院植物保护研究所，中美合作生物防治实验室，北京　100193）

摘　要：线粒体是存在于真核细胞中的一种半自主细胞器，包含一套独立于核基因的遗传信息线粒体基因组（mitochondrial DNA mtDNA），线粒体基因组一般为闭合的环状双链结构且包含 36~37 个基因，只有少数物种的线粒体基因组呈线型。不同物种间 mtDNA 长度差异很大，生物体内的 mtDNA 约占生物体总体 DNA 的 1%，且亲缘关系较近的物种之间的 mtDNA 各个物质的组成本分基本相同且比较恒定。

目前，使用 mtDNA 基因作为分子标记已广泛地应用于生物体群体遗传学中，主要表现在对群体遗传结构及生物多样性研究，另外在生物种群识别，以及在生物种群及近邻物种间的地理分化、起源、分化和扩散等方面的方面的研究中也广泛应用。通过 NCBI 可以收集到已上传并公开的生物的 mtDNA。

张玉波等（2018）对 30 种半翅目昆虫线粒体 COI 基因密码子偏好性进行了分析，张丹丽等（2019）对异翅亚目蝎蝽次目 11 科的线粒体基因组中的 22 个 tRNA 基因的序列特征、遗传距离、同源基因相同核苷酸百分比和二级结构进行了比较研究，揭示了 tRNA 基因及其二级结构在比较线粒体基因组学研究中的重要性。钱宏革（2020）利用线粒体基因组中的两个基因 COI 和 16s rRNA 对萧喙扁蝽的 6 个地理区域种群进行了遗传多样性分析及分歧时间的估算。

根据来自 NCBI 的数据，目前半翅目昆虫已有一定数量的线粒体全基因组数据，在 NCBI 上可查到广义半翅目类群 mtDNA 1 043条，其中蝽类 mtDNA 395 条。捕食性蝽 mtDNA104条 64 种，其中猎蝽科 72 条 48 种、姬蝽科 11 条 6 种、益蝽亚科 8 条 4 种、花蝽科 6 条 3 种、长蝽科 5 条 2 种、盲蝽科 2 条 1 种。猎蝽科数据最多，其次是姬蝽科和益蝽亚科，盲蝽科的数量和种类较少。Masahiko（2000）等在研究半翅目花蝽科属间的系统关系时，用 16S RNA 基因和 COI 基因核苷酸序列进行分析，结果表明 16S RNA 基因序列能很好地将较远的亲缘关系识别出来，却不能正确识别较近亲缘关系。王颖（2014）对部分盲蝽科昆虫的进行线粒体全基因组研究，分析线粒体全基因组结构等的多样性。姜培（2017）测定了异翅亚目 5 次目 15 科 30 种昆虫的线粒体全基因组，其中包括猎蝽科淡带荆猎蝽、淡斑虎猎蝽、黑脂猎蝽、褐平腹猎蝽、云斑瑞猎蝽、短斑猎蝽、双色背猎蝽、轮刺猎蝽，研究结果表明利用线粒体基因组数据解决系统发育关系问题时，必须要检测数据集的碱基组成以及进化速率异质性等可能会造成系统误差的因素。

关键词：线粒体基因组；半翅目昆虫；捕食性蝽；遗传学

---

* 基金项目：科技部重点研发计划项目（2019YFD0300100）；中国农业科学院创新工程项目

** 第一作者：纪宇桐，硕士，研究方向为生物防治学；E-mail：aynumb@163.com

*** 通信作者：王孟卿；E-mail：mengqingsw@163.com

冷藏对荔枝蝽卵平腹小蜂羽化的影响*

张宝鑫**，赵　灿，李敦松
（广东省农业科学院植物保护研究所，广东省植物保护
新技术重点实验室，广州　510640）

摘　要：华南地区大量繁殖和释放的荔枝蝽卵平腹小蜂，经鉴定为麻纹蝽平腹小蜂（*Anastatus fulloi* Sheng & Wang，以下简称为平腹小蜂），为了累积大量生产上释放的平腹小蜂，通常需要将不同时期繁殖的平腹小蜂进行冷藏，甚至为了保种需要进行长期冷藏。生产上通常将发育至老熟幼虫期的平腹小蜂在10～15℃条件下进行冷藏，但长期冷藏对平腹小蜂的活力可能产生影响，实际生产中也发现冷藏平腹小蜂寄生性能下降的现象，本文选择生产上常用的冷藏条件（10～15℃冷库）对平腹小蜂的羽化、寄生的影响进行了研究。

研究结果表明，接蜂后将常温条件（25℃，80%RH）发育10天的平腹小蜂卵卡，在10～15℃的冷库冷藏3个月、6个月、12个月后分别拿出在常温下发育，羽化率分别为97.62%、92.97%和47.49%，冷藏3个月的羽化率与对照（96.39%）无显著差异，冷藏6个月和12个月的羽化率显著降低，尤其是冷藏12个月的，羽化率降低约50%。对冷藏10个月后羽化的平腹小蜂对荔枝蝽卵的寄生活力研究结果表明，冷藏10个月的平腹小蜂对荔蝽卵的寄生率（19.85%～56.61%）比未冷藏的平腹小蜂的寄生率（90.78%～97.97%）显著低，说明长期冷藏不仅影响平腹小蜂的羽化，对其寄生活力也有显著影响，因此，长期冷藏的平腹小蜂产品在应用前应更新1～2代。

研究表明，发育10天的平腹小蜂在10～15℃冷库中冷藏6个月仍有92.97%羽化率，略低于黄明度（1974）2龄幼虫在10～12℃冷藏6个月的97%羽化率。理论上在25℃条件下发育10天，平腹小蜂就进入老熟幼虫阶段，但实际上平腹小蜂发育进度极不整齐，发育10天后仍有许多处于2～3龄的虫态，而预蛹期冷藏6个月只有34%的羽化率（黄明度，1974），说明2龄至老熟幼虫期冷藏对平腹小蜂的羽化率影响相对较小。

关键词：平腹小蜂；荔枝蝽；冷藏；羽化

---

* 基金项目：广东省科技计划项目（2017B020202001）；国家荔枝龙眼产业技术体系（CARS-32-13）

** 第一作者：张宝鑫，研究方向为害虫生物防治；E-mail：zhangbx@gdppri.cn

平腹小蜂滞育的敏感虫态及诱导调控*

赵　灿**，夏　玥，郭　义，张宝鑫，李敦松***
（广东省农业科学院植物保护研究所，广东省植物保护
新技术重点实验室，广州　510640）

摘　要：滞育是昆虫为了度过季节性的恶劣环境，在进化中获得的适应性机制。平腹小蜂（*Anastatus japonicas* Ashmead）是热带、亚热带特色水果荔枝龙眼重大害虫荔枝蝽的优势天敌，在田间释放时，发现春季温度骤降常引起平腹小蜂的滞育，导致释放后出蜂延迟而错过最佳防治时期，极大的降低了防治效果。平腹小蜂以老熟幼虫进入兼性滞育，但其滞育的特征及环境调控等还不明确。本文以平腹小蜂为研究对象，测试了其滞育敏感虫态，并分析了温度、光周期、不同诱导始期和不同诱导时间的组合，对平腹小蜂滞育诱导的影响。结果表明，平腹小蜂以老熟幼虫在卵内滞育，温度和光周期对平腹小蜂的滞育诱导均有显著的调节作用。平腹小蜂的光周期反应类型为长日照反应型。当使用卵期作为诱导始期，17℃配合光周期 L：D＝10：14 时平腹小蜂的滞育率最高。但随着温度降低到11℃和 14℃，或者光周期延长到 L：D＝14：10，滞育率均显著降低到 20%以下。通过对不同龄期的平腹小蜂进行滞育诱导处理，结果显示 3 龄幼虫是感受滞育诱导刺激的最敏感虫态，只有当三龄幼虫或者老熟幼虫处于滞育诱导条件下时才能进人老熟幼虫滞育，低龄幼虫经历低温短光照可显著提高平腹小蜂的滞育率，如果将整个发育期都暴露在滞育诱导环境下，可以诱导更多的平腹小蜂进入滞育。在 17℃或者 20℃时，使用不同的龄期作为滞育诱导始期时，所需要的诱导时间不同，如卵期需要 35～45 天、1～2 龄需要 30～50 天、2～3 龄需要 35～50 天。滞育诱导时间延长或者缩短，滞育率均会降低。研究明确了平腹小蜂的滞育诱导敏感虫态，阐明了温度、光周期和诱导时间对平腹小蜂滞育的调节作用，基本掌握了平腹小蜂滞育诱导的关键技术，为精确调控平腹小蜂的生长发育及田间释放的预处理提供了技术支撑和指导方法，为深入研究平腹小蜂的滞育机理奠定基础。

关键词：平腹小蜂；滞育诱导；滞育敏感虫态；温度；光周期

---

* 基金项目：国家重点研发计划（2017YFE0104900）；国家荔枝龙眼现代农业产业技术体系（CARS-32-13）；广东省农业科学院院长基金（201930）；科技创新战略专项资金（高水平农科院建设）－青年导师制（R2018QD-066）

** 第一作者：赵灿，博士，助理研究员；E-mail：zhaocan@ gdaas. cn

*** 通信作者：李敦松，研究员；E-mail：dsli@ gdppri. cn

短稳杆菌·激健对美国白蛾的室内毒力测定*

常向前**，吕　亮，杨小林，王佐乾，张　舒***

（农业部华中作物有害生物综合治理重点实验室，农作物重大病虫草害可持续控制湖北省重点实验室，湖北省农业科学院植保土肥研究所，武汉　430064）

摘　要：室内生测评价“激健”对微生物农药制剂短稳杆菌杀死美国白蛾幼虫的增效作用。将短稳杆菌与“激健”混配，激健所占的比例为 11.11%～33.33%，将各处理分别稀释 500～8 000倍后，用浸叶法对3龄美国白蛾幼虫进行毒力测定。短稳杆菌和“激健”的联合毒力测试，发现在添加 11.11%～33.33%的激健后，短稳杆菌与“激健”药后24h和48h的共毒系数均大于100，说明“激健”有增效作用。微生物农药制剂短稳杆菌可以作为防治美国白蛾的防控药剂，如果和激健联合使用，可以降低药剂的使用量。

关键词：美国白蛾；短稳杆菌；激健；室内生测

美国白蛾 *Hyphantria cunea* Drury 属于鳞翅目灯蛾科昆虫，其食性杂、繁殖快、为害严重，是重要的检疫性害虫，美国白蛾 1979 年入侵我国，给我国林木、果树、蔬菜等产业带来巨大的损失[1]。2016 年美国白蛾第一次在湖北省发现，并且疫区范围在扩大，对美国白蛾的防控当务之急[2]。目前，主要用药剂防治美国白蛾。登记防治美国白蛾的农药产品有8 000IU/微升苏云金杆菌悬浮剂、25%灭幼脲悬浮剂、0. 5%苦参碱水剂等农药。

短稳杆菌微生物农药制剂是一种用于防治鳞翅目害虫的新型细菌性杀虫剂，应用短稳杆菌防治大豆卷叶螟[3]、茶尺蠖[4]、玉米黏虫[5]、水稻二化螟[6]、玛卡小菜蛾[7]，杀虫效果较好。“激健”是一种农药减量增效助剂，通过添加“激健”，可减少 30%～50%的农药使用量[8,9]。为探讨短稳杆菌及“激健”防治美国白蛾的应用价值，笔者用短稳杆菌微生物农药制剂及“激健”对美国白蛾幼虫进行了室内生测。

1　材料与方法

1.1　材料

100 亿孢子/ml 短稳杆菌微生物农药制剂，镇江市润宇生物科技有限公司生产；“激健”，四川蜀峰作物科学有限公司生产；试验用美国白蛾用新鲜桑叶饲养。饲养条件：温度（25±1）℃，光照周期 L：D=16h：8h，光强度2 000lx，相对湿度 80%以上。

1.2　方法

短稳杆菌·激健对幼虫的毒力：将供试药剂 1ml 短稳杆菌与“激健”进行了配伍，

---

* 基金项目：湖北省技术创新专项重大项目（2017ABA146）

** 第一作者：常向前，副研究员，主要研究方向为昆虫生态与综合防治；E-mail：whcxq2013@163. com

*** 通信作者：张舒，研究员；E-mail：ricezs6410@163. com

得到 5 个试验处理，其代号及配制方法详见表 1。

表 1　供试药剂代号及配制方法

处理代号	配制方法
A	1ml 短稳杆菌
B1	1ml 短稳杆菌+500μl 激健
B2	1ml 短稳杆菌+250μl 激健
B3	1ml 短稳杆菌+125μl 激健

激健的比例为 11. 11%~33. 33%。分别将各处理稀释 8 000倍、4 000倍、2 000倍、1 000倍、500 倍后，进行如下操作：将新鲜桑树叶片在上述各浓度药液中速浸 20s，晾干后放入塑料培养皿中（直径 9cm），每处理浓度接 3 龄幼虫 10 头，以无菌水为对照，重复 3 次；将药剂处理后的试虫置于温度（27±1）℃、湿度 65%~80%、光照 L：D=12h：12h 的养虫室内。用药后每日更换新鲜叶片和调查幼虫死亡数量 1 次。用镊子触碰虫体，没有明显活动为死亡。

根据 Finney 机率值分析法利用 DPS 统计分析软件计算求出短稳杆菌单剂及其各复配制剂的毒力回归方程、LC_{50}值及其置信区间，并以卡方检验差异的显著性。共毒系数（CTC）= 供试药剂的 LC_{50}值/LC_{50}值（供试药剂+增效剂）×100[10]。

2　结果与分析

采用浸叶法测定短稳杆菌 · 激健对美国白蛾的毒力（表 2、表 3）。

表 2　药后 24h 的毒力回归方程

处理代号	LC_{50}值	LC_{50}值 95%置信区间	毒力回归方程	χ^2	CTC
A	1. 51E+07	1. 05E+07~2. 75E+07	$y=-12.02+1.67x$	1. 838	
B1	4. 47E+06	1. 79E+06~9. 66E+06	$y=-4.95+0.74x$	0. 851	337. 26
B2	6. 66E+06	4. 76E+06~9. 86E+06	$y=-10.26+1.50x$	2. 417	226. 43
B3	9. 88E+06	6. 24E+06~2. 22E+07	$y=-7.475+1.07x$	1. 142	152. 66

表 3　药后 48h 的毒力回归方程

处理代号	LC_{50}值	LC_{50}值 95%置信区间	毒力回归方程	χ^2	CTC
A	8. 68E+06	6. 50E+06~1. 26E+07	$y=-12.65+1.82x$	2. 504	
B1	2. 44E+06	8. 69E+05~4. 08E+06	$y=-6.002+0.94x$	0. 611	356. 14
B2	3. 64E+06	2. 52E+06~4. 95E+06	$y=-10.79+1.65x$	2. 688	238. 71
B3	6. 55E+06	4. 43E+06~1. 06E+07	$y=-8.651+1.27x$	2. 781	132. 52

自由度 $n=4-2=2$ 时，$\chi^2_{0.05}=5.991$，短稳杆菌单剂及其与“激健”的混合剂的 χ^2 均

小于 5.991，差异不显著，说明所求的毒力回归方程与实际相符。药后 24h、48h，短稳杆菌·激健的混合剂 B1、B2、B3 的共毒系数的值均大于 100，说明添加 11.11%～33.33%“激健”对短稳杆菌有增效作用。

3 小结

100 亿孢子/ml 短稳杆菌悬浮剂是一种较新的细菌型生物杀虫剂，已有报告表明，其对多种鳞翅目害虫有较好的田间防效。“激健”是一种农药减量增效助剂新产品，很多化学农药在添加“激健”后，可减少农药 30%～50%的使用量。为研究短稳杆菌及“激健”对美国白蛾的应用价值，笔者进行了室内毒力生测。通过短稳杆菌·激健的联合毒力测试，发现添加 11.11%～33.33%的“激健”后，短稳杆菌与“激健”的共毒系数均大于 100，说明“激健”有增效作用。因此短稳杆菌微生物农药制剂可以作为防治美国白蛾的潜在筛选药剂，如果和“激健”联合使用，可以降低药剂的使用量。对短稳杆菌及其与“激健”混剂的实际应用效果，需要进一步试验验证。

参考文献

[1] 罗立平，王小艺，杨忠岐，等．美国白蛾防控技术研究进展［J］. 环境昆虫学，2018，40（4）：721-725.

[2] 付应林，肖华，张志林，等．鄂东北地区美国白蛾发生规律的初步研究［J］. 湖北工程学院学报，2018（3）：30-32.

[3] 关成宏，孙剑华，周晶，等．短稳杆菌对大豆卷叶螟药效试验［J］. 生物灾害科学，2016，39（2）：121-124.

[4] 姚惠明，叶小江，吕闰强，等．短稳杆菌防治茶尺蠖的室内生物测定和田间试验［J］. 浙江农业科学，2017，58（5）：809-810.

[5] 王义生，王广祥，孙嵬，等．短稳杆菌对玉米黏虫防治试验［J］. 农药，2018（5）：380-382.

[6] 孙剑华，高小文，陆骏，等．生物农药短稳杆菌防治水稻二化螟田间药效试验［J］. 生物灾害科学，2018，41（2）：93-96.

[7] 何平，张琼，李叶娜，等．短稳杆菌对玛卡小菜蛾的防效试验［J］. 农业科技通讯，2018（2）：70-72.

[8] 黄耀亮，高吉良，汤明强．水稻病虫草害防治应用激健助剂与农药混配减量试验［J］. 浙江农业科学，2017，58（10）：1727-1728.

[9] 罗东洋，彭昌家，王明文，等．农药增效助剂“激健”在小麦条锈病防治中的应用效果［J］. 中国农学通报，2018，34（11）：113-117.

[10] 张舒，陈其志，吕亮，等．毒死蜱·有机硅对水稻二化螟的室内毒力测定［J］. 农药，2009，48（12）：917-918.

七星瓢虫滞育期间脂肪酸延伸通路基因 KAR 的功能研究*

向 梅[1,2**]，陈万斌[2]，李玉艳[2]，臧连生[1***]，张礼生[2***]
（1. 吉林农业大学生物防治研究所，长春 130000；2. 中国农业科学院植物保护研究所，农业农村部作物有害生物综合治理重点实验室，中美合作生物防治实验室，北京 100193）

摘 要：七星瓢虫 *Coccinellaseptem punctata* 是田间捕食蚜虫的优势种天敌昆虫，对蚜虫的自然控制效果极为显著，其生殖力强，存活时间长以及易于人工繁殖，在生物防治领域发挥了重要作用。滞育是昆虫将外界环境的规律性变化转化为神经调节而形成的生理和行为机制，是昆虫的季节适应能力，为了解决天敌产品不能长期贮存及不能适时应用等问题，通过研究七星瓢虫滞育机制，以掌握调控其滞育诱导、持续和解除的相关技术，为延长天敌产品货架期提供了一种可能途径。对于存在生殖滞育的七星瓢虫而言，其滞育可显著积累脂质，脂质作为滞育及滞育解除后生长发育的能量来源。3-酮酯酰-COA 还原酶（3-ketoacyl-CoA reductase，KAR）基因在整个超长链脂肪酸延长酶复合体中起到了极其关键作用，是超长链脂肪酸延长过程的限速酶，催化在脂肪酸延伸的每个循环中形成 3-酮酰-COA 中间体的还原，最终形成较长链脂肪酸。通过积极探索其具体的调控机理，可为研究脂质代谢奠定基础，最终为揭示滞育调控机制提供理论依据。本研究聚焦脂肪酸延伸通路基因 3-酮酯酰-COA 还原酶基因，基于七星瓢虫转录组数据库信息，通过 RT-PCR 和 RACE 技术对此目的基因进行克隆，并对其序列进行生物信息学分析，利用 qRT-PCR 技术测定 KAR 在雌成虫不同时期的表达模式，分别选取七星瓢虫初羽化成虫（NE）、正常发育组（ND）、滞育解除组（PD）及滞育诱导条件下 10 天、20 天、30 天、60 天的雌成虫。研究表明：荧光定量检测发现该基因相对表达量随着滞育诱导时间延长表达量下降，滞育诱导 20 天时表达量最高，显著高于滞育晚期、滞育解除期以及正常发育组。该结果与七星瓢虫的脂含量变化趋势基本吻合，初步确定该基因能够在一定程度促进七星瓢虫在滞育准备期积累脂质。在此基础上，本研究将在后续实验中利用 RNAi 技术将滞育条件下七星瓢虫 KAR 基因沉默，探究滞育关键基因在七星瓢虫滞育中的作用，提高七星瓢虫产品的贮存时间以及促进其大规模生产和应用。

关键词：七星瓢虫；滞育；3-酮酯酰-COA 还原酶；脂肪酸合成

---

* 基金项目：国家自然科学基金项目（31972339）；国家重点研发计划项目（2017YFD0201000）

** 第一作者：向梅，硕士研究生，研究方向为生物防治；E-mail：2424078823@ qq. com

*** 通信作者：臧连生；E-mail：lsz04152@ 163. com
张礼生；E-mail：zhangleesheng@ 163. com

斜纹夜蛾性诱剂在芒市紫皮石斛上的应用效果分析

杨惠云*，秦丽娟，安智燕，冯小凤，李 烨，刘恩龙
（云南省芒市植保植检站，芒市 678400）

摘 要：为贯彻实施绿色植保理念，生产绿色有机紫皮石斛，保证紫皮石斛的营养价值和食用价值，在芒市芒国村开展性信息素田间诱捕斜纹夜蛾成虫试验，通过减少成虫在田间产卵，减少斜纹夜蛾幼虫的数量，达到阻止幼虫取食紫皮石斛的芯叶和嫩茎，实现增产增收的目的。结果表明：斜纹夜蛾性诱剂诱杀成虫效果显著，连续使用斜纹夜蛾性诱剂后第7年，减少农药使用量达到83.66%，节约人力物力，安全高效，值得大力推广。

关键词：紫皮石斛；斜纹夜蛾；性信息素；应用效果分析

紫皮石斛为双子叶植物药兰科植物齿瓣石斛 *Drobium devonianum* Paxt. 的干燥茎，具有益胃生津、滋阴清热等功效。因其茎在秋冬收获季节除去叶鞘膜后，表面多为紫色，生长在阳光较强地方者，紫色更加明显，因此俗称紫皮石斛或紫皮兰。芒市具有冬无严寒、夏无酷暑的自然条件，非常适宜紫皮石斛的生长，同时也为紫皮石斛的各种有害生物越冬、越夏及其滋生繁殖创造了优越的条件。斜纹夜蛾的幼虫非常喜欢取食紫皮石斛的芯叶和嫩茎，大发生时，常把叶片和嫩茎吃光，并排泄大量粪便，破坏植株生长点，使之失去生长能力，只能重新从侧芽发出支芽，由于支芽已经错过了最佳生长时期，生长的长度和粗度不够，造成严重减产，给种植户造成严重损失。

以前种植户对斜纹夜蛾的防治方法，主要是采用化学防治。但是斜纹夜蛾幼虫昼伏夜出，具有暴食性，化学药剂防治的效果不理想，还容易产生抗药性。随着国家农业农村部关于《到2020年农药使用量零增长行动方案》的深入推进和云南省打造世界一流绿色食品牌的工作部署，人们对优质农产品的质量，提出了更高的要求，对农产品的安全性和品质要求显得尤为突出。如何大力推广绿色植保理念，既能减少化学农药用量，又能提高产品质量产量，成为发展生产的突出矛盾。采用绿色环保的病虫害防治方法势在必行。

近年来，性信息素生物防治技术迅猛发展，性信息技术得到了广泛应用。笔者从2012年开始种植紫皮石斛，从2013年开始使用斜纹夜蛾性信息素防治斜纹夜蛾幼虫的为害。经试验证明，利用斜纹夜蛾性诱剂技术控制紫皮石斛斜纹夜蛾的为害取得了很好的效果。

1 材料与方法

1.1 试验材料

选择宁波纽康生物技术有限公司生产的斜纹夜蛾性诱剂诱芯，圆筒型诱捕器。

紫皮石斛的种植方式为：宽1.5m，高0.6m钢架苗床；苗床上先铺设塑料网状胶垫，

* 第一作者：杨惠云；E-mail：yanghuiyun66@163.com

上面放置山基土、木屑；定植方式为株距 10cm，行距 15cm，每亩 2.5 万～3 万丛。每年收割一次枝条，宿根，冬季休眠，春季发芽。

1.2 试验地点

试验地点为云南省德宏州芒市镇芒国村紫皮石斛种植园，面积 5 亩（3 333.35m^2）。试验期间气温 16～33℃，适合斜纹夜蛾的生长。

1.3 试验方法

试验共分为 4 个阶段，前 3 个阶段 1 个重复。诱捕器安放在顺风口，有利于性诱剂气味在整个试验区域传播。5 亩试验田放置 3 个诱捕器，由于试验田不规则，按三大区域划分，一个区域放置一个诱捕器。

1.3.1 性诱剂放置时间

第一阶段，植株发芽阶段。紫皮石斛刚刚抽出嫩芽，叶片 3～6 叶，株长 3～10cm。投放诱芯时间：每年 3 月中旬开始投放第一次，4 月中旬初投放第二次。

第二阶段，植株拔节生长阶段。紫皮石斛叶片 8～15 叶，株长 16～40cm。

第三阶段，植株快速生长阶段。紫皮石斛叶片 16～32 叶，株长 45～90cm。

第四阶段，植株成熟阶段。紫皮石斛叶片 18～40 叶，株长 50～110cm。投放诱芯时间：每年 9 月下旬开始投放第一次，9 月以后紫皮石斛叶片逐步老熟，斜纹夜蛾不喜欢取食，即使少量为害对产量和品质影响不大，所以不用采取防治措施。

表 1　芒市 2013—2019 年紫皮石斛斜纹夜蛾性诱剂诱芯投放时间

投放阶段	投放次数	投放时间						
		2013 年	2014 年	2015 年	2016 年	2017 年	2018 年	2019 年
第一阶段	第一次	3 月 11 日	3 月 13 日	3 月 11 日	3 月 16 日	3 月 12 日	3 月 10 日	3 月 11 日
	第二次	4 月 11 日	4 月 12 日	4 月 15 日	4 月 15 日	4 月 13 日	4 月 12 日	4 月 15 日
第二阶段	第一次	5 月 15 日	5 月 12 日	5 月 15 日	5 月 13 日	5 月 13 日	5 月 12 日	5 月 15 日
	第二次	6 月 10 日	6 月 11 日	6 月 12 日	6 月 12 日	6 月 12 日	6 月 13 日	6 月 16 日
第三阶段	第一次	7 月 10 日	7 月 11 日	7 月 12 日	7 月 12 日	7 月 12 日	7 月 13 日	7 月 16 日
	第二次	8 月 10 日	8 月 11 日	8 月 12 日	8 月 12 日	8 月 12 日	8 月 13 日	8 月 16 日
第四阶段	第一次	9 月 20 日	9 月 21 日	9 月 22 日	9 月 22 日	9 月 22 日	9 月 23 日	9 月 26 日

1.3.2 性诱剂放置数量

2013 年共放置 20 根，2014—2016 年每年各放置 15 根，2017—2019 年每年各放置 11 根。放置情况如表 2 所示。

表 2　芒市 2013—2019 年紫皮石斛斜纹夜蛾性诱剂诱捕成虫诱芯投放量　　单位：根

时间	2013 年	2014 年	2015 年	2016 年	2017 年	2018 年	2019 年	合计	平均
3—4 月	6	4	4	4	3	3	3	27	4
5—6 月	9	7	7	7	4	4	4	42	6

（续表）

时间	2013 年	2014 年	2015 年	2016 年	2017 年	2018 年	2019 年	合计	平均
7—8 月	4	3	3	3	3	3	3	22	3
9 月	1	1	1	1	1	1	1	7	1
3—9 月合计	20	15	15	15	11	11	11	98	14

2 结果与分析

（1）2012 年第一年种植紫皮石斛没有使用斜纹夜蛾性诱剂，3 月定植，5 月初开始发现斜纹夜蛾幼虫为害。全部使用化学农药防治，防治前百丛虫量 19～28 头，为害株率 5%～7%。2013 年开始使用性诱剂，百丛虫量明显降低，降低情况如表 3 所示。

表 3 2012—2019 年芒市紫皮石斛斜纹夜蛾使用性诱剂诱捕成虫前后幼虫在田间为害情况（百丛虫量）对照 单位：头/百丛

时间	2012 年	2013 年	2014 年	2015 年	2016 年	2017 年	2018 年	2019 年
3—4 月	0	9	12	10	7	6	4	4
5—6 月	19	17	13	12	9	8	6	5
7—8 月	28	5	4	3	1	1	1	1
9 月	3	2	2	1	1	0	0	0

（2）通过 7 年的试验，性诱剂诱芯投放量逐年减少（表 2），平均每年 5 亩投放诱芯 14 根，每亩每年投放诱芯 2. 8 根，成本费用较低。

（3）不同阶段性信息素诱捕量变化情况结果表明，斜纹夜蛾成虫在芒市紫皮石斛的消长规律是每年 3—4 月开始发生，5—6 月达到最高峰，7 月以后逐渐下降（表 4）。在斜纹夜蛾成虫高峰到来之前适时投放性诱剂诱杀成虫，能够有效控制斜纹夜蛾幼虫对紫皮石斛的为害，降低农药使用量，达到保障紫皮石斛的石斛多糖、石斛碱等有效物质的有效累积。由于减少农药使用量，同时减少了喷雾农药的人工成本，达到增产增收的效果。

表 4 芒市 2013—2019 年紫皮石斛斜纹夜蛾性诱剂诱捕成虫情况 单位：头

时间	2013 年	2014 年	2015 年	2016 年	2017 年	2018 年	2019 年	合计	年平均
3—4 月	963	795	702	559	380	255	119	3 773	539
5—6 月	1 358	1 184	1 057	886	682	423	137	5 727	818
7—8 月	835	706	635	504	378	254	115	3 427	490
9 月	270	210	165	138	124	109	83	1 099	157
3—9 月合计	3 426	2 895	2 559	2 087	1 564	1 041	454	14 026	2 004
月平均	489	414	366	298	223	149	65		

（4）从2013年开始使用性诱剂诱杀成虫，农药使用量逐年减少，减少情况如表5所示。

表5 2012—2019年芒市紫皮石斛斜纹夜蛾使用性诱剂诱捕成虫减少农药（战地龙、醚菊酯、灭扫利）使用量情况

单位：ml

时间	2012年	2013年	2014年	2015年	2016年	2017年	2018年	2019年	合计
3—4月	0	600	780	600	550	500	500	300	3 830
5—6月	600	1 300	480	480	450	450	300	180	4 240
7—8月	2 350	1 150	300	250	180	180	150	100	4 660
9月	600	175	150	0	0	0	0	0	925
3—9月合计	3 550	3 225	1 710	1 330	1 180	1 130	950	580	12 730
与2012年相比减少比率	0	9. 15%	51. 83%	62. 54%	66. 76%	68. 17%	73. 24%	83. 66%	

化学防治斜纹夜蛾幼虫使用的药剂是战地龙（3%噻虫胺悬浮剂）、醚菊酯（10%悬浮剂）、灭扫利（20%甲氰菊酯乳油），不同月份、年度轮换使用。

使用性诱剂年份（2013年至2019年）与未使用年份（2012年）相比，农药使用量减少幅度依次为第一年（2013年）减少9. 15%，第二年（2014年）减少51. 83%，到第七年（2019年）减少83. 66%，减少幅度较大。

这一结果表明连续采用性诱剂诱杀成虫后，能够有效减少本地虫源，减少翌年的虫口基数。采用性诱剂防治斜纹夜蛾幼虫对紫皮石斛的为害效果显著。

3 小结与讨论

通过7年来对斜纹夜蛾性诱剂的田间试验，表明斜纹夜蛾性诱剂诱杀成虫效果显著，节约人力物力，安全高效，值得大力宣传和推广。

据周边种植户反映，在斜纹夜蛾性诱剂试验田周围20亩范围内，斜纹夜蛾的为害都非常小，估计性诱剂性信息素传播范围可辐射到方圆20亩范围。

由于紫皮石斛在全国的人工种植面积比较小，仅仅在德宏州各县市和保山龙陵县大量种植，而且是农户自发种植，缺乏有效的技术指导和无公害种植的宣传和引导，全面推广应用性信息技术防治病虫害还需要一个过程。

紫皮石斛在芒市的山区种植量比较大，如果能通过绿色防控措施防治病虫害，打造有机农产品的石斛品牌，将有助于芒市山区农民脱贫攻坚后充分利用山区丰富的林木资源致富奔小康，探索一条行之有效的出路。

参考文献（略）

蠋蝽成虫的冷藏效果初步研究

郭 义[1]，肖俊健[1]，赵 灿[1]，李君摘[2]，李敦松[1]
(1. 广东省农业科学院植物保护研究所，广东省植物保护新技术重点实验室，
广州 510640；2. 华南农业大学农学院，广州 510640)

摘 要：蠋蝽 *Arma chinensis*（Fallou）是一种优良的捕食性天敌昆虫，可捕食鳞翅目、鞘翅目、半翅目的多种害虫，对入侵性害虫美国白蛾和草地贪夜蛾具有较好的防治效果，是生物防治的重要产品之一。目前，全国已有数个蠋蝽扩繁基地和工厂，年生产蠋蝽总量超过百万头。在国内，蠋蝽已广泛应用于烟草、园林绿植、蔬菜害虫的生物防治。由于蠋蝽的货架期和供应量与害虫的发生期之间存在矛盾。往往在害虫大发生时适龄的蠋蝽数量不足，不能有效发挥生物防治的作用，只能再次依赖化学农药；在不需要释放蠋蝽时，维持较大规模的种群会造成饲养成本的上升，增加生物防治的成本，降低生产者和使用者的积极性。通常采用诱导昆虫进入滞育的方法来延长其货架期，但蝽类天敌昆虫的滞育鲜有报道，并且滞育方面的研究工作量大、周期长。因此，开展蠋蝽成虫的冷藏试验，可以快速满足货架期延长、库存量提高的实际需求。

本试验采用梯度降温和光期暗期节律调控相结合，将蠋蝽成虫置于特定环境下驯化。然后设置 50 头、100 头和 250 头的密度装于 40cm×30cm×10cm 的塑料盒中，填充覆盖物供其躲避，储存在（5±2）℃冷库中。冷藏期内不补充水分和食物，于 30 天、45 天、60 天、90 天后查看存活率，每个冷藏天数梯度重复 4 次。结果表明：50 头/盒处理下，冷藏 30 天、45 天、60 天、90 天后的存活率（ME±SE）分别为 92.00%±3.06%、87.00%±3.22%、72.67%±3.18%、62.00%±1.73%；100 头/盒处理下，冷藏 30 天、45 天、60 天、90 天后的存活率（ME±SE）分别为 98.67%±0.88%、97.00%±2.08%、91.00%±5.57%、71.67%±3.28%；250 头/盒处理下，冷藏 30 天、45 天、60 天、90 天后的存活率（ME±SE）分别为 96.67%±0.88%、83.67%±3.28%、66.67%±3.18%、59.00%±1.73%。同一冷藏密度条件下，随着冷藏天数的延长存活率均呈现显著降低的趋势；同一冷藏天数梯度下，冷藏密度与存活率之间没有显著的相关性。采用梯度降温和光期暗期处理后，蠋蝽成虫冷藏 30 天后存活率均在 90%以上，其中两个重复存活率达到 100%，效果很好；冷藏 60 天后平均存活率为 76.78%；冷藏 90 天后存活率有所降低，平均为 64.22%。取出冷藏 90 天的成虫，逐步升温达到室温状态后，其活力与冷藏 60 天后相比显著降低，次日死亡率升高。本试验的结果对于延长蠋蝽的货架期、减少饲养成本有重要的指导意义。蠋蝽在冷藏后的产卵量和寿命尚在研究中。冷藏过程中蠋蝽是否进入休眠以及体内代谢物质的变化情况尚不可知，需进一步研究，以延长蠋蝽的货架期，提高蠋蝽冷藏后的存活率和捕食能力。

关键词：蠋蝽；冷藏；货架期；天敌昆虫；生物防治

蠋蝽若虫期的 miRNA 调控研究*

殷焱芳**，朱艳娟，李玉艳，毛建军，王孟卿，张礼生，陈红印，刘晨曦***
（中国农业科学院植物保护研究所，中美合作生物防治实验室，北京 100193）

摘　要：miRNA 是一类长约 22nt 的内源性非编码单链 RNA，广泛存在于真核生物中。主要通过 miRNA 的种子区（从5′端开始2~8 位的一段序列）与靶标的3′UTR 结合导致靶标 mRNA 的降解和翻译抑制，从而参与调控多种生物学过程，如免疫、细胞分化、生长发育以及凋亡等。蠋蝽 *Arma chinensis*（Fallou）是一种捕食范围广、适应能力强、应用价值高的天敌昆虫。它不仅能有效控制鳞翅目、鞘翅目、膜翅目和半翅目等多种农林害虫，而且对美国白蛾和马铃薯甲虫等入侵害虫也具有较好的防治效果。因此，了解 miRNA 调控蠋蝽生长发育的分子机制对蠋蝽的大规模饲养以及害虫防治具有重要意义。本实验利用 small RNA-seq 技术对 5 个龄期的蠋蝽若虫进行了小 RNA 建库测序，通过生物信息学分析鉴定出了相邻 2 个龄期若虫文库间的差异表达 miRNA，并利用 miRanda、RNAhybrid、PITA 3 个靶基因预测软件综合分析差异表达 miRNA 的靶标基因，随后对所有靶标基因进行了 GO 注释和 KEGG 通路富集分析。本实验总共鉴定出了 812 个保守的 miRNA 以及 264 个新的 miRNA。针对相邻两个龄期的蠋蝽若虫间的差异表达 miRNA 分析发现 1 龄与 2 龄间比其余龄期间存在更多的差异表达 miRNA。靶标预测结果显示 225 个显著差异表达 miRNA 总共靶定4 303个靶标基因。一个 miRNA 可以靶定多个靶标基因，而一个靶标基因也可以对应多个 miRNA。靶标基因主要富集于寿命调节通路、色氨酸代谢、细胞外基质受体互作、磷酸戊糖途径和糖代谢通路，而这些通路都与蠋蝽的生长发育密切相关。本实验对蠋蝽若虫阶段的 miRNA 表达谱以及其潜在靶标基因进行了分析，以期为 miRNA 在蠋蝽生长发育过程中参与调控的通路和机制提供理论依据，更为以后深入探究蠋蝽中特定表达的 miRNA 奠定基础。

关键词：蠋蝽；生长发育；microRNA；靶标基因

---

* 基金项目：国家重点研发计划项目（2017YFD0200400）；重点研发专项“中美农作物病虫害生物防治关键技术创新合作研究”（2017YFE0104900）；国家重点研发计划项目（2017YFD0201000）

** 第一作者：殷焱芳，硕士研究生，研究方向为植物保护；E-mail：1528795516@ qq. com

*** 通信作者：刘晨曦，博士，副研究员；E-mail：liuchenxi@ caas. cn

不同温度下不同龄期蠋蝽对榆黄毛萤叶甲的捕食功能的影响*

朱艳娟**，王孟卿，李玉艳，毛建军，张礼生，陈红印，刘晨曦***
（中国农业科学院植物保护研究所，中美合作生物防治实验室，北京 100193）

摘　要： 蠋蝽在室内及室外正常温度下的捕食能力使它在生物防治中发挥显著作用，但在不同温度条件下的捕食功能尚不清楚。明确温度变化对蠋蝽不同龄期捕食功能的影响，测定各龄期最高及最低捕食量的所在温度，为探寻蠋蝽在最佳田间释放及控害时期提供理论支持。

据了解，目前针对蠋蝽捕食多种鳞翅目幼虫能力方面的研究较多，而对于鞘翅目害虫捕食能力的研究较少，本试验围绕蠋蝽对鳞翅目、鞘翅目、膜翅目等多种农林害虫的幼虫及成虫均具有捕食能力为前提，选用一种常见的鞘翅目害虫——榆黄毛萤叶甲成虫作为蠋蝽的捕食猎物。设定5个温度处理：15℃、20℃、26℃、30℃、35℃，各温度条件下的猎物密度梯度为：1头、2头、4头、6头、8头，每个处理设10个重复。选取蜕皮48h的蠋蝽2龄、3龄、4龄、5龄幼虫及成虫，单头放入300ml硬质太空杯中提前饥饿24h，杯口用纱网封盖固定，防止逃脱，纱网上放一块浸湿脱脂棉；在长15cm、宽12cm、高10cm的养虫盒内进行蠋蝽不同龄期对猎物进行捕食功能反应试验，各组设置无蠋蝽对照。将养虫盒分别置于5个试验温度处理内，光周期L∶D=16∶8，相对湿度65%±1%。观察蠋蝽对猎物的捕食行为，24h后记录猎物的存活量。利用Holling Ⅱ、Holling Ⅲ和Flinn's 3种模型研究了蠋蝽捕食量、猎物密度及温度三者间的关系，并推测了该功能反应和搜索效应的相关参数，探索蠋蝽最大捕食潜能。

关键词： 温度；蠋蝽；榆黄毛萤叶甲；捕食；生物防治

---

* 基金项目：国家重点研发计划项目（2017YFD0200400）；重点研发专项“中美农作物病虫害生物防治关键技术创新合作研究”（2017YFE0104900）；国家重点研发计划项目（2017YFD0201000）

** 第一作者：朱艳娟，硕士研究生，研究方向为植物保护；E-mail：759319799@qq.com

*** 通信作者：刘晨曦，博士，副研究员；E-mail：liuchenxi@caas.cn

蠋蝽种群室内饲养退化规律的研究*

朱艳娟**，王孟卿，李玉艳，毛建军，张礼生，陈红印，刘晨曦***
（中国农业科学院植物保护研究所，中美合作生物防治实验室，北京 100193）

摘　要：蠋蝽作为农林业中一种重要的捕食性天敌昆虫，在多种农林害虫防治中具有很好的控制效果，多年来国内对其相关研究报道很多。主要从蠋蝽的捕食范围、生物学特性及人工饲料等方面都进行了大量研究，而对于利用野外种群引入室内继代饲养的探寻退化规律研究却鲜有报道。

蠋蝽研究中所用的供试虫源均为室内人工数代饲养的种群，经观察发现，蠋蝽室内种群，存在着同一卵块的个体发育不整齐，室内种群普遍体型偏小，孵化率下降的现象，笔者实验室研究人员曾对室内饲养的蠋蝽种群进行了近交衰退分析，以期了解以上衰退现象是否直接受近交繁殖影响，其研究结果表明，近交繁殖未使蠋蝽个体的重量与发育历期产生显著差异，而对性比、卵孵化率的影响显著，显著偏雄性，畸形卵偏多。基于此，笔者从野外采集到蠋蝽自然种群，引入室内人工继代饲养，从生长发育、繁殖力等方面进行研究，探寻蠋蝽种群的退化规律，完善和补充蠋蝽相关知识，以期为蠋蝽的室内种群复壮技术及田间释放应用提供理论依据。

结果表明：蠋蝽野外种群的 F_1代到 F_6代，卵孵化历期延长了 71.5%，卵孵化率下降了 22.6%，发育历期延长了 30.3%，雌雄性比下降了 18.2%，雌成虫体重体长下降了 17.9%和 8.4%，雄成虫体重体长下降了 19.4%和 3.2%，单雌产卵量下降了 32.8%，自 F_3 代开始各代各项参数衰退显著。试验表明蠋蝽种群第 3 代种群出现明显衰退，室内扩繁进程中，需每年采集野外种群补充其中，进行更新复壮。

关键词：蠋蝽；天敌昆虫；室内饲养；种群退化

---

* 基金项目：国家重点研发计划项目（2017YFD0200400）；重点研发专项“中美农作物病虫害生物防治关键技术创新合作研究”（2017YFE0104900）；国家重点研发计划项目（2017YFD0201000）

** 第一作者：朱艳娟，硕士研究生，研究方向为植物保护；E-mail：759319799@qq.com

*** 通信作者：刘晨曦，博士，副研究员；E-mail：liuchenxi@caas.cn

应用蠋蝽聚集性诱剂防治美国白蛾*

邹德玉[1**]，张礼生[2]，吴惠惠[3]，徐维红[1]，许静杨[1]，刘晓琳[1]
（1. 天津市农业科学院植物保护研究所，天津　300384；2. 中国农业科学院植物保护研究所，北京　100193；3. 天津农学院，天津　300384）

摘　要：蠋蝽 *Arma chinensis* 属半翅目 Hemiptera 蝽科 Pentatomidae 益蝽亚科 Asopinae 蠋蝽属 *Arma*，该蝽广泛分布于中国、蒙古和朝鲜半岛。蠋蝽可以捕食草地贪夜蛾 *Spodoptera frugiperda*、棉铃虫 *Helicoverpa armigera*、马铃薯甲虫 *Leptinotarsa decemlineata*、美国白蛾 *Hyphantria cunea*、黏虫 *Mythimna separata* 及甜菜夜蛾 *Spodoptera exigua* 等多种害虫，是农林业上一种重要的捕食性天敌昆虫。Cardé（2014）认为昆虫性信息素应该分成两种：一种是由雌虫产生，但仅吸引雄虫，另一种是由雄虫产生，但是对雌雄虫都具有吸引作用。而后者应该被称之为聚集性信息素（aggregation-sex pheromone）。笔者前期研究发现，蠋蝽性信息素由雄成虫背腹腺产生，并且对雌雄成虫均具有吸引作用。因此，蠋蝽的这类性信息素应称之为聚集性信息素。

通过在榆树上开展应用蠋蝽聚集性诱剂防治美国白蛾试验，笔者发现：①T1 处理（美国白蛾幼虫+蠋蝽聚集性诱剂）诱集的蠋蝽数量约为 T2 处理（美国白蛾幼虫）的 2.7 倍。仅应用聚集性诱剂的 T3 处理没有发现蠋蝽，有可能在调查之外的时间，蠋蝽曾经到达悬挂聚集性诱剂的榆树上，但是它们并不长期停留。这也说明，与猎物相比，聚集性诱剂所能引起的繁衍后代可能变成了次要需求。②在整个观察期内，随着美国白蛾幼虫龄期的增加及存活率的下降，美国白蛾幼虫数量呈下降趋势。由于 T1 诱集到的蠋蝽总量比 T2 多，在更多的蠋蝽的控制下，T1 比 T2 美国白蛾幼虫总量减少了近 15.3%。③由于 T1 诱集到的蠋蝽总量比 T2 多，在更多的蠋蝽的控制下，T1 比 T2 美国白蛾幼虫总量减少，这也导致了 T1 比 T2 榆树被取食叶片数量减少了约 10.7%。该研究表明，应用蠋蝽防治害虫时，辅以蠋蝽聚集性诱剂可起到显著的增效作用。

关键词：天敌昆虫；蠋蝽；聚集性信息素；美国白蛾

---

* 基金项目：国家重点研发计划重点专项“天敌昆虫防控技术及产品研发”（2017YFD0201000）；天津市自然科学基金（重点项目）“天敌昆虫蠋蝽性信息素的提取鉴定及应用研究”（16JCZDJC33600）

** 通信作者简介：邹德玉，博士，副研究员，硕士研究生导师，主要从事害虫生物防治研究；E-mail：zdyqiuzhen@126.com

有害生物综合防治

浅谈如何安全科学使用农药

甘长喜*

(郑州绿业元农业科技有限公司，郑州 450016)

摘　要：我国是农业大国，也是农药生产和使用的大国。随着我国农业的生产的快速发展，农药得到了日渐广泛的应用，但农药是有毒物质，如果不科学使用，不但不能起到很好的防病治虫、除草灭鼠作用，还会提高防治对象的抗药性并污染环境。本文简述了农药科学安全使用的基本知识，为确保农药减量控害，提高科学安全使用水平提供理论基础。

关键词：农药；科学使用；安全

农药是农业生产中防病治虫、除草灭鼠不可缺少的重要物质，但农药是有毒物品，如果使用的农药品种、施药器械、使用方法不当，则会导致污染环境和农产品，造成农作物产生药害及人畜中毒和死亡事故。正确使用农药可有效提高农药防治效果，降低用药成本，延缓农药抗性产生，减少农药对人畜健康和生态环境带来的负面影响。安全科学使用农药是保障农业生产安全，夺取农业丰收和保证农民增收的重要措施。

1　安全科学使用农药

1.1　选择适宜的农药产品

农药的品种很多，特点各不相同，应针对要防治的对象选择最适合的品种，防止误用；并尽可能选用对天敌杀伤作用小的品种。

1.2　选择适宜的施药器械

手动喷雾器、机动喷雾器、弥雾机是常见的施药器械。我国农药喷雾器种类很多，应选择正规厂家生产的药械，注意产品的使用维护，避免跑、冒、滴、漏，并定期更换磨损的喷头。

1.3　适时施药

现在各地已对许多重要病、虫、草、鼠制定了防治标准，即常说的防治指标。根据调查结果，达到防治指标的田块应该施药防治，未达到指标的不必施药。施药时间一般根据有害生物的发育期、作物生长进度和农药品种而定，还应考虑田间天敌状况，尽可能避开天敌对农药敏感期。既不能单纯强调“治早、治小”，也不能错过有利时期。

1.4　适量施药

任何种类农药均需按照推荐用量使用，不能任意增减。为了做到准确，应将施用面积量准，药量和加水量称准，不能草率估计，以防造成作物药害或影响防治效果。

1.5　均匀施药

喷施农药时，必须使药剂均匀周到地分布在作物或害物表面，以保证取得好的防治效

* 第一作者：甘长喜，主要从事农药田间试验农业技术推广工作；E-mail：251378513@ qq. com

果。现在使用的大多数内吸杀虫剂和杀菌剂，以向植株上部传导为主，称“向顶性传导作用”，很少向下传导的，因此要喷洒均匀周到。

1.6 合理轮换用药

实践证明，在一个地区长期连续使用单一品种农药，容易使有害生物产生抗药性，连续使用数年，防治效果即大幅度降低。轮换使用作用机制不同的药剂，是延缓有害生物产生抗药性的有效方法之一。

1.7 合理混配用药

合理地混用农药可以提高防治效果，延缓有害生物产生抗药性或兼治不同种类的有害生物，节省人力。混用的主要原则是混用必须增效，不能增加对人、畜的毒性，有效成分之间不能发生化学变化，如遇碱分解的有机磷杀虫剂不能与碱性强的石硫合剂混用。要随用随配，不宜贮存。为了达到提高施药效果的目的，将作用机制或防治对象不同的两种或两种以上的商品农药混合使用。有些商品农药可以混合使用，有的在混合后要立即使用，有些则不可以混合使用或没有必要混合使用。在考虑混合使用时必须有目的，如为了提高药效，扩大杀虫防病除草的范围，同时兼治其他虫害、病害，获得迅速消灭或抑制病、虫、草危害的效果。但不可盲目混用，因为有些种类的农药混合使用时不仅起不到好的作用，反而会使药剂的质量变坏或使有效成分分解失效，浪费了药剂。除草剂之间的混用较为普遍，市售的很多除草剂产品本身就是混剂，如丁·苄、乙·苄、二氯·苄等。除草剂的混用除了提高药效和扩大杀草谱外，还有一个很重要的目的就是降低单剂的使用剂量，从而防止对作物产生药害。

1.8 注意安全采收间隔期

农药在施用后分解速度不同，残留时间长的品种不能在临近收获期使用。有关部门已经根据多种农药的残留试验结果，制定了《农药安全使用规定》和《农药合理使用准则》，其中规定了各种农药在不同作物上的“安全间隔期”，即在收获前多长时间停止使用某种农药。

1.9 注意保护环境

施用农药必须防止污染附近水源、土壤等，一旦造成污染，可能影响水产养殖或人、畜饮水等，而且难以治理。按照使用说明书正确施药，一般不会造成环境污染。

2 安全使用农药注意事项

2.1 施药人员应符合要求

（1）施药人员应身体健康，经过专业技术培训，具备一定的植保知识，严禁儿童、老人、体弱多病者、经期、孕期、哺乳期妇女参与施用农药。

（2）施药人员需要穿着防护服，不得穿短袖上衣和短裤进行施药作业；身体不得有暴露部分；防护服需穿戴舒适，厚实的防护服能吸收较多的药雾而不至于很快进入衣服的内侧，棉质防护服通气性好于塑料服；使用背负式手动喷雾器时，应穿戴防渗漏披肩；防护服要保持完好无损。施药作业结束后，应尽快把防护服清洗干净。

2.2 施药时间应注意安全

2.2.1 应选择好天气施药

田间的温度、湿度、雨露、光照和气流等气象因子对施药质量影响很大。在刮大风和下雨等气象条件下施用农药，对药效影响很大，不仅污染环境，而且易使喷药人员中毒。刮大风时，药雾随风飘扬，使作物病菌、害虫、杂草表面接触到的药液减少；即使已附着在作物上的药液，也易被吹拂挥发，振动散落，大大降低防治效果；刮大风时，易使药液飘落到施药人员身上，增加中毒机会；刮大风时，如果施用除草剂，易使药液飘移，有可能造成药害。下大雨时，作物上的药液被雨水冲刷，既浪费了农药，又降低了药效，且污染环境。应避免在雨天及风力大于 3 级（风速大于 4m/s）的条件下施药。

2.2.2 应选择适宜时间施药

在气温较高时施药，施药人员易中毒。由于气温较高，农药挥发量增加，田间空气中农药浓度上升，加之人体散热时皮肤毛细血管扩张，农药经皮肤和呼吸道进入人体内，引起中毒的危险性就增加。所以喷雾作业时，应避免夏季中午高温（30℃以上）的条件下施药。夏季高温季节喷施农药，要在 10：00 前和 16：00 后进行。对光敏感的农药选择在 10：00 以前或傍晚施用。施药人员每天喷药时间一般不得超过 6h。

2.3 施药操作应安全规范

2.3.1 田间施药

（1）进行喷雾作业时，应尽量采用低容量的喷雾方式，把施药液量控制在 300L/hm^2 以下，避免采用大容量喷雾方法。喷雾作业时的行走方向应与风向垂直，最小夹角不小于 45°。喷雾作业时要保持人体处于上风方向喷药，实行顺风、隔行前进或退行，避免在施药区穿行。严禁逆风喷洒农药，以免药雾吹到操作者身上。

（2）为保证喷雾质量和药效，在风速过大（大于 5m/s）和风向常变不稳时不宜喷药。特别是在喷洒除草剂时，当风速过大时容易引起雾滴飘移，造成邻近敏感作物药害。在使用触杀性除草剂时，喷头一定要加装防护罩，避免雾滴飘失引起的邻近敏感作物药害。

（3）喷洒除草剂时喷雾压力不要太大，避免高压喷雾作业时产生的细小雾滴引起的雾滴飘失。

2.3.2 设施内施药

在温室大棚等设施内施药时，应尽量避免常规大容量喷雾技术，最好采用低容量喷雾法。采用烟雾法、粉尘法、电热熏蒸法等施药技术，应在傍晚进行，并同时封闭棚室。第 2 天将棚室通风 1h 后人员方可进入。如在温室大棚内进行土壤熏蒸消毒，处理期间人员不得进入棚室，以免中毒。

公主岭霉素与化学药剂联用对水稻育苗的保护作用*

杜　茜[1**]，赵　宇[1]，张正坤[1]，常玉明[1,2]，康　钦[1,3]，巩巧楠[1,3]，李启云[1***]

（1. 吉林省农业科学院，吉林省农业微生物重点实验室，农业农村部东北作物有害生物综合治理重点实验室，长春　130033；2. 吉林农业大学生命科学学院，长春　130118；3. 中国农业大学植物保护学院，北京　100193）

摘　要： 化学农药过量施用在公众健康、生态与食品安全等方面存在巨大的隐患。为减少化学农药在水稻生产中的使用量，提高公主岭霉素的生物防治效果，实施化学农药与生物农药的混合使用，增强生物农药的竞争优势，以达到稳定和提高公主岭霉素防病效果的目的，本研究利用农抗“769”固体发酵干粉及其水浸提液与水稻育苗期常用化学农药联用，调查统计了育苗期水稻幼苗生长状况及病害发生情况，以期在降低化学农药的使用量的同时有效防控水稻苗期的主要病害，提高幼苗的耐逆性，为水稻的田间生长奠定良好的基础条件，为筛选高效安全的生物化学药剂提供理论依据，更好地推动公主岭霉素在生产上的应用。本研究实验结果如下。

（1）28℃恒温种植，公主岭霉素与丙森锌·戊唑醇、恶枯灵、恶毒灵、助旺、咪鲜胺、氰烯菌酯等不同化学药剂联用对于水稻的幼苗建成和株高的影响略有不同，但均表现出了协同增效的作用。公主岭霉素与丙森锌·戊唑醇、恶枯灵、恶霉灵、咪鲜胺、氰烯菌酯混用，不同药剂的最适混配比例不同，在最适比例下单位面积内幼苗数量分别比清水对照提升了9.49%、10.24%、10.81%、7.61%、7.55%。与各药剂联用，水稻幼苗株高均有所降低，有效抑制了幼苗在高温生长时的徒长现象，提高了幼苗的耐逆性。

（2）在水稻育苗期，以筛选到的最适混用比例在育苗生产中进行验证，公主岭霉素与氰烯菌酯及恶霉灵联用，对水稻幼苗的株高、鲜重、干重等生长指标均无明显的不良影响。公主岭霉素与氰烯菌酯混合后浸种，在降低氰烯菌酯50%用量的基础上，不会降低该药剂对水稻恶苗病的预防效果。

（3）育苗期以最适浓度的50%的公主岭霉素与50%的氰烯菌酯混合浸种，收获时水稻穗长、穗数、实粒数及单位面积产量均优于氰烯菌酯单剂使用，分别比单剂使用提高了2.14%、12.58%、13.07%、16.98%；以最适浓度的20%的公主岭霉素与80%的恶霉灵混合拌土，穗数、空粒数及单位面积产量等指标优于单剂使用，其中穗数和单位面积产量比单剂使用分别提高了5.20%、5.00%，空粒数比单剂使用降低了43.86%。

综上所述，公主岭霉素与氰烯菌酯减量联用，在减少化学农药50%的情况下对水稻恶苗病的防控及水稻幼苗生长无明显的不利影响，并可以提升水稻幼苗的耐逆性，为水稻的稳产增产提供保障。

关键词： 水稻；公主岭霉素；农药减施；联合作用效果

---

* 基金项目：吉林省农业科技创新工程自由创新项目“公主岭霉素多功能生物制剂的研制与应用”（CXGC2018ZY022）

** 第一作者：杜茜，副研究员，博士，主要研究方向为微生物农药与植物分子生物学；E-mail：dqzjk@163.com

*** 通信作者：李启云，研究员，主要研究方向为生防微生物；E-mail：qyli@cjaas.com

上调表达的细胞色素 P450 酶介导毒死蜱与醚菊酯混配对二化螟的协同增效作用*

徐　鹿[1**]，金瑜剑[2]，罗光华[1]，徐德进[1]，徐广春[1]，
赵春青[3]，韩召军[3]，顾中言[1]
（1. 江苏省农业科学院植物保护研究所，南京　210014；2. 祥音生物科技有限公司，杭州　311200；3. 南京农业大学植物保护学院，南京　210095）

摘　要：杀虫剂混配是治理害虫抗药性的有效措施，为明确毒死蜱与醚菊酯混配对二化螟 *Chilo suppressalis*（Walker）的协同增效机制，采用联合毒力指数法评估毒死蜱与醚菊酯混配的增效、相加和拮抗作用，通过构建测序文库进行转录组分析，结合维恩交集算法，筛选出毒死蜱与醚菊酯混配对二化螟协同增效的关键差异表达基因，并进行实时荧光定量 PCR 验证。结果显示，毒死蜱与醚菊酯以质量分数 1：2 比例混配时联合指数为 0.42，表现增效作用；HiSeq™X Ten 平台测序获得高质量和大数据量的二化螟转录组，且覆盖完整的基因序列信息；比较转录组分别获得去离子水和毒死蜱与醚菊酯增效混剂、毒死蜱和毒死蜱与醚菊酯增效混剂、醚菊酯和毒死蜱与醚菊酯增效混剂之间 1 874 个、117 个、25 个差异表达基因，显著地参与碳水化合物代谢、氨基酸代谢、脂质代谢、信号转导和外源物降解与代谢，结合维恩交集算法确认上调表达的细胞色素 P450 *CYP341B2* 是毒死蜱与醚菊酯协同增效作用的关键基因；实时荧光定量 PCR 证实差异显著基因的表达量与转录组测序数据高度匹配。研究表明，上调表达的细胞色素 P450 酶介导毒死蜱与醚菊酯混配对二化螟的协同增效作用，转录组学为解析杀虫剂混配协同增效机制提供候选基因。

关键词：二化螟；毒死蜱与醚菊酯混配；转录组；协同增效；细胞色素 P450 酶

---

* 基金项目：国家自然科学基金（31972309）；国家重点研发计划（2017YFD0200305）；江苏省农业科技自主创新资金（CX（19）3114）；国家水稻产业技术体系项目（CARS-01-37）

** 第一作者：徐鹿，研究领域为农药毒理学和应用技术；E-mail: xulupesticide@163.com

氮肥促进褐飞虱对噻嗪酮抗性发展的生化机制*

卢文才**，张　慧，马连杰，廖敦秀
（重庆市农业科学院农业资源与环境研究所，重庆　401329）

摘　要：连续过量施用氮肥不仅破坏污染水和土壤环境，还会影响农田生态系统，甚至会使褐飞虱 *Nilaparvata lugens*（Stål）种群对杀虫剂的敏感性发生变化。为明确施用氮肥对褐飞虱抗噻嗪酮的影响作用，连续 2 年田间试验观察施氮后噻嗪酮对褐飞虱的防效变化和比较不同氮素水平下褐飞虱对噻嗪酮的抗性发展趋势。结果表明，在使用高氮肥稻田中，噻嗪酮对褐飞虱防效显著低于低量施氮和未施氮肥稻田。在 3 种氮素浓度（3mmol/L、0.3mmol/L、0mmol/L）培养的稻苗上饲养褐飞虱种群，经过 20 代的继代抗性筛选后，对噻嗪酮抗性系数（RR）分别增长至 25.81、18.40 和 14.05；而在不同氮素培养下（没有药剂压力），其对噻嗪酮抗性系数分别增长至 4.67、3.30 和 1。解毒酶活性检测结果显示，抗性筛选 20 代的褐飞虱种群 P450s 活性显著提高，而 CarEs 和 GsTs 活性无显著变化；而无药剂压力下，高氮、低氮条件下继代培养的褐飞虱种群 CarEs 活性显著高于无氮培养（分别为其 2.21 倍、2.05 倍）。本研究结果表明施用氮肥增强了褐飞虱 CarEs 活性，进而阐明施氮促进褐飞虱对噻嗪酮的抗药性发展。

关键词：氮肥；褐飞虱；噻嗪酮；抗性发展

---

* 基金项目：重庆市自然科学基金（cstc2019jcyj-msxmX0593）

** 第一作者：卢文才，博士，助理研究员，研究方向为害虫抗药性及综合治理；E-mail：wencailu163@163.com

小麦病虫害绿色防控技术

祝清光*
（山东省德州市农业保护与技术推广中心，德州　253000）

摘　要：小麦是我国主要的农业粮食作物之一，是我国大部分农村地区重要的经济作物。探究小麦病虫害防控技术，主要考虑到小麦病虫害对小麦作物生长、产量具有较大的影响，严重的病虫害甚至会导致小麦的低产。本文简要阐述了绿色防控技术的基本概念，分析了小麦病虫害绿色防控技术的应用价值，对小麦病虫害绿色防控技术的应用策略进行了深入探究。

关键词：小麦；病虫害；绿色防控技术

绿色病虫害防治技术是基于传统病虫害防治技术衍生而来的，由于农药的过量施用，农田周边环境出现了不同程度的水环境污染及土壤污染，影响小麦作物的品质，促使小麦作物中农药残留量过多，进而危害人们的身体健康；因此，人们引进了“绿色”防控理念，改进原有的病虫害防控技术，形成无毒、无公害、无污染的绿色防控技术，有效提升了小麦的病虫害防治水平，促进地区农业健康可持续发展。农业技术人员要推行小麦病虫害绿色防控技术，就要分别从理念、机制、小麦抗病能力等多重角度入手，全面提升小麦的抗病虫害水平，保证小麦健康生长。

1　绿色防控技术的基本概念

绿色防控技术主要就是从生态环境的角度出发，充分考虑到小麦病虫害的生物特性，考虑其生存环境及天敌种类，集中防治农业病虫害，重点提高农作物的抗病能力及抗虫能力。现代社会科技与经济不断发展，农业技术水平不断提升，病虫害防治技术不再完全依靠农药进行防治，而是逐渐呈现多样化发展，且具有较强的农业专业性。在农作物的病虫害绿色防控技术中，推广抗病能力较强的农作物品种、优化农业种植、提高农作物苗质量、科学管理肥料施播等，均属于绿色防控手段。在绿色防控技术的应用过程中，技术人员要严格遵循“预防为主、治疗为辅”的病虫害防治理念，合理运用化学药品，引进多种绿色理念、生态技术、生物手段等，在最大程度上降低农药的使用量[1]。

2　小麦病虫害绿色防控技术的应用价值

在本地区小麦种植生产过程中，病虫害是影响小麦作物产量、质量的主要因素之一，其引发原因较为复杂，其中包括种植技术、地质条件、栽植时间、地区气候条件、小麦苗间距、施肥、灌溉方式、降水量等原因。由于小麦生产具有一定的阶段性，因此，不同阶

---

* 第一作者：祝清光，从事农业病虫害监测防治、农业植物检疫工作和研究；E-mail：qxjfgk@163.com

段的小麦病虫害均具有不同的原因，且呈现出不同的病虫害类型，比如：小麦抽穗时期的病虫害主要为红蜘蛛、麦芽、吸浆虫、纹枯病、锈病、白粉病等。若一味的采用化学药物，则会降低小麦本身的生态平衡能力，影响小麦的生长。农业技术人员可以引进绿色防控技术，从小麦种植区域整体的角度出发，将“预防”作为重点，将病虫害的暴发扼杀于萌芽中，且针对病虫害部分及时采取治疗；这种绿色防控技术能够在保证生态平衡、不干扰小麦生长的基础上有效预防病虫害，提高地区小麦的整体栽植水平[2]。

3 小麦病虫害绿色防控技术的应用策略

3.1 引进“生态防治”理念，发挥农业自身预防机制

推行小麦病虫害绿色防控技术，就要积极引进“生态防治”理念，充分发挥农作物本身的病虫害预防能力，从而改善病虫害发生情况。农业技术人员要优化选择具有较强抗病能力的品种，要对小麦品种的产量、产品品质、抗病能力、抗虫害水平等方面进行考察，选择出具有较强综合能力的小麦品种进行种植；还要选择多样的品种进行穿插种植，避免小麦品种单一。

技术人员还要结合地区实际情况，选择科学的播种方式，考虑地区内部的土壤情况、天气气候、播种深度等，且积极引进“轮作”技术，提高土地培育能力，强化小麦的生长；技术人员可以在小麦种植区域中适当播种大豆、油菜、甘薯等作物，提高小麦黄花叶病害的抗病能力，有效避免部分病害。此外，还要针对土地情况调配施肥比例，技术人员对小麦种植区域的土壤进行测量，准确勘测出土壤的情况，合理调配有机肥、生物肥及微肥的比例，提高土壤肥力；还可以运用秸秆，将秸秆粉碎后施播于土壤，充分发挥生物肥料对土壤水肥能力的促进作用。

3.2 创建多样化绿色防治机制，发挥生物及物理效用

推行小麦病虫害绿色防控技术，技术人员可以创建多样化的绿色防治机制，充分发挥生物防治效用及物理防治效用。小麦病虫害的生物防治技术主要就是利用生物的相克特性，针对不同的小麦病虫害品种，引进对其具有抑制效果的生物品种，从而实现对病虫害的灭杀及抑制。比如：针对小麦病虫害中的菜青虫，技术人员可以引进赤眼蜂，利用二者之间的食物链，消灭菜青虫，保证小麦的生长；针对蚜虫，技术人员可以引进七星瓢虫、蚜茧蜂、草蛉、龟纹瓢虫及食蚜蝇等等。需要注意的是，在运用生物防治技术过程中，技术人员要考虑到地区自然环境的承受能力，将保证生态平衡作为小麦病虫害绿色防治的重要标准，在不破坏地区生态平衡的基础上，适当引进生物品种，实现绿色防控目的。

物理防治技术主要就是利用虫害的生物特点，利用物理手段对其进行诱杀，比如：灭虫灯，技术人员在小麦种植区域引进相当数量的灭虫灯，利用昆虫的趋光性与趋色性，将昆虫引诱至灯源范围，用电网杀死害虫，或者将其电晕落入收集袋中，再利用人为手段将其杀死。此外，小麦病虫害的物理防控技术还包括：色板物理诱控技术、防虫网诱杀技术。以色板诱杀技术为例，技术人员可以在小麦种植区域设置色板，利用部分昆虫的趋色性，引诱害虫到灭杀范围，将害虫粘在诱虫板上，促使其死亡，此种办法一般针对小麦蚜虫[3]。

3.3 培优小麦品种，提高小麦病虫害自身抗病能力

推行小麦病虫害绿色防控技术，技术人员要重视小麦本身的抗病虫害能力。在优选具

有较强综合能力的小麦品种之后，技术人员要对小麦种子进行培育，进一步增强小麦的抗病虫害能力，保证小麦的增产、增收，有效预防小麦病虫害的暴发。在小麦的生长过程中，技术人员可以利用补充营养的方法防治病虫害，主要就是加大营养供给量，为小麦的生长发育提供充足的养分，促使小麦麦苗强壮，综合能力较强；技术人员可以适当施播叶面肥，提高小麦本身的抗虫能力，还可以将微肥与有机肥相结合，避免小麦出现营养缺乏的情况，促进小麦良好生长。

3.4 科学运用化学药品，改善农药施播负面影响

推行小麦病虫害绿色防控技术，技术人员要严格遵循“绿色、环保”理念，合理运用化学药品，避免出现农药施播过量影响生态环境的情况发生，提高地区小麦种植与环境的契合度。技术人员要引进先进的肥料施播理念，推行“隐蔽施药”技术，就是将药品拌入土壤中，预防小麦出现纹枯病、全蚀病及散黑穗病等。技术人员还可以利用药剂喷雾，喷洒到小麦作物的叶面，有效治疗由于降水量过大引发的虫害；技术人员可以结合不同的虫害特征，选择不同的药品品种，但是一定要遵循“低残留、无污染、无毒、无公害”的用药理念，保证种植区域自然环境稳定。此外，技术人员还要引进“精准用药”理念，灵活运用农药施播机械，如静电喷雾器、无人机等，实现小麦种植区域的精准用药。

3.5 拓展绿色防治渠道，推动小麦种植发展

推行小麦病虫害绿色防控技术，技术人员要积极拓展小麦病虫害的绿色防控技术，推动地区小麦种植业的健康可持续发展。技术人员要结合地区实际情况，全面开展具有较强抗病虫害能力的小麦品种开发工作，且考查地区土壤情况，分析出此区域可能出现的病害及虫害，结合以往的病虫害发生情况，制定全面的地区病虫害绿色防控技术。技术人员还要积极申请政府的扶持，响应政府的号召，定期到地区内部的种子检疫点进行小麦种子检疫，避免出现有毒小麦及患有黑穗病的小麦；还要建立地区内部的小麦病虫害绿色防控技术示范基地，在基地内部引进多种病虫害的绿色防控技术，形成示范效应，推广绿色防控技术。

总而言之，小麦病虫害的绿色防控技术，是一种较为先进的无公害、无毒农作物病虫害防控手段。农业技术人员要想推行小麦病虫害绿色防控技术，就要结合地区实际情况，积极引进“生态防治”理念，创建多样化绿色防治机制，培优小麦品种，科学运用化学药品，拓展绿色防治渠道，从而建立健全完善的小麦病虫害绿色防控机制，全面提升小麦的病虫害防控水平，促进地区农业经济发展。

参考文献

[1] 赵海龙．浅谈小麦病虫害绿色防控技术的应用［J］．现代农村科技，2019（8）：25.
[2] 齐红茹．病虫害绿色防控技术在小麦上的应用与研究［J］．现代农业研究，2019（8）：57-58.
[3] 杨春红．小麦病虫害绿色防控技术［J］．现代农业科技，2019（11）：118，122.

氨基寡糖素对小麦生长指标及产量的影响

江彦军[1*]，焦素环[2]，何　煦[3]，靳群英[4]，何飞飞[1]，林永玲[2**]
（1. 石家庄市农业技术推广中心，石家庄　050051；2. 石家庄市栾城区植保站，
栾城　051430；3. 石家庄市机械化推广站，石家庄　050051）

摘　要：笔者通过田间试验测定了氨基寡糖素对小麦品种师栾02-1的分蘖、根系和产量等指标的影响。结果表明，在小麦返青期和灌浆初期，病害防治时添加氨基寡糖素，小麦分蘖数量、根系数量、旗叶长度和结实率等方面都优于常规用药防治，各指标提高幅度在1.85%~18.2%；病粒率为0.1%，比常规用药低50%。施用氨基寡糖素处理的小麦产量较常规防治提高11%，每公顷纯收入增加1 897元。因此，在小麦病害防治时添加氨基寡糖素，既能减少农药用量，又可提高小麦产量，适宜进行大范围推广应用。

关键词：氨基寡糖素；小麦；健康栽培；应用效果

氨基寡糖素，也称农业专用壳寡糖，是D-氨基葡萄糖以β-1，4糖苷键连接的低聚糖。该糖由几丁质降解得壳聚糖后再降解制得，或由微生物发酵提取的低毒杀菌剂，其本身含有丰富的碳和氮，可被微生物分解利用并作为植物生长的养分，刺激植物生长、诱导植物抗病性，对粮食、果树、蔬菜等作物真菌和病毒病害具有良好的防治作用[1-2]。氨基寡糖素施用后，可被土壤微生物降解成水、二氧化碳等易被环境吸收的物质，具有无残留、无污染的优点。

氨基寡糖素诱导的植物抗性谱广、持续时间长，长期或多次诱导不会使植物产生抗药性[1-3]，还可通过诱导植物提高自身对病害、低温等不良环境的免疫力，从而实现作物抗病、减害、增产的目的[4]。杨普云等[5]研究表明，河北梨树叶面喷施5%氨基寡糖素水剂1 000倍液后，预防落花效果高达95%。冯自力等[6]研究表明，3%氨基寡糖素水剂对棉花黄萎病的防治效果达54.0%。田间喷施40mg/L氨基寡糖素对辣椒疫病的防效高达73.2%[7]。氨基寡糖素还可缓解作物在病害防治中产生的药害。杨栋等[8]和雷勇刚[9]等的研究结果均表明，喷施5%氨基寡糖素水剂在一定程度上能缓解棉花因2，4-滴丁酯引起的药害。氨基寡糖素和化学杀菌剂在药后7天、21天的防治效果差异不显著，氨基寡糖素可作为替代杀菌剂用于冰葡萄霜霉病防治[10]。猕猴桃全生育期施用氨基寡糖素，对低温冻害等不良生长条件表现出较好的抗逆性，果实品质提高，耐贮性增强[11]。檀志全等发现5%氨基寡糖素对番茄苗期株高、叶片数量等生长指标均表现促进作用，低温期叶片受害率明显下降[12]。

目前，氨基寡糖素在果树、经济作物和蔬菜作物种植方面应用较多，但其对小麦生长、病害发生的影响相关研究较少。本研究于2017年在河北省石家庄市栾城区第一原种

* 第一作者：江彦军，高级农艺师，主要从事有害生物测报与防治；E-mail：fuwa20088@163.com
** 通信作者：林永岭，高级农艺师，主要从事有害生物监测预报与防治；E-mail：lcxzbz@163.com

场试验基地，开展了减量用药配施氨基寡糖素对小麦抗逆、增产效果及经济效益影响的研究，旨在减少化学农药用量、提高小麦种植效益提供部分参考依据。

1 材料和方法

1.1 试验材料

1.1.1 小麦品种

师栾 02-1，河北省优势小麦品种（河北敦煌种业有限公司生产）。

1.1.2 供试药剂

5%氨基寡糖素水剂（海南正业中农高科股份有限公司生产）、20%三唑酮乳油（河北伊诺生化有限公司生产）、12%腈菌·三唑酮乳油（江西正邦作物保护有限公司生产）和磷酸二氢钾（河北萌帮水溶肥料股份有限公司生产）。

1.1.3 试验地点

试验选择在河北省石家庄市栾城区第一原种场试验田进行。示范田地势平坦，土壤性质、肥力均匀一致。试验田土壤类型为潮褐土，有机质 14.5g/kg，pH 值 7.8，有效氮 144mg/kg、有效磷 16.5mg/kg、有效钾 110mg/kg。试验区采用常规管理方式，喷灌浇水。在试验期间，气象条件同常年，无恶劣天气状况。

1.2 试验设计

试验设 3 个处理，各处理设置详见表 1。每处理 3 次重复，随机区组排列，每重复 333m^2，各重复周围设有 1.5m 保护行。试验于 2019 年 10 月 15 日播种，播量 300kg/hm^2。分别于 3 月 12 日（返青期）和 5 月 9 日（灌浆初期）各施药一次，药剂种类及用量详见表 1。用手动喷雾器喷药，每小区施药 15 L。两次施药期间气象条件适合防治作业。

表 1 试验各处理药剂用量

处理	处理	施药时期	每公顷农药用量
处理一	氨基寡糖素+农药减量 20%	返青期	20%三唑酮 240ml+氨基寡糖素 112.5ml
		灌浆初期	12%腈菌·三唑酮 180ml+氨基寡糖素 112.5ml
处理二	常规用药	返青期	20%三唑酮 300ml
		灌浆初期	12%腈菌·三唑酮 225ml+磷酸二氢钾 600g
处理三	清水对照	返青期	清水
		灌浆初期	清水

1.3 调查方法

1.3.1 返青期植株生长情况调查

返青期施药后 10 天（3 月 22 日）后对小麦植株生长情况进行调查。对角线五点取样，每点取 50 株，分别调查分蘖数、根长、根数。分蘖数统计单株小麦分蘖数；根长测定主根系长度；根数统计单株小麦次生根数量。

1.3.2 小麦长势调查

在小麦灌浆初期，调查旗叶长度。每小区随机抽取 50 穗，计数小麦总粒数、空粒数和病粒数，分别计算空粒率和病粒率。每样点随机选 20 穗，调查每穗总粒数和每穗实粒数。

结实率（%）= 每穗实粒数÷每穗总粒数×100

1.3.3　产量调查

在小麦成熟期，采用对角线五点取样法，每点选取 $1m^2$，调查有效穗数。每样点选 20 穗，调查每穗粒数。最后，每重复小区随机取两份 1 000粒小麦分别称重，其差值不大于其平均值的 3%，取两份的平均值。

理论产量（kg/hm^2）= 有效穗数（万/hm^2）× 每穗实粒数（个）× 千粒重（g）× 0.85÷100

1.3.4　投入情况调查

从小麦播种开始跟踪记录生产投入情况，包括农药、肥料、浇水、施药等情况。浇水所用电费、人工费和麦种均按市场价格计算。

2　结果与分析

2.1　氨基寡糖素对返青期小麦植株生长指标的影响

由表 2 可知，处理一小麦的分蘖数和根长分别比处理二多 0.8 个和 0.8cm，增幅分别为 18.2%和 8.6%；在返青期添加氨基寡糖素后，小麦分蘖数和根长均显著优于常规用药防治、清水对照。处理一小麦次生根数虽然与处理二和处理三均无显著差异，但氨基寡糖素处理后次生根数有增多的趋势，增幅为 11.1%。较多的次生根对小麦从土壤中获取水分和营养也起着关键作用。

表 2　对小麦植株生长指标的影响

处理	分蘖数（个）	增幅（%）	根长（cm）	增幅（%）	次生根数（条）	增幅（%）
处理一	5.2 b	18.2	10.1 b	8.6	6.3 a	11.1
处理二	4.4 a	—	9.3 a	—	5.7 a	—
处理三	4.2 a	-4.5	9.2 a	-1.1	5.6 a	-1.8

2.2　氨基寡糖素对小麦旗叶长度、空粒率和病粒率的影响

同表 3 可知，处理一小麦旗叶长度比处理二长 0.6cm，叶面积增大，增强植株进行光合作用的能力，促进灌浆速度，有利于提高作物产量。处理一小麦空籽率和病粒率分别较处理二减少 1.7%和 0.1%，可见添加氨基寡糖素后能够减少空粒数量，提高病害防治效果。

表 3　氨基寡糖素对小麦旗叶长度、空粒率和病粒率的影响

处理	旗叶长度（cm）	空粒率（%）	病粒率（%）
处理一	18.2	6.1	0.1
处理二	17.6	7.8	0.2
处理三	17.3	9.0	0.5

2.3 氨基寡糖素对小麦产量的影响

从表4可以看出，返青期和灌浆初期两次施用氨基寡糖素，能够显著提高小麦成穗率、穗粒数和千粒重，提高幅度分别为4%、4%和3%，对小麦产量构成三要素都有明显促进作用。减量施药协同氨基寡糖素处理小麦产量显著高于常规用药处理和清水对照，增产率分别高达10.5%、23.9%。上述结果表明，在病害防治时添加氨基寡糖素不仅能够减少农药用量，而且能够显著提高小麦产量。

表4 氨基寡糖素对小麦产量的影响

处理	每公顷穗数（万）	穗粒数（个）	千粒重（g）	产量（kg/hm^2）
处理一	720.0	38.3	37.0	8 672.70 c
处理二	697.5	36.8	35.9	7 832.59 b
处理三	672.0	35.1	34.9	6 997.15 a

2.4 经济效益分析

投入产出效益分析见表5。产出价值在扣除农药、肥料、浇水和施药作业等费用投入后，减量施药协同氨基寡糖素处理、常规用药处理和清水对照处理每亩纯收入分别为17 266元、15 369元和13 823元，减量施药协同氨基寡糖素处理比常规用药处理、清水对照处理每亩收入分别增加了1 897元、34 439元。虽然减量施药协同氨基寡糖素处理比常规用药防治，每公顷多投入120.0元，但纯收入增加了1 897元，并且小麦的品质也有很大的提升。

表5 不同药剂处理对投入产出经济效益的影响

处理	投入（元/hm^2）			总投入（元/hm^2）	亩产量（kg/hm^2）	产出价值（元/hm^2）	纯收入（元/hm^2）
	农药肥料	浇水电费	作业费				
处理一	2 649	600	300	3 549	8 672.70	20 815	17 266
处理二	2 529	600	300	3 429	7 832.59	18 798	15 369
处理三	2 370	600	—	2 970	6 997.15	16 793	13 823

注：小麦单价按照2.4元/kg计算。

3 结论与讨论

小麦可通过分蘖增大光合叶面积指数，获得比基本苗更多的亩穗数，进而能形成更高的产量[13]。提高茎蘖成穗率亦是小麦高产栽培的关键[14]。次生根是小麦根系的主要组成部分，次生根数量越多、根间补偿作用越明显，对巩固分蘖、促进穗部发育、提高籽粒灌浆和结实率均具有决定性作用[15]。中国北方小麦玉米种植方式为“小麦收获后免耕播种玉米，玉米收获后经旋耕再播种小麦”。多年的循环作业使耕地犁底层上移，极大地限制了小麦根系的向下延伸与生长发育，不但影响了对深层土壤养分的吸收利用，而且由于小麦扎根不实，使小麦容易倒伏和早衰，受低温影响程度大，严重限制了小麦产量的提升[16]。本研究结果表明，减量施药协同氨基寡糖素，不仅能提高小麦分蘖和根系数量，而且对小麦产量的形成也表现出明显促进作用。

在小麦返青期和灌浆初期喷施氨基寡糖素可显著减少农药用量20%，对小麦纹枯病和白粉病防控效果无显著差异。在能够有效控制病害的同时，亦可实现预防干热风和倒伏、提高病害防效、促进结实、增加穗粒数和粒重和提高产量等多重效果。因此，生产中可适当加强推广氨基寡糖素的应用力度。

根据测产结果和效益分析，建议在小麦返青期和灌浆初期，在病害防治时，添加氨基寡糖素降低农药用量。2018年和2019年，减量施药协同氨基寡糖素处理相关技术在河北省石家庄市不同县（市）麦区进行示范推广，均取得相似的效果。因此该技术宜在冬小麦产区进行推广应用，对减少农药使用量和提升小麦品质具有很大的推广价值。

参考文献

[1] 郭海鹏，冯小军，卫军峰，等．氨基寡糖素对小麦的生长调节作用及增产效果初步研究[J]．陕西农业科学，2014，60（6）：9-10.

[2] 陈德清，王亮，王娜，等．氨基寡糖素浸种对小麦生长发育的影响［J］．黑龙江农业科学，2018（8）：11-14.

[3] 赵小明，杜昱光．寡糖激发子及其诱导植物抗病性机理研究进展［J］．中国农业科技导报，2006，8（6）：26-32.

[4] 孙艳秋，李宝聚，陈捷．寡糖诱导植物防卫反应的信号传导［J］．植物保护，2005，31（1）：5-9.

[5] 杨普云，李萍，王战鄂，等．植物免疫诱抗剂氨基寡糖素的应用效果与前景分析［J］．中国植保导刊，2013，33（3）：20-21.

[6] 冯自力，朱荷琴，李志芳，等．氨基寡糖素水剂对棉花黄萎病的防治效果及其使用技术［J］．中国棉花，2014，41（7）：11-13.

[7] 徐俊光，赵小明，白雪芳，等．氨基寡糖素田间防治辣椒疫病及体外抑菌试验［J］．中国农学通报，2006，22（7）：421-424.

[8] 杨栋，刘敏，高永健，等．氨基寡糖素在新疆的应用实践及使用技术探讨［J］．中国植保导刊，2015，34（10）：67-71.

[9] 雷勇刚，杨栋，刘敏，等．氨基寡糖素的应用效果及使用技术［J］．现代农业科技，2015（2）：162-164.

[10] 蔡明．寡聚酸碘和氨基寡糖素对冰葡萄霜霉病的田间防治效果［J］．农药，2020，59（7）：525-527.

[11] 王亚红，赵晓琴，韩养贤，等．氨基寡糖素对猕猴桃抗逆性诱导效果研究初报［J］．中国果树，2015，2：40-43.

[12] 檀志全，谭海文，覃保荣，等．5%氨基寡糖素AS在番茄上的应用效果初探［J］．中国植保导刊，2013，33（10）：65-66.

[13] 王荣栋，伊经章．作物栽培学［M］．北京：高等教育出版社，2005：10-12.

[14] 王龙峻．小麦高产群体质量栽培的应用研究（Ⅲ）［J］．耕作与栽培，1997（3）：11-14.

[15] 杨蕊，杨习文，周苏玫，等．小麦冬前次生根对生育中后期地上部发育及产量的影响［J］．华北农学报，2018，33（3）：129-135.

[16] 李光辉，宋玉明，张海臣，等．耕深对小麦根系生长发育及产量的影响［J］．种业导刊，2008（6）：21-22.

玉米病害绿色防控药剂与助剂组合试验初报

李石初，唐照磊，杜　青，磨　康
（广西农业科学院玉米研究所，国家玉米改良中心广西分中心，南宁　530006）

摘　要：根据玉米病害的发生特点，利用药剂苯醚甲环唑、福戈及功能性助剂芸薹素内酯、激健，开展防治玉米穗腐病、南方锈病试验。以期筛选出安全经济有效药剂及功能助剂的组合，为玉米病害绿色防控提供理论依据。

关键词：玉米穗腐病；南方锈病；药剂；助剂；筛选

玉米是全球第一大粮食作物。我国玉米种植面积近年来稳定在3 000万 hm^2以上，播种面积均超过水稻生产，成为我国第一大粮食作物[1]。玉米不仅是粮食，更是重要的饲料作物，同时也是工业原料和能源作物，在国民经济中占有重要的地位。近年来，随着气候和农业耕作制度的改变及品种的更新换代，玉米病害也发生了明显的改变。原来一些次要病害如玉米穗腐病、南方锈病正在逐渐上升为目前为害玉米的主要病害，对玉米的安全生产构成了很大的威胁[2-3]。因此，开展本试验研究，就是为了筛选出有效的防治药剂和功能性助剂，为绿色防控玉米穗腐病、南方锈病服务。

1　材料和方法

1.1　供试材料

玉米品种：渝单 8 号（重庆市农业科学研究所选育的玉米品种）。

药剂：苯醚甲环唑（昆山晟安生物科技有限公司）、福戈［先正达（苏州）作物保护有限公司］。

功能性助剂：芸薹素内酯（山东鑫乐农生物科技有限公司）、激健（成都激健生物科技有限公司）。

1.2　试验时间、地点及方法

1.2.1　试验时间、地点

试验时间：2018 年 3—7 月。

试验地点：广西壮族自治区农业科学院玉米研究所吴圩明阳试验基地。地理位置（东经 108°、北纬 22.6°、海拔 109m）。

1.2.2　试验设计

玉米品种常规播种，行长 5.5m，行宽 0.75m，株距 0.25m，每行定苗 21 株。采用随机区组排列设计，每处理设置 3 次重复，每小区 5 行，小区面积 20.6m^2，设置空白对照，选用（苯醚甲环唑+福戈）作为基础防治药剂，另增加 2 种功能助剂（芸薹素内酯和激健）进行药剂减量增效处理。共 7 个处理，见表 1。

播种期：2018 年 3 月 24 日，常规田间管理，播后苗前喷除草剂作封闭处理，均不进行草害防治与早期及后期病虫防治。收获期：2018 年 7 月 11 日。

表 1　防治药剂、功能助剂试验处理

处理	防治药剂	助剂	施药时间	用量
1	苯醚甲环唑+福戈	无	喇叭口期	30g/亩+8g/亩
2	苯醚甲环唑+福戈	芸薹素内酯	喇叭口期	30g/亩+8g/亩+助剂 20ml/亩
3	苯醚甲环唑+福戈	激健	喇叭口期	30g/亩+8g/亩+助剂 15ml/亩
4	苯醚甲环唑+福戈	无	喇叭口期	20g/亩+5. 6g/亩
5	苯醚甲环唑+福戈	芸薹素内酯	喇叭口期	20g/亩+5. 6g/亩+助剂 20ml/亩
6	苯醚甲环唑+福戈	激健	喇叭口期	20g/亩+5. 6g/亩+助剂 15ml/亩
7	空白对照（清水）			

1. 2. 3　玉米穗腐病防效调查

每小区收获中间 3 行果穗，考种时逐穗调查各处理的果穗病级，计算病情指数及防治效果。

穗腐病分级标准[4]：1 级：发病面积占果穗总面积 0%～1%；3 级：发病面积占果穗总面积 2%～10%；5 级：发病面积占果穗总面积 11%～25%；7 级：发病面积占果穗总面积 26%～50%；9 级：发病面积占果穗总面积 51%～100%。

1. 2. 4　玉米南方锈病防效调查

在乳熟期进行南方锈病防效调查，每小区调查中间 3 行，逐株记载病级，计算病情指数与防治效果。

南方锈病分级标准[1,5]：1 级：叶片上无病斑或仅有过敏性反应；3 级：叶片上有少量孢子堆，占叶面积不超过 25%；5 级：叶片上有中量病斑，占叶面积的 26%～50%；7 级：叶片上有大量孢子堆，占叶面积的 51%～75%；9 级：叶片上有大量孢子堆，占叶面积的 76%以上，叶片枯死。

1. 2. 5　产量测定

测产：在收获时每个小区收获中间 3 行，进行考种，折算每亩标准产量（含水量 14%），计算和空白对照相比的增产率。

2　结果与分析

2. 1　玉米穗腐病防治效果

穗腐病防治效果表明：单独使用苯醚甲环唑+福戈或使用苯醚甲环唑+福戈+芸薹素内酯组合的防效都不稳定，但使用苯醚甲环唑+福戈+激健组合的防效很稳定，两种用量组合都有一定的防效，防效分别为 20. 9%、11. 7%，说明助剂激健对防治玉米穗腐病有稳定增效作用（表 2）。

表 2　玉米穗腐病防治效果

处理	各重复病情指数			平均病情指数	平均防治效果（%）
	1	2	3		
1	28.5	24.4	37.7	30.2	15.9
2	38.9	38.3	38.6	38.6	-7.5
3	24.0	27.2	34.0	27.4	20.9
4	35.0	32.8	43.8	37.2	-3.6
5	27.3	25.2	33.1	28.5	20.6
6	31.6	31.2	32.2	31.7	11.7
7	33.3	31.3	43.0	35.9	0

2.2　玉米南方锈病防治效果

南方锈病防治效果表明：单独使用苯醚甲环唑+福戈，两种用药量组合都有一定的防效，防效分别为 1.4%、10.3%。但是如果使用苯醚甲环唑+福戈+芸薹素内酯或者使用苯醚甲环唑+福戈+激健组合，都没有防治效果，说明这两种助剂对防治玉米南方锈病没有增效作用（表 3）。

表 3　玉米南方锈病防治效果

处理	各重复病情指数			平均病情指数	平均防治效果（%）
	1	2	3		
1	62.9	65.5	60.5	63.0	1.4
2	67.8	64.6	60.3	64.2	-0.5
3	70.4	66.3	65.3	67.3	-5.3
4	53.1	61.2	57.6	57.3	10.3
5	65.6	68.7	62.2	65.5	-2.5
6	64.5	66.9	62.6	64.7	-1.3
7	64.4	64.5	62.7	63.9	0

2.3　玉米产量测定

产量测定结果表明：不论单独使用苯醚甲环唑+福戈，还是使用苯醚甲环唑+福戈+芸薹素内酯、苯醚甲环唑+福戈+激健组合都能增产；但是使用苯醚甲环唑+福戈+芸薹素内酯、苯醚甲环唑+福戈+激健组合增产率明显高于单独使用苯醚甲环唑+福戈组合。说明这两种助剂都能增加玉米产量（表 4）。

表 4　防治试验测产

处理	各重复亩产量（kg）			平均亩产量（kg）	平均亩增产率（%）
	1	2	3		
1	446.60	461.07	355.05	420.91	6.96

（续表）

处理	各重复亩产量（kg）			平均亩产量（kg）	平均亩增产率（%）
	1	2	3		
2	431.79	504.37	411.44	449.20	14.15
3	513.57	391.15	457.16	453.96	15.36
4	397.53	435.98	428.02	420.51	6.86
5	466.91	458.01	439.90	454.94	15.61
6	461.02	436.21	390.83	429.35	9.11
7	403.62	429.84	347.11	393.52	0

3 结论和讨论

防治玉米穗腐病，从初步试验结果来看：苯醚甲环唑+福戈+激健（30g/亩+8g/亩+15ml/亩）组合的防治效果为20.9%，苯醚甲环唑+福戈+激健（20g/亩+5.6g/亩+15ml/亩)组合的防治效果为11.7%。所以，生产上建议使用苯醚甲环唑+福戈+激健(30g/亩+8g/亩+ 15ml/亩）的组合，经济效益较佳。

防治玉米南方锈病，从初步试验结果来看：使用苯醚甲环唑+福戈+芸薹素内酯或者使用苯醚甲环唑+福戈+激健组合，都没有防效。但使用苯醚甲环唑+福戈（30g/亩+8g/亩）组合的防治效果仅为1.4%，苯醚甲环唑+福戈（20g/亩+5.6g/亩）组合的防治效果为10.3%。所以，从综合效益出发，生产上建议推广使用苯醚甲环唑+福戈（20g/亩+5.6g/亩）的组合。

从产量测定结果来看：苯醚甲环唑+福戈+芸薹素内酯（30g/亩+8g/亩+20ml/亩）组合增产14.15%，苯醚甲环唑+福戈+芸薹素内酯（20g/亩+5.6g/亩+20ml/亩）组合增产15.61%；苯醚甲环唑+福戈+激健（30g/亩+8g/亩+ 15ml/亩）组合增产15.36%，苯醚甲环唑+福戈+激健（20g/亩+5.6g/亩+ 15ml/亩）组合增产9.11%。所以，生产上建议使用苯醚甲环唑+福戈+芸薹素内酯（20g/亩+5.6g/亩+20ml/亩）或苯醚甲环唑+福戈+激健(30g/亩+8g/亩+ 15ml/亩）的药剂组合，综合经济效益最佳。

本研究结果仅是一次试验得到的，可能有所偏差，还需要开展更深入的试验研究进行验证，以便得到更加准确有效的结果来指导农业生产。

参考文献（略）

保护性耕作条件下小麦-玉米重要病虫害及一体化绿色防控技术研究与示范*

王永芳[1**]，马继芳[1]，齐永志[2]，勾建军[3]，王孟泉[4]，陈立涛[5]，靳群英[6]，焦素环[6]，张立娇[7]，张　颖[8]，甄文超[2***]，董志平[1***]

（1. 河北省农林科学院谷子研究所，国家谷子改良中心，河北省杂粮研究重点实验室，石家庄　050035；2. 河北农业大学，保定　071001；3. 河北省植保植检总站，石家庄　050031；4. 平乡县植保站，平乡　054500；5. 馆陶县植保站，馆陶　057750；6. 栾城区植保站，栾城　051430；7. 鹿泉区植保站，鹿泉　050200；8. 正定县植保站，正定　050800）

摘　要：21世纪初河北省中南部小麦-玉米连作区开始推行秸秆还田、免耕播种等保护性耕作，在提高工作效率、充分利用光热水肥资源上发挥了重要作用。笔者团队针对这一变化带来的重大病虫害问题，自2004年国家粮食丰产科技工程项目启动后，深入田间地头，对其种类和发生动态进行普查和长期跟踪研究，揭示了以二点委夜蛾为代表的杂食性蛾类害虫危害重，造成夏玉米缺苗断垄、幼苗参差不齐，影响产量，穗虫穗腐严重，影响品质；以小麦茎基腐病为代表的病残体为侵染源土传或气传病害加重发生的机理，影响小麦的产量和品质，提出了小麦-玉米病虫害一体化绿色防控对策。笔者研发了在玉米收获小麦播种期间的间隔性深翻、添加秸秆腐熟及生防菌剂、增施有机肥等生态调控技术压低病虫草害基数；在小麦收获玉米播种期间采用秸秆粉碎、灭茬、或清垄播种等生态调控技术控制了二点委夜蛾造成玉米缺苗断垄；结合种子处理、种传病害清洁生产、小麦吸浆虫成虫防控、小麦除草结合防治红蜘蛛、玉米除草结合防治褐斑病、改良高效杀虫灯和精准施用苏云金杆菌防治蛾类害虫等关键技术；在小麦和玉米中后期进行绿色农药一喷多防多效等绿色减药控害措施，在河北省中南部得到示范应用，大大减少了化学农药用量，对病虫害综合防效达到80%以上。以此技术为依托，2019年河北栾城县和平乡县分别获得了中国农业农村部首批小麦、玉米病虫害绿色防控示范县的称号。

关键词：保护性耕作；小麦-玉米连作；病虫害；一体化绿色防控

---

* 项目资助：粮食丰产增效科技创新2018YFD0300502

** 第一作者：王永芳，副研究员，主要从事生物技术及农作物病虫害研究；E-mail：yongfangw2002@163.com

*** 通信作者：董志平，研究员，主要从事农作物病虫害研究；E-mail：dzping001@163.com
甄文超，教授，主要从事农作物灾害研究；E-mail：wenchao@hebau.edu.cn

山东省玉米中后期病虫“一防双减”探索与实践

杨久涛[1*]，王同伟[1**]，杨万海[1]，国　栋[1]，关秀敏[1]，
林彦茹[1]，张方明[2]，李敏敏[1]，徐兆春[1]
（1. 山东省植物保护总站，济南　250100；2. 德州市德城区农业农村局，德州　253011）

摘　要：山东针对玉米生产突出问题，对玉米中后期病虫实施“一防双减”，即在玉米大喇叭口至雌穗萎蔫期，科学选用高效长效药剂，普遍机防用药防治一次，减轻病害流行程度，减少后期穗虫基数，实现防灾减灾、保产增产。经过多年探索实践，取得了显著成效，成为玉米稳产增产的关键技术，显著提高了山东玉米生产水平。

关键词：玉米；中后期病虫；一防双减；实践

玉米是我国重要粮食作物，山东是玉米生产大省，常年种植5 000万亩（1 亩≈667 平方米）以上。近年来，随着玉米生产水平的提高，田间密度增大，加上气候条件变化，玉米病虫害呈加重趋势，已成为影响和制约玉米产量和品质提升的重要因素。山东省自2013 年开始，在省财政专项支持下，试验研究和示范推广玉米中后期病虫“一防双减”防控技术，显著提高了玉米经济、生态、社会效益。

1　“一防双减”实施背景

1.1　玉米中后期病虫发生重

玉米中后期是产量形成的关键时期，也是多种病虫的集中发生期，具有暴发强、危害重、防治难的特点。如玉米螟连年重发生，一般田块二代虫株率 20%以上，三代茎秆钻蛀率 60%以上，严重影响养分输送、遇风折断倒伏。黏虫是间歇性、大区域迁飞性害虫，一旦控制不力，损失会达到 50%以上甚至绝收。近年来棉铃虫、桃蛀螟、斜纹夜蛾、蚜虫等暴发性、杂食性害虫，在玉米后期为害逐年加重并将持续发生[1]，尤其为害玉米雌穗，直接降低产量。玉米大斑病、小斑病、褐斑病、弯孢霉叶斑病、南方锈病、顶腐病等病害，发生流行程度整体呈加重趋势加重，常导致叶片早衰或枯死，有效生长期缩短，籽粒灌浆不良，影响玉米产量和品质。

1.2　玉米中后期病虫防控难

中后期病虫防治对玉米增产、农业增效意义重大，但防治难的问题一直困扰着防治工作开展，玉米中后期病虫防控成为玉米生产的瓶颈问题。

1.2.1　防治技术性强

玉米生育期一般 110 天左右，但是只有前 1/3 的时间能够进地开展防治活动，其他

---

* 第一作者：杨久涛，高级农艺师，专业方向为植保技术推广；E-mail：sdzb@ shandong. cn

** 通信作者：王同伟，农业推广研究员，专业方向为农业昆虫与害虫防治；E-mail：sdzb@ shandong. cn

2/3的时间开展防治极其困难。要利用有限的防治适期，兼顾整个生育期多种病虫，必须选择对路药剂、掌握用药时机、确定施药方法，明确用药剂量等，技术性极强，农民很难掌握。

1.2.2 施药作业困难

尤其是玉米抽雄后，株高行密，一般玉米田亩株数都在5 000株左右，喷药机械很难进地。再加上一般田块没有地头和生产路，大型作业机械根本没法作业。此期又正值高温季节，易造成人员中毒，绝大部分农民因此放弃防治。

1.2.3 防治成本较高

由于农村劳动力转移，农村劳动力缺乏，农民队伍人员能力较差，人工成本不断高涨，种粮效益偏低等原因，农民没有防治积极性。

2 “一防双减”技术内容

玉米中后期病虫“一防双减”控制技术，即坚持“预防为主、综合防治”方针和“公共植保、绿色植保”理念，以提高防效、减少用药、降低成本、保障生产为目标，针对玉米中后期主要病虫害（玉米褐斑病、弯孢霉叶斑病、大斑病、小斑病、锈病等玉米病害，和玉米螟、黏虫、棉铃虫、蚜虫、桃蛀螟等害虫），在玉米大喇叭口至雌穗萎蔫期，科学选用高效长效药剂，使用大型机械或飞防普遍用药防治一次，减轻病害流行程度，减少后期穗虫基数，实现防灾减灾、保产增产。

3 “一防双减”技术路线

3.1 加强田间监测，掌握病虫发生动态

针对玉米中后期发生的病虫害如玉米褐斑病、弯孢霉叶斑病、大斑病、小斑病、锈病、玉米螟、黏虫、棉铃虫、蚜虫、桃蛀螟等[2]，强化系统调查，广泛大田普查，加强会商分析，准确掌握发生发展动态，指导科学确定防治方案。

3.2 结合病虫实际，合理确定药剂种类

根据当地主要病虫害发生情况选择适宜的杀菌剂和杀虫剂，确定合理剂量，考虑增施生长调节剂，形成科学配方和采购方案。“一防双减”在正常年份是玉米整个生育期的最后一次普遍用药，为保证控制效果，使用防效高、持效期长的药剂。

防治病害可选用药剂有：80%代森锰锌、吡唑醚菌酯、戊唑醇、苯醚甲环唑、唑醚·氟环唑、苯甲·丙环唑等。防治害虫可选用药剂有：阿维菌素、甲维盐、高效氯氰菊酯、氯虫苯甲酰胺、毒死蜱、氟铃脲、氯虫·噻虫嗪。也可选用芸薹素内酯等生产调节剂。

3.3 实行统防统治，开展专业化防治作业

“一防双减”时效性强，为提高防治效率和效果，全部采用统防统治的作业方式。筛选规模较大、运作规范、装备水平高、作业能力强的专业化防治组织承担“一防双减”任务，采用适宜的大型地面机械或植保无人机[3]，由专业化防治服务组织统一防治。根据专业化防治服务组织能力和布局，分解落实作业面积、区域。承担任务的专业化防治组织提早做好统防统治作业方案，签订作业合同，规范作业流程，确保作业效果。

3.4 加强技术培训和指导，提高作业效果

在玉米大喇叭口之前，各级专业技术人员深入田间地头和植保服务组织，指导农民和

各种形式的专业化植保服务组织开展防治作业，及时帮助解决作业中遇到的技术难题，调查防治效果。喷施作业时注意天气，最好选择下午、晴天作业，雨天喷施或喷后下雨均影响效果。兑好的药液要当天用完，并注意作业防护，防止中毒中暑事故发生，保障“一防双减”顺利实施。

4 “一防双减”取得成效

玉米“一防双减”项目自2013年实施以来，省财政总计支持1.36亿元，共创建示范县136个，完成示范面积1 360万亩左右，有效解决了我省玉米中后期病虫防治难的“瓶颈”和玉米生产的“瓶颈”问题，取得了显著成效。

4.1 玉米控害增产成效显著

玉米穗虫防效达90%左右，叶部病害防效80%左右，玉米长势增强，光能利用率提高，雌穗秃顶率降低，增产10%以上，高的达20%，保产增产效果明显，有效控制玉米中后期多种病虫发生，促进玉米增产和农业增收[4]。特别是2015年南方锈病流行发生，实施“一防双减”区域的玉米基本没有染病，增产效果尤为显著。

4.2 创新推行统防统治服务模式

抓住防治关键时期，科学用药，可有效规避盲目用药、使用假劣农药带来的风险，减少农药用量，保护生态环境安全。同时因地制宜地运用有人机、无人机等不同机型开展空中施药，加快对飞机施药技术推广，促进病虫害专业化统防统治社会化服务进程，显著提高了统防统治覆盖率，对其他粮食作物保产增产均具有极大的借鉴和促进作用[5]。

4.3 成为玉米生产的关键技术

经过连续多年大范围推广，玉米中后期病虫“一防双减”已经成为山东省玉米生产的关键技术，日益成为各级农业农村部门和广大种植户的自觉行动，显著提高了山东玉米生产水平。

参考文献

[1] 王振营，王晓鸣．我国玉米病虫害发生现状、趋势与防控对策［J］．植物保护，2019，45（1）：1-11.

[2] 张蕾．气候变化背景下农作物病虫害的变化及区域动态预警研究［D］．北京：中国气象科学研究院，2013.

[3] 王芝民，洪伟，顾建革，等．曲阜市玉米“一防双减”技术实践与成效［J］．东北农业科学，2017，42（5）：40-42.

[4] 孙明海，孔德生，惠祥海，等．新型药械在夏玉米“一防双减”中统防统治示范效果［J］．中国植保导刊，2014，34（12）：56-59.

[5] 李国强，白雪峰，王振华，等．航空地面相结合 推进玉米“一防双减”开创玉米中后期病虫害专业化防治新局面［J］．农业科技通讯，2015（1）：10-12.

溴氰虫酰胺对二点委夜蛾卵巢发育的亚致死效应*

安静杰**，党志红，李耀发，潘文亮，高占林***
（河北省农林科学院植物保护研究所，河北省农业有害生物综合防治工程技术研究中心，
农业农村部华北北部作物有害生物综合治理重点实验室，保定　071000）

摘　要：二点委夜蛾是我国夏玉米上的一类主要害虫，其在亚致死剂量杀虫剂的胁迫下，主要表现为成虫的繁殖力下降。为了探寻溴氰虫酰胺亚致死剂量对二点委夜蛾卵巢生理上的影响，利用光学解剖镜和透射电镜观测二点委夜蛾成虫的卵巢结构，从电子超微结构水平评估溴氰虫酰胺对其卵巢发育的亚致死效应。将溴氰虫酰胺亚致死剂量（LC_{10}和LC_{25}）处理后二点委夜蛾4日龄雌成虫和对照组分别在光学解剖镜下解剖并选取卵巢管中处于不同发育阶段的原卵区和生长区，用环氧树脂包埋剂渗透包埋切片，透射电镜下观察。发现亚致死剂量处理后卵巢管生长区中的卵黄蛋白有部分溶解的现象，其超微组织变化随着用药剂量的增大而加重。但卵巢管的原卵区并未发现明显变化。研究结果表明在溴氰虫酰胺亚致死剂量的胁迫下，有可能影响了雌成虫卵巢中卵黄蛋白的沉积，进而减少了对胚胎发育的营养供给。这可能是溴氰虫酰胺亚致死剂量处理后导致成虫繁殖力降低的主要原因之一。该研究结果为二点委夜蛾的生殖发育机理提供了理论参考，同时为科学评价和合理利用化学农药及研发害虫防治新策略提供科学依据。

关键词：二点委夜蛾；卵巢发育；溴氰虫酰胺；亚致死效应

---

* 基金项目：国家自然科学基金项目（31601632）；国家重点研发计划（2016YFD0300705）

** 第一作者：安静杰，副研究员，从事农业害虫综合防治技术研究；E-mail：anjingjie147@163.com
*** 通信作者：高占林，研究员，从事农业害虫综合防治技术研究；E-mail：gaozhanlin@sina.com

0.01%芸苔素内酯可溶液剂在玉米上应用初报

陈海霞*，邵立侠

（郑州绿业元农业科技有限公司，郑州 450016）

摘　要：新型植物生长调节剂0.01%芸苔素内酯可溶液剂在玉米上使用，具有促进种子萌发、幼苗生长、提高授粉结实和增强抗逆和提高产量效果显著。试验表明：该药剂对促进玉米根系和地上部生长、减少秃尖和增加产量有明显效果，玉米增产幅度在11%~13.8%，对玉米生长安全。

关键词：0.01%芸苔素内酯可溶液剂；玉米生长；增产

芸苔素内酯（Brassinolide，简称BR）是一种广谱高效的植物生长调节剂，它最早由美国农业科学家J. W. Mitchell等人于1970年从芸苔属植物油菜花粉中提取获得，定名为油菜素，又称芸苔素（Brassin）[1]。随着研究的深入和分离技术的发展，1979年Grove等确定了芸苔素的结构为甾醇内酯，因而命名为芸苔素内酯[2]。其生理功能不同于以前的五大类植物激素（生长素、赤霉素、细胞分裂素、脱落酸及乙烯），活性比它们高出1 000多倍，并且能够调节这五大类激素在植物体内的平衡，全方位调节植物的生长发育，广泛应用于各种农作物。

为了确认0.01%芸苔素内酯可溶液剂在玉米上的增产效果，笔者进行了不同时期喷施对玉米增产效果的试验。

1　芸苔素内酯对玉米生长的调节作用

1.1　对种子萌发的作用

经上海市植物生理研究所、河南省农业科学院、广西壮族自治区农业科学院、华南农业大学等科研单位的试验和大田应用结果表明，用芸苔素内酯处理玉米种子后，能强烈刺激种子生殖机能的活跃，打破种子的休眠状态，使种子从休眠状态迅速转入萌发状态，提早发芽；同时提高种子发芽的活力指数，大大提高发芽率。

1.2　对幼苗生长的促进作用

经芸苔素内酯浸种、拌种或苗期喷施后，能明显促进根系及幼苗的生长发育，地上部生长加快，地上部根系粗壮、发达、数量多，因而具有全苗、壮苗、促根和早发的作用[3]。

1.3　对提高授粉结实的作用

在玉米小喇叭口期和大喇叭口期喷洒芸苔素内酯，可促进玉米生长，促进雌花柱头和花丝生长，增强雄性花粉活力和数量，更有利于授粉受精，辅助雌穗顶尖部位生长，提高授粉率，减少秃尖，增加穗粒数，提高结实率，从而实现大幅度增产[4]。

* 第一作者：陈海霞，主要从事农药田间试验农业技术推广工作；E-mail：641752214@qq.com

1.4 提高抗逆性

其作用机理是经芸苔素内酯处理后，可降低在低温、干旱等不利条件下细胞内离子的外渗，对生物膜起保护作用，维持较高的呼吸和光合速率，能促进光合产物或源内养分向穗部等库转移，加快碳水化合物、蛋白质等在库内积累，从而减少作物在寒冷、干旱、盐碱等胁迫环境的危害[3]。经试验，0.01%芸苔素内酯可溶液剂对提高玉米抗旱、抗低温和抗病能力十分明显。

2 0.01%芸苔素内酯在玉米上应用效果

2.1 试验条件

试验地点为河南省卫辉市李元屯乡南李庄村，玉米品种为登海605。试验地上茬种植作物为小麦。小麦于2019年6月5日收获后贴茬播种玉米。播种后灌水，然后喷施苗前除草剂。试验地施肥、灌水、防治病虫等管理条件一致，整个生育期不使用其他任何植物生长调节剂。

2.2 试验设计和安排

2.2.1 试验药剂

试验药剂为0.01%芸苔素内酯可溶液剂（芸天力；上海绿泽生物科技有限责任公司生产）。

2.2.2 试验处理

试验共设4个处理：①0.01%芸苔素内酯可溶液剂1 500倍液于夏玉米5~6叶期喷雾1次；②0.01%芸苔素内酯可溶液剂1 500倍液于夏玉米10~11叶期喷雾1次；③0.01%芸苔素内酯可溶液剂1 500倍液于夏玉米5~6叶期和10~11叶期各喷雾1次（共喷2次）；④清水空白对照（CK）。

2.2.3 小区面积和重复

试验小区随机排列，重复3次，小区面积133.4m^2，共计1 600m^2。

2.2.4 施药时间与方法

选用性能良好的电动喷雾器，于适宜的施药期下午17：00后进行常规喷雾，所用喷雾器为3WBD-16型，玉米6片叶小喇叭口期第一次喷药，每666.7m^2喷药液量15kg。玉米11叶片大喇叭口期第二次喷药，每666.7m^2喷药液量为30kg。

2.3 田间调查

2.3.1 土壤和气象资料

试验地土壤类型为壤土，土壤肥力中等偏上，pH值7，土壤有机质含量1.25%，水浇条件良好，土壤湿度适宜玉米生长。

试验第一次喷药时间为2019年6月30日，当日晴天，气温为21~35℃，微风天气，第二次喷药时间为7月16日，当日多云，气温为25~34℃，微风天气。主要降雨等气象资料如下：7月9—10日降小雨，微风，21~29℃；7月11日小雨转阴，微风，22~30℃；7月12日小雨转多云，微风，23~33℃；7月17日小雨转多云，微风，24~32℃；7月22日小雨，微风，27~36℃；7月25—29日阵雨，微风，24~35℃；7月31日多云转小雨，微风，25~35℃；8月1—5日中雨转小雨，微风，23~32℃；8月9—10日小雨转大雨，微风，24~32℃；其余时间以晴为主到多云天气。无风、雹灾害等恶烈天气影响。

2.3.2 效果调查

2.3.2.1 调查方法、时间及次数

从每个处理按照5点取样的方法定点，随机连续选6株玉米，共计30株，挂上标牌，作为调查点。于每次施药后的第6天进行调查。调查内容包括：玉米株高、叶片数量、叶色变化情况及气生根数量、长势及病虫为害情况；记录收获日期，收获前调查穗粒数，进行测产，并调查雌穗顶部秃尖情况等。

2.3.2.2 耕作管理情况

试验地于6月5日播种，底施复合肥（N 15-$P_2O_5$15-K_2O 15）40kg，播种后浇水、喷施乙莠合剂苗前除草剂，大喇叭口期每666.7m^2 追施尿素30kg，收获日期为9月28日。

2.3.2.3 对玉米生长的影响

调查发现，玉米喷施0.01%芸苔素内酯可溶液剂后，发育进程加快，玉米株高比对照增加2~4cm，叶片数量增加0.5~1片叶，处理田叶色浓绿、发亮。后期观察，气生根数量比对照多1~2层，茎秆粗壮，抗倒能力明显增强。

2.3.2.4 对玉米的其他影响

观察玉米喷施0.01%芸苔素内酯可溶液剂后无药害产生，对玉米安全。

2.3.2.5 作物产量（小区测产）

9月28日收获前对各处理小区进行取样测产，取3个处理平均数为最终结果，自然风干后称量玉米千粒重。结果如表。

表 0.01%芸苔素内酯可溶液剂在玉米上应用效果调查

处理	穗数（穗/666.7m^2）	穗粒数（粒）	千粒重（g）	单产（kg）	秃尖长度（cm）	比对照增产（kg/666.7m^2）	比对照增产率（%）
处理①	3 624	598	341.5	629.1	无	67	11.9
处理②	3 620	593	342	624	无	61.9	11
处理③	3 616	606.5	343	639.4	无	77.3	13.8
处理④（CK）	3 618	540.8	338	562.1	0.9	—	—

2.4 结果与分析

从试验调查结果可以看出，供试剂0.01%芸苔素内酯可溶液剂在玉米上应用对促进玉米生长和增产效果明显。

2.4.1 促进生长、防止秃尖

玉米喷施0.01%芸苔素内酯可溶液剂后发育进程加快，玉米株高比对照增加2~4cm，叶片数量增加0.5~1片叶，处理田叶色浓绿、发亮。气生根数量比对照多1~2层，茎秆粗壮，抗倒能力明显增强。对照田玉米雌穗秃尖0.5~2cm，平均0.9cm，秃尖雌穗的比例占66.7%，而处理田玉米雌穗基本没有秃尖现象。该药剂对玉米安全。

2.4.2 增产显著

供试剂0.01%芸苔素内酯可溶液剂1 500倍液于玉米5~6叶、10~11叶期共喷2次处理、0.01%芸苔素内酯可溶液剂1 500倍液于玉米5~6叶喷施1次和10~11叶喷施1次3

个处理，单产分别为 639.4kg、629.1kg 和 624kg，比对照分别增产 77.3kg、67kg 和 61.9kg，增产率分别为 13.8%、11.9%和 11%。喷施两次比喷施一次增产 10.3~15.4kg，增产率高出 1.8~2.7 个百分点。

2.5 小结与讨论

0.01%芸苔素内酯可溶液剂在玉米上施用，适宜的浓度为1 500倍液，于玉米 5~6 叶（小喇叭口）期和 10~11 片叶（大喇叭口）期各喷施一次，可起到促进玉米根系和地上部生长、减少秃尖和增加产量的明显效果，建议在我国玉米产区大面积推广应用。

参考文献

[1] MITCHELL J，MANDAVA N，WORLEY J，et al. Brassins-a new family of plant hormones from rape pollen [J]. Nature，1970，225（5237）：1065-1066.

[2] GROVE M D，SPENCER G F，ROHWEDDER W K，et al. Brassionlide，a plant growth-promoting steroid from *Brassica napus Pollen* [J]. Nature，1979，281（5728）：216-217.

[3] 沈瑛，陈振宇．油菜素类固醇（BRs）：一种植物生长发育基础的调节剂 [J]. 农业科技译从，1999（2）：16-18.

[4] 张薇，赵丽华．芸苔素内酯在玉米上的应用 [J]. 西昌农业高等专科学校学报，2001，15（2）：25-26.

异噁唑草酮等玉米田除草剂对苘麻的除草活性研究*

于　朋[1**]，张　瑜[1]，张　薇[1]，潘双喜[3]，马树杰[1]，
杨　娟[2]，张利辉[1***]，董金皋[1]
（1. 河北农业大学植物保护学院，保定　071000；2. 河北科技师范学院农学与生物科技学院，秦皇岛　066004；3. 威县农业农村局，邢台　054702）

摘　要：为了筛选出对玉米田杂草苘麻防除效果较好的除草剂。本试验采用温室盆栽法研究了异噁唑草酮、精异丙甲草胺、莠去津、2，4-滴异辛酯、扑草净、氯氟吡氧乙酸异辛酯、烟嘧磺隆、硝磺草酮、苯唑草酮等苗前封闭除草剂和苗后茎叶处理除草剂单用和混用对苘麻的除草活性。结果表明，异噁唑草酮 56.7g a. i. /hm^2+莠去津 600g a. i. /hm^{2}混用苗前封闭防治玉米田苘麻的抑制率最高，14 天的鲜重抑制率为 92.49%；硝磺 · 莠去津 810g a. i. /hm^{2}苗后防治玉米田苘麻的抑制率最高，并且苯唑草酮 27g a. i. /hm^2+莠去津 675g a. i. /hm^2+苯唑草酮专用助剂 1 350 ml/hm^{2}抑制率与其相当，分别为 84.17%和 83.86%，以上各处理除草剂均符合玉米的安全性评价要求。除草剂混用对苘麻的除草活性不仅比单一使用的除草活性好，还能减少除草剂的使用量。在防除玉米田苘麻时，可根据玉米的苗期选择适当的除草剂组合，并进行科学轮换使用。

关键词：除草剂；混用施用；苘麻；抑制率

---

* 基金项目：国家重点研发课题（2018YFD0200607）；河北省重点研发项目（19226504D）
** 第一作者：于朋，硕士，主要从事天然产物农药的研究；E-mail：1096169916@ qq. com
*** 通信作者：张利辉，教授，博士生导师；E-mail：zhanglihui@ hebau. edu. cn
杨娟，博士，讲师；E-mail：yangjuan018@ 126. com

农药减量助剂对玉米除草剂减量控害效果初报*

刘　媛**[1]，李健荣[1]，杨明进[1]，马　景[1]，李绍先[2]，
王　堃[3]，马世瑜[3]，姬宇翔[1]，王彦琪[1]
（1. 宁夏回族自治区农业技术推广总站，银川　750001；2. 宁夏中宁县农业技术推广服务中心，中宁　755100；3. 宁夏盐池县农业技术推广服务中心，盐池　751500）

摘　要：为减少玉米除草剂的使用量，提高防效，2019 年宁夏回族自治区农业技术推广总站开展了玉米田除草剂农药减量药效试验。结果表明，两种除草剂组合减量使用和常量使用对玉米田杂草均有较好的防效，其中 28%硝·烟·莠去津可分散油悬浮剂常量处理，药后 30 天的株防效和鲜重防效最高，分别为 87.75%和 86.98%，但与加入农药减量助剂的处理无显著差异，且比常量处理减少农药用量 30%，增产 19.36%～19.39%。

关键词：农药减量助剂；玉米除草剂；效果

玉米田杂草种类多、危害重，是影响玉米产量的重要因素。据统计，我国玉米田杂草常年发生面积在 52.5 亿 hm^2 次以上，导致玉米减产 20%～30%，每年造成玉米损失约 95 亿 kg，因此，做好玉米田除草工作是保障玉米高产、稳产的主要措施。施用化学除草剂是当前防治玉米田杂草的重要措施，随着玉米田除草剂使用剂量增加，已经出现了农药残留、杂草抗性等问题。因此，理想的解决方法是在不降低防效的前提下，减少除草剂用量。本试验所选择的农药减量助剂是多元醇类非离子表面活性剂，它与农药混用，可以增强农药的渗透性和传导性，减少农药的使用量，同时对作物、人畜、环境安全。本试验通过减量助剂与除草剂混合施用的田间试验，验证其在我区的除草效果及对玉米生长的安全性，为大面积推广提供依据。

1　材料与方法

1.1　试验材料

试验地：宁夏吴忠市盐池县、中卫市中宁县玉米田杂草常年发生较重、栽培管理水平一致的地区。盐池县试验田在花马池镇杨记圈村，土壤类型为风沙土，灌溉方式为机井节水滴灌，前茬作物玉米。2019 年 4 月 20 日播种，品种为先玉 1225，播种方式为机播，亩播量 2.5kg，5 月 28 日施药。中宁县试验田在宁安镇郭庄村，土壤 pH 值 8.5，有机质含量 11.6g/kg，土壤肥力状况中等，土壤类型为壤土，前茬作物玉米。2019 年 4 月 10 日播种，品种为张玉 1355，播种方式为机播，亩播量 2.5kg，5 月 11 日施药。

---

* 基金项目：主要粮食作物病虫害农药减量控害技术示范推广项目；宁夏回族自治区农业农村厅产业化项目

** 作者简介：刘媛，推广研究员，主要从事农作物病虫害监测与防治工作；E-mail：nxliuyuan@126.com

供试药剂：24%烟嘧·莠去津可分散油悬浮剂（4%烟嘧磺隆、20%莠去津，青岛现代农化有限公司）、28%硝·烟·莠去津可分散油悬浮剂（6%硝磺草酮、4%烟嘧磺隆、18%莠去津，吉林省八达农药有限公司）、食品级多元醇型非离子活性剂（成都激健生物科技有限公司）以下简称激健。

1.2 试验设计

盐池县和中宁县各设四个药剂处理，包括两个常规用药量处理和两个减量用药处理。处理A：28%硝·烟·莠去津可分散油悬浮剂100ml/667m^2；处理B：24%烟嘧·莠去津可分散油悬浮剂100ml/667m^2；处理C：28%硝·烟·莠去津可分散油悬浮剂70ml/667m^2+激健乳油15ml/667m^2；处理D：24%烟嘧·莠去津可分散油悬浮剂70ml/667m^2+激健乳油15ml/667m^2。另分别设清水对照。各处理的种植品种、土壤类型、种植期、肥水等生产条件和栽培管理措施完全一致。每个处理3次重复，田间随机区组排列，小区之间留保护行，盐池县每个小区面积50m^2，中宁县每个小区面积60m^2。药液配置采用二次稀释的方法，使用人工背负式电动喷雾器（WS-20D）茎叶喷雾，喷施药液量40kg/667m^2，对照区喷等量清水，无风（微风）时施药，施药后48h内无降雨。

1.3 调查内容

1.3.1 安全性调查

施药后3~10天目测各区玉米生长情况，观察是否有药害产生以及后续恢复情况。

1.3.2 防效调查

药前采用五点取样法，每点调查1m^2，调查杂草发生种类、株数。施药后15天和30天调查各处理和对照区杂草种类和杂草株数，施药后30天调查杂草鲜重，计算各处理的株防效和鲜重防效。

株防效（%）=1-［（对照区防治前杂草株数×处理区防治后杂草株数）/（对照区防治后杂草株数×处理区防治前杂草株数）］×100

鲜重防效（%）=［（对照区杂草鲜重-处理区杂草鲜重）/对照区杂草鲜重］×100

1.3.3 产量调查

玉米收获后测产。采用五点法取样，每点测10m^{2}内的玉米产量，以平均值折算每667m^{2}的产量，并计算处理区与对照区的增产率等。

1.4 数据分析

试验数据采用WPS和SPSS软件进行处理，并采用邓肯新复极差法对不同处理防效进行差异显著性分析。

2 结果与分析

2.1 安全性

通过观察，本试验所选药剂及配方均对玉米安全，可以用作玉米苗期茎叶喷雾处理防除杂草。

2.2 对玉米田杂草的防效

由表1可知，盐池县各药剂处理的防效均随着药后时间的延长而提高，常量处理对杂草的防效略高于减量处理。药后15天，各药剂处理对杂草的株防效都在71%以上，且28%硝·烟·莠去津可分散油悬浮剂和24%烟嘧·莠去津可分散油悬浮剂的常量处理对禾本科杂草、阔叶杂草、总杂草的株防效均显著高于两种减量处理。其中28%硝·烟·莠去津可分散油悬浮剂的常量和减量处理对禾本科杂草有更好的株防效，24%烟嘧·莠去津可分散油悬浮剂的常量和减量处理对阔叶杂草有更好的株防效。药后30天，各药剂处理对总杂草的株防效都在85%以上，鲜重防效在82%以上，且两种常量处理对总杂草的株防效略高于两种减量处理，但差异不显著。其中28%硝·烟·莠去津可分散油悬浮剂的常量和减量处理对总杂草的株防效和鲜重防效最高，分别为86.55%和86.98%（常量）、86.53%和86.16%（减量），24%烟嘧·莠去津可分散油悬浮剂的减量处理对总杂草株防效最低，为85.21%，常量处理对总杂草鲜重防效最低，为82.74%。综合药后两次调查结果，相同药剂品种的常量和减量处理对总杂草的防效相当，以28%硝·烟·莠去津可分散油悬浮剂的常量和减量处理对总杂草的株防效和鲜重防效最好。

由表2可知，中宁县各药剂处理的防效均随着药后时间的延长而提高，常量处理对杂草的防效略高于减量处理。药后15天，28%硝·烟·莠去津可分散油悬浮剂和24%烟嘧·莠去津可分散油悬浮剂的减量处理对禾本科杂草、阔叶杂草的株防效均显著的低于对应的两种常量处理，但对总杂草的株防效差异不显著，总杂草的株防效都在72%以上。其中24%烟嘧·莠去津可分散油悬浮剂的减量处理对禾本科杂草的防效最低，为58.93%，28%硝·烟·莠去津可分散油悬浮剂的减量处理对阔叶杂草的防效最低为80.11%。药后30天，除24%烟嘧·莠去津可分散油悬浮剂的常量处理对总杂草的鲜重防效为75.54%，显著的低于其他处理，其他处理的鲜重防效和株防效都在83%以上，且两种常量处理对总杂草的株防效略高于两种减量处理，但差异不显著。其中28%硝·烟·莠去津可分散油悬浮剂的常量和减量处理对总杂草的株防效和鲜重防效最高，分别为87.75%和87.57%（常量）、85.11%和84.78%（减量）。综合药后两次调查结果，相同药剂品种的常量和减量处理对杂草的防效相当，所有处理中28%硝·烟·莠去津可分散油悬浮剂的常量和减量处理对总杂草的株防效和鲜重防效最好。

2.3 对玉米产量的影响

由表3可知，玉米田使用除草剂后均有一定程度的增产。8个药剂处理与清水对照相比，盐池县28%硝·烟·莠去津+农药减量助剂的增产率最高为19.36%，增收199.19元/667m^2。4个减量处理与4个常量处理相比，除盐池县24%烟嘧·莠去津+农药减量助剂处理增产率低于对应的常量处理，其他减量处理在株防效和鲜重防效略低于常量处理的情况下，增产率都高于对应的常量处理。

3 结论与讨论

试验结果表明：通过茎叶喷雾法，供试的两种除草剂常量和减量处理对玉米田杂草都有较好的防除效果，且对玉米生长安全。综合两个试验地杂草防效，28%硝·烟·莠去津可分散油悬浮剂常量处理，药后30天的株防效和鲜重防效最高，分别为87.75%和86.98%，但与加入农药减量助剂的处理无显著差异，且比常量处理的增产率略高，常量处理增产16.7%~18.75%，减量处理增产19.36%~19.39%，具有应用推广价值。

表 1　盐池县不同除草剂对玉米田杂草的防除效果

处理	药后 15 天			药后 30 天					
	禾本科杂草防效	阔叶杂草防效	总防效	禾本科杂草防效	阔叶杂草防效	总防效	禾本科杂草鲜重防效	阔叶杂草鲜重防效	总鲜重防效
处理 A	64. 79±2. 39a	83. 33±0. 13c	74. 06±1. 26a	82. 94±0. 87a	90. 15±0. 15b	86. 55±0. 46a	85. 12±1. 38a	88. 85±0. 67a	86. 98±0. 69a
处理 B	60. 74±1. 22bc	89. 36±1. 12a	75. 06±1. 15a	79. 29±0. 36b	92. 04±0. 70a	85. 66±0. 42b	75. 67±0. 21b	89. 81±0. 43a	82. 74±0. 30b
处理 C	62. 78±1. 01ab	80. 11±1. 33d	71. 44±0. 48b	83. 17±0. 41a	89. 89±0. 67b	86. 53±0. 51a	82. 34±1. 78a	89. 98±0. 34a	86. 16±0. 73a
处理 D	58. 93±0. 85c	85. 20±0. 32b	72. 03±0. 54b	80. 08±0. 72b	90. 34±0. 05b	85. 21±0. 37b	82. 44±1. 98a	89. 23±0. 78a	85. 83±0. 68a

数据为 3 次重复的平均值+标准差，同列数据后不同小写字母表示差异显著（$P<0.05$）。

表 2　中宁县不同除草剂对玉米田杂草的防除效果

处理	药后 15 天			药后 30 天					
	禾本科杂草防效	阔叶杂草防效	总杂草防效	禾本科杂草防效	阔叶杂草防效	总杂草防效	禾本科杂草鲜重防效	阔叶杂草鲜重防效	总杂草鲜重防效
处理 A	65. 98±0. 76a	82. 80±4. 12b	74. 39±2. 31a	84. 10±0. 75a	91. 40±0. 83a	87. 75±0. 78a	77. 47±1. 67ab	92. 75±0. 28a	85. 11±0. 96a
处理 B	56. 80±5. 35b	91. 57±4. 27a	74. 18±2. 54a	75. 49±1. 60b	92. 68±2. 56a	84. 08±0. 84b	59. 98±3. 32c	91. 10±2. 69a	75. 54±0. 49b
处理 C	63. 72±1. 80a	81. 42±2. 06b	72. 57±1. 84a	83. 85±2. 76a	91. 29±1. 35a	87. 57±1. 37a	79. 49±1. 28a	90. 08±1. 29a	84. 78±0. 6a
处理 D	56. 57±1. 79b	89. 33±2. 69a	72. 95±1. 42a	75. 09±1. 73b	91. 62±3. 25a	83. 36±0. 81b	75. 49±1. 05b	91. 67±3. 16a	83. 58±1. 58a

数据为 3 次重复的平均值+标准差，同列数据后不同小写字母表示差异显著（$P<0.05$）。

表 3　不同除草剂处理应用于玉米田的经济效益

处理药剂	盐池县			中宁县		
	折产（kg/667m²）	增产率（%）	增收（元/667m²）	折产（kg/667m²）	增产率（%）	增收（元/667m²）
处理 A	646.32	18.75	192.87	792.40	16.70	214.31
处理 B	644.32	18.38	189.09	787.06	15.91	204.21
处理 C	649.66	19.36	199.19	797.07	17.39	223.13
处理 D	641.65	17.89	184.05	788.39	16.11	206.73
清水对照	544.27	—	—	679.01	—	—

参考文献

[1] 邓庭和，张士勤，王文和，等. 增效剂激健对小麦除草剂的减量增效作用 [J]. 中国植保导刊，2017，37（11）：58-60.

[2] 夏文，袁善奎，聂东兴，等. 玉米田除草剂登记情况及趋势分析 [J]. 农药市场信息，2016（25）：36-37.

[3] 井秋月，焦梓洲，刘兰坤，等. 黑龙江省玉米田稗草与反枝苋对四种常用除草剂的抗药性测定 [J]. 作物杂志，2014（05）：128-132.

[4] 李琦，刘亦学，于金萍，等. 29%环磺酮・烟嘧磺隆・莠去津可分散油悬浮剂防治玉米田一年生杂草效果与安全性 [J]. 农药，2018，57（11）：851-854.

[5] 梁林，潘金菊，刘伟. 超高效液相色谱-串联质谱法同时测定玉米及土壤中烟嘧磺隆和 2 甲 4 氯残留 [J]. 农药学学报，2012，14（06）：659-663.

[6] 宋朝凤，王洪涛，王英姿. 农药助剂倍创对辛硫磷防治韭菜韭蛆的增效作用 [J]. 北方园艺，2015（09）：99-101.

[7] 孙小平. 激健防治玉米杂草减量增效效果研究 [J]. 现代农业科技，2017（12）：114-115.

谷子田间草害防治初探*

冷廷瑞**，毕洪涛，李　广，金哲宇***，贾文臣，贾云峰
（吉林省白城市农业科学院，白城　137000）

摘　要：为了控制谷子田杂草对产量的影响，通过对谷子田使用不同除草剂，按照不同种类和数量配比，在谷子不同生长阶段进行田间处理，结果表明稗草稀、单嘧磺隆2倍剂量苗后处理，对各类杂草均有较好防效，对谷子生长无伤害，单位面积产量表现高于人工除草，且与人工除草无显著差异，是本试验谷子草害防治的最好方法；稗草稀、单嘧磺隆2倍剂量苗前处理和稗草稀、单嘧磺隆正常剂量苗前、苗后处理单位面积产量均略低于人工除草对照，且与人工除草对照无显著差异，效果也较理想。

关键词：谷子；草害；防治

吉林省西部地区是典型的干旱和半干旱地区，谷子生产在当地农业生产中占有重要地位。近年来随着人民生活水平的不断提高，对营养摄入提出的要求越来越高，对小米的需求也逐渐增多，这也导致谷子的种植面积呈现逐年增加趋势，因而谷子田间杂草的防控问题成了影响谷子增加种植面积的短板。经调查，谷子田各类杂草繁多，为害严重，一般可减产20%以上，严重时可造成绝收[1-3]，其中单子叶杂草是影响产量的主要因素[4]。为此针对谷子田间杂草的防治在这里进行了初步探索。

1　材料和方法

1.1　试验材料

试验用谷子品种为当地常用品种金谷2号；试验用除草剂为25%扑草净，25%西草净，50%稗草稀，33%二甲戊灵，48%仲丁灵，10%单嘧磺隆，15%乙氧磺隆，23.5%乙氧氟草醚等。

1.2　试验方法

在单位谷子试验地进行试验。在谷子播后苗前和谷子5~6片叶阶段各进行1次除草剂处理。小区设计为4行区，5m行长，3次重复，每小区试验面积为12m²，每处理总面积为36m²。具体除草剂处理设计见表1。

在试验运行期间，记录谷子播种、出苗、用药日期，记录用药时谷子生育阶段及杂草发生情况，包括种类、叶龄等。用药后7~15天阶段进行一次田间效果观察，并进行简单文字描述。在谷子收获前2周进行田间杂草发生情况调查和测量，包括杂草种类、单位面积杂草株数，杂草平均株高，杂草平均单株干重等，用于计算杂草发生情况评价；谷子收

* 基金项目：吉林省科技发展计划项目（20190301062NY）；现代农业产业技术体系项目（CARS-08-C-3）

** 第一作者：冷廷瑞，研究员，主要从事杂粮作物草害防治研究

*** 通信作者：金哲宇，研究员，主要从事植物保护技术研究

获后进行产量测量，用于防治效果评价。

表1 谷子除草剂处理设计

处理号	处理药剂种类和 36m² 用药量	
	第 1 次	第 2 次
1	稗草稀 12ml，单嘧磺隆 15g 土壤处理	
2	稗草稀 6ml，单嘧磺隆 7g	稗草稀 6ml，单嘧磺隆 7g
3	空白对照	
4	稗草稀 6ml，乙氧磺隆 2g	稗草稀 6ml，乙氧磺隆 2g
5	扑草净 7g，稗草稀 6ml	乙氧氟草醚 3ml，苯达松 12ml
6	二甲戊灵 7ml	二甲戊灵 7ml，辛酰溴苯腈 7ml
7	西草净 12g	西草净 12g，辛酰溴苯腈 7ml
8		人工除草对照
9	仲丁灵 12ml	仲丁灵 12ml，苯达松 12ml
10		稗草稀 12ml，单嘧磺隆 15g 土壤处理

综合草情指数＝单位面积杂草株数（株/m^2）×杂草平均株高（m）×平均单株干重（g/株）[5]

杂草防治效果＝100×（空白对照综合草情指数－样本综合草情指数）/空白对照综合草情指数[6]

测量单株干重时，需要把样品取回后置于通风处自然风干 2 周或 2 周以上。

2 结果与分析

2.1 田间效果观察

试验播种日期是 5 月 10 日，出苗日期是 5 月 17 日，播后苗前处理日期是 5 月 14 日；苗后处理日期是 6 月 6 日。

处理 1 苗正常，个别略矮，杂草很少，后期有大豆出土。表明在稗草稀、单嘧磺隆剂量较高条件下谷子出土没有显著伤害，对杂草有较好防效。

处理 2 苗正常，个别稍矮，后期有少量龙葵、稗草生长。表明稗草稀、单嘧磺隆正常剂量 2 次处理，对谷子生长没有明显伤害，对杂草有较好防效。

处理 3 空白对照，苗生长正常，杂草多，主要有龙葵、稗草、糜子、竹节菜、苋菜、苘麻、大马蓼等。表明在不做任何处理的情况下，本次试验的谷子田中的主要杂草种类较多，其中竹节菜在以往的谷子除草试验中很少见到。

处理 4 前期有乙氧磺隆药害，表现为出苗晚、叶色黄、稀少、偏矮等，后期多数恢复正常生长。杂草有龙葵、竹节菜等。表明由于谷子受害明显，给后期出现的龙葵、竹节菜生长留下空间，在此条件下，乙氧磺隆对龙葵、竹节菜防效表现不是很好。

处理 5 前期扑草净表现略有药害，后期乙氧氟草醚药害严重，苗稀少或者无苗。杂草有龙葵、稗草、竹节菜等。表明扑草净正常剂量播后苗前用于谷子，可以有效防控谷子田部分杂草，对谷子无明显伤害。后期乙氧氟草醚对谷子有严重伤害，对龙葵、竹节菜防效不理想。

处理6前期出现药害，部分缺苗严重，后期部分恢复正常，杂草有龙葵、竹节菜、苋菜、糜子等。表明二甲戊灵对谷子有一定程度伤害，但对稗草、狗尾草等也有较好防效，对龙葵、竹节菜、苋菜等的持效期不够，需要用其他除草剂辅助；对糜子有一定抑制作用，不能完全控制。还表明龙葵、竹节菜、苋菜等杂草的出土时间应在茎叶处理之后出土。

处理7苗前期表现稀少、矮小、部分缺苗严重，后期表现严重缺苗，杂草有稗草，龙葵。表明西草净不适合用于谷子田除草，不论是苗前土壤处理还是苗后茎叶处理都对谷子苗生长产生严重药害。

处理8人工除草对照，苗正常，有杂草，主要包括稗草、龙葵、苘麻、竹节菜、糜子、灰菜、田旋花等。表明人工除草对谷子没有明显伤害，对杂草也不能彻底铲除，常常会有少量杂草继续生长。

处理9前期苗表现偏稀、略矮、部分苗受害明显，后期表现稀少、缺苗等，杂草有苋菜、竹节菜、龙葵、稗草等。表明仲丁灵对谷子有一定伤害，对苋菜、竹节菜、龙葵、稗草等的抑制作用有限。

处理10苗正常，杂草少后期有少量杂草生长，包括苘麻、龙葵、稗草、竹节菜等。表明稗草稀、单嘧磺隆2倍剂量苗后处理对谷子没有明显伤害，对苘麻、龙葵、稗草、竹节菜等杂草的抑制作用有一定限度。

2.2 结果和分析

在本次试验中杂草种类主要有禾本科杂草和非禾本科杂草，其中禾本科杂草主要有稗草和少量野糜子，非禾本科杂草主要有龙葵和竹节菜，其他非禾本科杂草有苘麻、灰菜、苋菜、铁苋菜等。在这里对各处理的禾本科杂草、龙葵、竹节菜、非禾本科杂草总体、杂草总体发生情况进行了综合草情指数计算，防治效果计算和差异显著性分析，同时还对各处理单位面积产量进行了差异显著性分析，具体结果见表2。

从表2的结果可以知道，本次谷子草害防治试验处理1、处理2、处理4、处理6、处理9、处理10等6个处理禾本科杂草综合草情指数均不超过51，对禾本科杂草防治效果均不低于85%，均显著高于人工除草对照，表明上面6个除草剂处理均可有效防治谷子田禾本科杂草，即试验中的稗草稀2倍剂量苗前处理；稗草稀2倍剂量苗后处理；稗草稀正常剂量苗前、苗后处理；二甲戊灵正常剂量苗前、苗后处理；仲丁灵正常剂量苗前、苗后处理对谷子田禾本科杂草可有效控制，对谷子生长没有明显伤害。处理5和处理7禾本科杂草综合草情指数表现很高，对禾本科杂草无防效或防效很低，结合田间观察可以看出扑草净虽然对谷子有轻微伤害，对禾本科杂草也有一定效果，但由于乙氧氟草醚的严重伤害，给杂草留下了生存空间，导致对禾本科杂草无效的结果；西草净苗前使用对谷子有一定伤害，苗后使用伤害更加明显，不适宜用于谷子田除草。通过对人工除草对照禾本科杂草综合草情指数计算可以知道，人工除草对禾本科杂草也不能完全控制，甚至有时还不如除草剂。

表2 2019年谷子除草试验综合草情指数、防治效果（%）和单位面积产量（g/m²）及分析

处理号	禾本科杂草		龙葵		竹节菜		非禾本科杂草总体		杂草总体		单位面积产量
	指数	防效	指数	防效	指数	防效	指数	防效	指数	防效	
1	12	97aA	1	98aA	0	100aA	1	99aA	12	97aA	413abA
2	51	85bB	12	74bcB	2	95abAB	14	86bB	60	85cBC	398abAB
3	347	0dD	46	0dC	41	0fF	100	0dD	406	0hG	380bcAB
4	14	96aA	172	0dC	5	87cC	176	0dD	192	53fE	233dC
5	356	0dD	1	98aA	19	53eE	17	83bB	238	4gF	219dC
6	3	99aA	13	73bcB	4	91bcBC	16	84bB	19	95aA	394bAB
7	147	58cC	8	69cB	0	100aA	10	90bAB	86	79dC	259 dC
8	125	64cC	14	82bcAB	0	100aA	15	85bB	123	70eD	449aA
9	18	95aA	7	86abAB	14	66dD	36	64cC	54	87bcB	333cB
10	26	93aAB	7	85abAB	1	97aAB	10	90bAB	33	92abAB	451aA

从表2中龙葵的综合草情指数和防治效果来看，处理1和处理5龙葵的综合草情指数表现很小，防治效果均为98%，显著高于人工除草对照，表明单嘧磺隆2倍剂量苗前处理对龙葵防效最好，扑草净苗前处理，乙氧氟草醚、苯达松苗后处理与处理1的单嘧磺隆有同样效果。处理2、处理6、处理7、处理9、处理10等5个除草剂处理龙葵综合草情指数表现很小，防治效果表现与人工除草对照无显著差异，表明单嘧磺隆正常剂量苗前、苗后使用；单嘧磺隆2倍剂量苗后使用；二甲戊灵、仲丁灵、西草净等分别与辛酰溴苯腈、苯达松配合使用对防治龙葵均可收到同样的防治效果，且与人工除草对照无显著差异，与空白对照差异极显著。处理4对龙葵无防效，表明乙氧磺隆对龙葵无效。

根据表2中竹节菜的综合草情指数和防治效果情况来看，处理1、处理2、处理7、处理10等4个处理竹节菜的综合草情指数表现极低，防治效果均不低于95%，与人工除草对照无显著差异，与空白对照差异极显著，表明单嘧磺隆2倍剂量苗前处理，单嘧磺隆正常剂量苗前、苗后处理，单嘧磺隆2倍剂量苗后处理、西草净、辛酰溴苯腈配合处理均可有效防治谷子田中的竹节菜。处理4、处理5、处理6、处理9等4个除草剂处理对竹节菜的防治效果介于人工除草对照和空白对照之间，与二者均有极显著差异，对竹节菜防治效果不理想。

根据表2中非禾本科杂草综合草情指数和防治效果情况来看，处理1综合草情指数表现最低，防治效果极显著高于人工除草对照，表明单嘧磺隆2倍剂量苗前处理对非禾本科杂草总体最有效。处理2、处理5、处理6、处理10等4个除草剂处理非禾本科杂草综合草情指数表现很低，防治效果与人工除草对照无显著差异，表明单嘧磺隆正常剂量苗前、苗后处理，2倍剂量苗后处理，扑草净、乙氧氟草醚、苯达松苗前、苗后配合使用，二甲戊灵、辛酰溴苯腈配合使用，对非禾本科杂草均可有效防控，其他除草剂处理对非禾本科杂草总体防效不理想。

根据表2中杂草总体综合草情指数和防治效果来看处理1、处理2、处理6、处理7、处理9、处理10等6个除草剂处理杂草总体综合草情指数表现很低，防治效果均极显著

高于人工除草对照，表明这些除草剂处理对杂草总体均可有效防控。处理4和处理5对杂草总体的防治效果介于人工除草对照和空白对照之间，结果不理想。

根据表2中单位面积产量结果可知，处理10单产结果表现最高且与人工除草对照无显著差异，表明稗草稀、单嘧磺隆2倍剂量苗后处理虽然在防除各类杂草方面均无最好表现，但对谷子生长没有伤害，单位面积产量表现最理想，在本次试验中最适合用于谷子草害防治。处理1和处理2单位面积产量介于人工除草对照和空白对照之间，与二者均无显著差异，表明这2个除草剂处理设计还需要继续观察和改进。其他除草剂处理单位面积产量表现均低于空白对照，试验设计需要改进。

3 结论和讨论

3.1 结论

通过本次谷子田间草害防治试验可知，处理10稗草稀、单嘧磺隆2倍剂量苗后处理，对各类杂草均有较好防效，对谷子生长无伤害，单位面积产量表现与人工除草无显著差异，是谷子草害防治的最好方法。

处理1稗草稀、单嘧磺隆2倍剂量苗前处理和处理2稗草稀、单嘧磺隆正常剂量苗前、苗后处理在各类杂草防治方面有最好或很好表现，产量表现虽然不理想，如果以后重复或改进试验，有望获得更好的效果。

扑草净、西草净可继续用于谷子苗前除草试验，但不适合谷子苗后喷施试验。二甲戊灵、仲丁灵苗前应用对谷子伤害较明显，今后可以开展谷子苗后田间除草试验，以便对这2种除草剂有更多的了解。乙氧磺隆在本次试验中表现对非禾本科杂草无效，需要以后更换品牌货批次进行试验。乙氧氟草醚对谷子有明显伤害，不适宜再用于谷子除草试验。

3.2 讨论

通过试验看到扑草净和稗草稀对谷子有轻微伤害，对各类杂草防控效果外观表现很好，后期由于乙氧氟草醚的作用，导致谷子苗受害严重，给其他杂草生长留下空间，同时由于乙氧氟草醚只对部分禾本科杂草和多数非禾本科杂草有抑制作用，而播后苗前喷施的稗草稀持效期还不是很长，使得不受抑制的禾本科杂草得以旺盛生长，这也是在谷子收获前测量杂草发生情况时表现出对禾本科杂草无效的原因。

试验中使用的乙氧磺隆表现对非禾本科杂草无效，而在其他试验中对非禾本科杂草均有很好的抑制作用，这种现象不合常理。分析原因有两种可能：一是本次试验所用乙氧磺隆由于批次或品牌的变化，表现对各类非禾本科杂草表现无效；二是本次试验所用乙氧磺隆在存储过程中由于某种原因导致失效，总之有必要在今后的试验中更换新的乙氧磺隆重新进行试验。

参考文献

[1] 周汉章，任中秋，刘环，等．谷田杂草化学防除面临的问题及发展趋势［J］．河北农业科学，2010，14（11）：56-58.

[2] 梁志刚，郝红梅，王宏富，等．单嘧磺隆对谷子田杂草的防效［J］．农药，2006，45（3）：204-205.

[3] 周汉章，刘环，周新建，等．除草剂“谷友”防治谷田单子叶杂草的试验效果［J］．农业科

技通讯，2011，11：61-65.
[4] 马奇祥，吴仁海．农田化学除草新技术（第二版）[M]．北京：金盾出版社，2010：234-236.
[5] 冷廷瑞，毕洪涛，李广，等．几种除草剂及其不同处理方法在谷子上的效果比较［C］//陈万权．植物保护与脱贫攻坚．北京：中国农业科学技术出版社，2019：279-282.
[6] 高希武，郭艳春．新编实用农药手册（修订版）[M]．郑州：中原农民出版社，2006：43.

燕麦草害除草剂筛选*

毕洪涛**，李　广，金哲宇，冷廷瑞***，洪　刚，王敏君
（吉林省白城市农业科学院，白城　137000）

摘　要：本试验针对燕麦的田间杂草发生情况，在以往试验基础上，继续开展燕麦草害防治试验，争取找到可以有效防治燕麦田杂草防治技术。结果表明：处理4异丙甲草胺+辛酰溴苯腈组合，处理6丙草胺+乙氧磺隆组合，处理9异丙甲草胺+乙氧磺隆组合效果比较理想，在防除杂草的同时，对燕麦的产量影响并不显著。

关键词：燕麦；草害；防治

随着生活水平的提高，人们对食品营养的需求呈逐年上升趋势，燕麦因其营养丰富，越来越受到人们的喜爱，就农业生产来说，如何提高产量是一个很重要的课题，就目前来讲，好的燕麦品种是提高产量的一个很重要的渠道，另外，就是要从管理上下功夫，燕麦除草为燕麦的产量起到了保驾护航的作用。为此，在田间针对燕麦除草展开了大量的试验工作，通过不同的除草剂的配比及不同的施药方式，进行筛选试验。

1　材料和方法

1.1　材料

试验燕麦品种：白燕2号。

试验用除草剂：72%异丙甲草胺（天津市华宇农药有限公司）、33%二甲戊灵（巴斯夫欧洲公司）、2.5%五氟磺草胺（美国陶氏益农公司）、10%吡嘧磺隆（江苏江南农化有限公司）、谷子秸秆粉、50%丙草胺（杭州庆丰农化有限公司）、15%乙氧磺隆（江苏江南农化有限公司）、48%仲丁灵（张掖市大弓农化有限公司）、25%辛酰溴苯腈等（江苏瑞邦农药厂）。

1.2　试验方法

本试验在吉林省白城市农业科学院试验小区进行，所有处理均在燕麦出苗以后，禾本科杂草2叶1心之前处理。小区设计为每小区20m²，3次重复，每处理总面积为60m²，包括对照共设10个处理。具体设计如下，共10个处理。

处理1：异丙甲草胺12ml+二甲戊灵12ml，药剂喷雾处理。

处理2：五氟磺草胺3ml+吡嘧磺隆3g，药剂喷雾处理。

处理3：空白对照。

* 基金项目：吉林省科技发展计划项目20190301062NY；现代农业燕麦产业体系技术（CARS-08-C-3）

** 第一作者：毕洪涛，副研究员，主要从事作物草害防治研究

*** 通信作者：冷廷瑞，研究员，主要从事杂粮作物草害防治研究

处理4：异丙甲草胺12ml+辛酰溴苯腈12ml，药剂喷雾处理。

处理5：谷子秸秆粉1.5kg土壤处理。

处理6：丙草胺6ml+乙氧磺隆1g，药剂喷雾处理。

处理7：丙草胺6ml+仲丁灵18ml，药剂喷雾处理。

处理8：人工除草对照。

处理9：异丙甲草胺12ml+乙氧磺隆1g，药剂喷雾处理。

处理10：二甲戊灵12ml+乙氧磺隆1g，药剂喷雾处理。

除草剂处理的同时，定期记录当时田间杂草发生情况和燕麦生长情况。记录燕麦播种、出苗、用药日期，用药后10~20天阶段进行田间效果观察，对各处理进行简单文字描述；收获前2周测量杂草发生情况，包括单位面积杂草发生种类、数量、平均株高、平均单株干重等测量，用于计算各类杂草综合草情指数；收获后测量各处理产量情况。

各处理综合草情指数=该处理单位面积杂草株数×杂草平均株高×平均单株干重

各处理杂草防治效果（%）= 100×（空白对照综合草情指数-该处理综合草情指数）/空白对照综合草情指数

2 结果和分析

2.1 田间效果观察

调查日期为6月19日，此时田间燕麦生长多数完成抽穗，通过观察了解各处理后田间苗情和杂草情况，具体结果如下。

处理1：燕麦苗正常生长，叶色深正常，偶见猪毛菜、本氏蓼，无其他杂草。表明该处理对燕麦无明显伤害，对多数杂草有效，有可能在进行除草剂喷雾过程中个别点不均匀或漏喷。

处理2：苗正常生长，但叶色较浅，苗略稀少，无草或在苗的底部可以发现有较小的灰菜和狗尾草。表明该处理条件下对燕麦生长没有明显伤害，同时对杂草防控效果好。

处理3：空白对照，苗正常生长，中间苗稀处可见龙葵、灰菜、猪毛菜、卷茎蓼、狗尾草等杂草。可以推断，如果燕麦的播种密度适宜，生长健康，也可以抑制杂草在田间的生长空间，减轻杂草危害。

处理4：苗色稍浅，偶见底部有黄叶，小区内没有杂草，只是在边埂上发现有本氏蓼、稗草、糜子、水棘针、龙葵和苋菜等田间杂草。表明该处理除草有较好效果，对燕麦生长有微小影响，在燕麦生长期间边埂垧地杂草需要进行除草剂处理。

处理5：苗生长茂盛，小区内无禾本科杂草，有高出燕麦苗或齐苗的卷茎蓼、蒿子等，底部有小灰菜、猪毛菜等。表明该处理对燕麦田禾本科杂草在这一阶段有一定的抑制作用，具体结果还需进行田间杂草测量。

处理6：苗多数生长正常，浓密茂盛，部分表现略稀，叶色稍浅，杂草少，个别有蒿子。表明该处理除草剂对燕麦生长有轻微影响，对照杂草效果明显，尤其是对禾本科杂草有效防控可持续较长时间。

处理7：该处理苗的颜色稍浅，略矮，下面的叶子泛黄，底叶干枯，下部有小的本氏蓼存在。表明该处理药剂对燕麦生长略有影响，但对杂草的防控效果表现很好，这一阶段无杂草。

处理 8：多数无草，边埂有灰菜、糜子、龙葵、猪毛菜等杂草。表明人工除草也不能达到完全彻底。

处理 9：该处理苗均正常，浓密茂盛，没有发现杂草生长。表明该处理条件下对燕麦生长没有明显伤害，对杂草防控效果明显。

处理 10：苗多数生长正常，部分苗稀、色浅，个别有猪毛菜，表明该处理对杂草有较好的防控效果，对燕麦生长略有影响。

2.2 试验结果和分析

本试验对燕麦各个小区的田间杂草的发生情况和产量进行了调查。其中杂草发生情况主要包括发生杂草种类、单位面积株数、平均株高、平均单株干重等。调查发现田间杂草发生种类主要有禾本科杂草和非禾本科杂草两类，禾本科杂草主要有野糜子、稗草、狗尾草、虎尾草、马唐、牛筋草等。非禾本科杂草主要有龙葵、灰菜、苋菜、本氏蓼、向日葵等。由于禾本科杂草和非禾本科杂草发生情况都不是很严重，在计算分析时杂草分类只分为禾本科杂草和非禾本科杂草，具体结果见表 1。

表 1　燕麦田间除草试验杂草发生、防效及单产情况

处理	禾本科杂草		非禾本科杂草		杂草总体		单位面积产量（g/m^2）
	综合草情指数	防治效果（%）	综合草情指数	防治效果（%）	综合草情指数	防治效果（%）	
1	39	62dC	7	51dD	47	60cD	270bcdeBC
2	35	66cdBC	2	89bBC	37	68bBC	254deBCD
3	101	0fE	15	0fF	117	0dE	229efCD
4	28	72bAB	0	100aA	28	76aAB	298bcdABC
5	31	69bcBC	13	12eE	45	62cCD	324abAB
6	50	51eD	1	92bAB	52	56cD	316bcAB
7	35	65cdBC	2	87bBC	38	68bC	188fD
8	19	81aA	3	79cC	23	81aA	374aA
9	26	74bAB	1	94abAB	28	76aAB	304bcdABC
10	48	53eD	2	87bBC	50	57cD	263cdeBCD

根据表 1 中各试验综合草情指数情况来看，禾本科杂草和非禾本科杂草均有不同程度发生，其中处理 4 和处理 9 禾本科杂草综合草情指数相对较低，防治效果与人工除草对照有显著差异，但无极显著差异。表明异丙甲草胺与辛酰溴苯腈或乙氧磺隆混用对燕麦田禾本科杂草防效理想。处理 5 禾本科杂草综合草情指数相对处理 4、处理 9 略高，防治效果仅次于处理 4，表明谷子秸秆粉在燕麦田对禾本科杂草也具有一定程度抑制作用。处理 1、处理 2、处理 6、处理 7、处理 10 等 5 个除草剂处理禾本科杂草综合草情指数介于空白对照和处理 5 之间，防治效果与 2 个对照均存在极显著差异，表明这些除草剂处理用来防治禾本科杂草的除草剂二甲戊灵、五氟磺草胺、丙草胺等在本次试验中对燕麦田禾本科杂草的防治效果表现一般，需要在以后的试验中继续观察。

根据表1中各处理非禾本科杂草发生情况来看，处理5综合草情指数表现最高，与空白对照接近，防治效果表现最低，与空白对照仍有极显著差异，表明该处理的谷子秸秆粉对燕麦田非禾本科杂草防效不够理想。处理2、处理4、处理6、处理7、处理9、处理10等6个处理非禾本科杂草综合草情指数表现相对很小，防治效果均显著高于人工除草对照，表明这些处理中用于防治非禾本科杂草的除草剂吡嘧黄隆、辛酰溴苯腈、仲丁灵、乙氧磺隆等除草剂对非禾本科杂草的防治效果好于人工除草对照。

从表1中杂草总体杂草发生情况和防效来看，处理4和处理9综合草情指数表现很低，防治效果与人工除草对照无显著差异，表明这2处理的除草剂组合异丙甲草胺与辛酰溴苯腈或乙氧磺隆混合使用对杂草总体的防治效果与人工除草对照相同。处理1、处理2、处理5、处理6、处理7、处理10等6个处理对杂草总体的防治效果介于空白对照和人工除草对照之间，并与2对照均有显著差异，表明这些除草剂处理对杂草总体的防治效果虽然与人工除草对照有一定差距，但也可有效防治燕麦田各类杂草危害。

从禾本科杂草和非禾本科的发生情况比较来看，禾本科杂草发生情况相对偏重于非禾本科杂草，通过比较空白对照禾本科杂草和非禾本科杂草综合草情指数可以知道。这表明燕麦在密度合理的条件下，对禾本科杂草的抑制作用小于对非禾本科杂草的抑制。还可以看到，有些不同的处理，用于防治禾本科杂草的除草剂是相同的，只是用于防治非禾本科杂草的除草剂不同，但是对禾本科杂草的防治效果却是不同的。其原因可能是另外一种除草剂对燕麦生长产生影响，给杂草生长留下空间，或者是两种除草剂共同作用产生的结果。

根据各试验单位面积产量结果来看，只有处理5的产量结果与人工除草对照无显著差异；处理4异丙甲草胺+辛酰溴苯腈组合，处理6丙草胺+乙氧磺隆组合，处理9异丙甲草胺+乙氧磺隆组合，其产量结果与人工除草对照物无极显著差异，表明以上处理只要掌握好用药时期和用药剂量，可以达到即可有效防控田间杂草，又可实现收获产量与人工除草无显著差异的目的。处理1异丙甲草胺+二甲戊灵组合，处理2五氟磺草胺+吡嘧磺隆组合，处理7的丙草胺+仲丁灵组合，处理10二甲戊灵+乙氧磺隆组合的结果产量表现低，与空白对照无显著差异，与人工除草对照差异极显著，结合以往的其他试验来看，有可能是这些组合中的二甲戊灵、五氟磺草胺、仲丁灵等除草剂对燕麦产生影响所致。这也告诉人们要在以后的同类试验中注意观察这几种除草剂对燕麦生长的影响情况。

3 结论和讨论

3.1 结论

通过田间试验证明，在合理密植的前提下应用谷子秸秆粉按照每平方米25g的比例对燕麦田进行苗后处理，可以起到有效防控禾本科杂草为害并使收获产量与人工除草对照无极显著差异的作用。

根据处理4异丙甲草胺+辛酰溴苯腈组合，处理6丙草胺+乙氧磺隆组合，处理9异丙甲草胺+乙氧磺隆组合产量结果表现可以知道，这些组合如果能够得到完善和改进，可以达到有效防控燕麦田间杂草同时对燕麦生长和收获产量无明显影响的效果。

处理1异丙甲草胺+二甲戊灵，处理2五氟磺草胺+吡嘧磺隆，处理7的丙草胺+仲丁灵，处理10二甲戊灵+乙氧磺隆等4个除草剂组合对燕麦田的杂草均能有效防控，但燕麦收获产量不能满足要求，需要在今后的同类试验中继续探索。

3.2 讨论

在本次的燕麦田间除草试验中，人工除草对杂草的防除效果一般，但最后的产量是最高的，这表明人工除草对燕麦本身的损伤最小，而化学除草多少会对作物本身造成一定的影响，这也是笔者以后工作的方向，寻找出一条更好的解决办法，可以安全、高效，降低劳动力成本，改善环境，降低成本，提高产品品质。

另外，经过一个生长季节对燕麦持续的观察发现，对燕麦进行合理植密度，会对田间杂草有抑制的作用。还发现在种植密度相对较高的区域几乎看不到有杂草生长，在燕麦种植密度相对较低的区域禾本科杂草和非禾本科杂草都有生长，而且禾本科杂草出土时间相对晚于非禾本科杂草，发生程度通过调查、计算明显重于非禾本科杂草。通过谷子秸秆粉的应用恰好解决了这一问题，有必要在今后的试验中多做一些这方面的尝试。

参考文献

[1] 冷廷瑞，刘伟，苏云凤，等．不同配比除草剂燕麦除草研究初探［J］．杂草科学，2013，31（4）：46-49.

[2] 冷廷瑞，卜瑞，孙孝臣等．吉林省燕麦田草害药剂防治试验［J］．吉林农业科学，2012，37（4）：38-40.

[3] 冷廷瑞，高欣梅．吉林省燕麦田间杂草防控探索［C］//陈万权．植保科技创新与农业精准扶贫．北京：中国农业科学技术出版社，2016：237-241.

[4] 冷廷瑞，杨君，郭来春，等．几种除草剂在燕麦田的应用效果［J］．杂草科学，2011，29（1）：70-71.

[5] 王致和，张肖凌，张秀华，等．几种除草剂对饲用型甜高粱的除草效果［J］中国糖料，2015（1）：31-32

[6] 毕洪涛，金哲宇，李广，等．东北地区燕麦田间杂草防治探索［C］//陈万权．植物保护与脱贫攻坚．北京：中国农业科学技术出版社，2019：283-286.

40g/L 喹禾糠酯乳油防治大豆田一年生禾本科杂草田间药效评价*

耿亚玲**，浑之英，王　华，高占林，袁立兵***

（河北省农林科学院植物保护研究所，河北省农业有害生物综合防治工程技术研究中心，农业农村部华北北部作物有害生物综合治理重点实验室，保定　071000）

摘　要：喹禾糠酯是美国尤尼罗尔公司开发的芳氧苯氧羧酸类除草剂，为乙酰辅酶A羧化酶抑制剂，对禾本科杂草有优良的防效，但目前在河北省应用较少。为明确喹禾糠酯在本地区的应用效果，笔者在石家庄市无极县东验村大豆田进行田间小区试验，主要杂草种类为稗草、马唐、牛筋草等，大豆品种为中黄13，通过试验，测定了不同剂量喹禾糠酯对大豆田一年生禾本科杂草的防治效果及对大豆的安全性。

一年生禾本科杂草2~5叶期、大豆2~3片复叶期茎叶喷雾处理，试验设置36g/hm^2、42g/hm^2、48g/hm^2、84g/hm^2 4个剂量，另设清水对照。小区面积为20m^2，采用随机区组排列，重复4次。施药器械采用西班牙产MATABI-Super Green 16型背负式手动喷雾器，药液量450L/hm^2。施药前调查杂草基数，施药后7天、15天、30天观察药剂对大豆有无药害，药后15天、30天在每个小区随机抽取3个样点，每点1m^2，分别记录稗草、马唐、牛筋草的茎数或鲜重。收获前夕，每小区取中间10m^{2}大豆，自然风干后脱粒，测定大豆籽粒总产量。

经调查，施药前杂草基数为：稗草21.10茎/m^2，马唐14.10茎/m^2，牛筋草12.70茎/m^2。药后15天，40g/L喹禾糠酯乳油有效成分用量36.00g/hm^2、42.00g/hm^2、48.00g/hm^2、84.00g/hm^2，对稗草株防效分别为90.38%、93.02%、94.91%、97.55%；对马唐株防效分别为90.72%、93.63%、94.96%、97.88%；对牛筋草株防效分别为91.33%、93.64%、94.51%、98.27%。药后30天，对稗草株防效分别为91.90%、94.10%、96.00%、98.90%，鲜重防效分别为93.99%、96.47%、98.21%、99.73%；对马唐株防效分别为92.80%、93.94%、95.08%、98.23%，鲜重防效分别为93.84%、96.45%、98.00%、99.27%；对牛筋草株防效分别为91.10%、92.70%、95.91%、98.22%，鲜重防效分别为92.95%、94.66%、97.19%、99.11%；对3种杂草的平均鲜重防效分别为93.59%、95.86%、97.80%、99.37%。综合评价，喹禾糠酯对3种杂草的株防效和鲜重防效均在90%以上，均能达到较好的防治效果。

在不同试验条件下，供试药剂有效成分用量36.00g/hm^2、42.00g/hm^2、48.00g/hm^2、84.00g/hm^{2}对大豆安全，没有明显药害症状。不同剂量处理，大豆产量比清水对照增产23.83%~25.09%。

关键词：喹禾糠酯；大豆田；禾本科杂草；防治效果

---

* 基金项目：河北省大豆产业技术体系（326-0702-JSNTKSF）

** 第一作者：耿亚玲，从事农田杂草防治研究；E-mail：gengyaling2006@163.com

*** 通信作者；袁立兵；E-mail：yuanlibing83@163.com

林下鲜食大豆套种鲜食玉米高效种植模式

路雨翔[1]，张尚卿[1]，杨东旭[1]，高占林[2]，韩晓清[1]
（1. 唐山市农业科学研究院，唐山　063017；2. 河北省农林科学院
植物保护研究所，保定　071000）

摘　要：为了提高林下土地资源利用率，在保证林木正常生长的情况下，适当调整林下种植结构，既保证林木正常生长又能增加经济收入，2019—2020 年对河北省唐山市丰南区高速公路两边绿化林地进行了调查，分析了林下多种种植模式的经济效益，结果显示：鲜食大豆与鲜食玉米套作平均纯收益为 2 140元/亩，较单作鲜食玉米、鲜食大豆、普通玉米、普通大豆、普通花生每亩新增纯收益分别为 580 元、790 元、1 850元、1 800元和1 420元，实现了一年两茬高效种植。

关键词：种植模式；林地；经济效益

林下经济以林地生态环境为基础，维护生态安全为前提，促进生态及经济共同发展为目标，农民为了提高土地利用率，增加收入，一般在林下种植玉米、大豆、和花生等作物。

2019 年 5 月至 2020 年 7 月对位于河北省唐山市丰南区岔河镇杨义口头三村（东经 118°，北纬 39°）的林下种植模式进行了调查，该地区林下主要种植作物为大豆、玉米和花生等，如何因地制宜选择合适的种植模式，既能保护好林带，又能增加经济效益是农民关心的问题。调研发现林下鲜食大豆套种鲜食玉米的种植模式，既保护了林带，又增加了经济效益，是值得推广的高效种植模式。

1　林下鲜食大豆套种鲜食玉米高效种植模式

调研地点：唐山市丰南区

作物：鲜食春大豆（新 3 号，沪农品审大豆 2013 第 004 号），鲜食甜糯玉米（农科玉 368，国审玉 2015034）

高速公路两边绿化林带，林木品种为柳树，行间距 5. 2m，在树行间进行了四行大豆和三行玉米的复合种植，种植效果如下（图 1）。鲜食大豆种植时间为 4 月中下旬，覆膜种植（黑色地膜），采收时间为 7 月上中旬；鲜食玉米套种时间为 6 月下旬至 7 月初，采收时间 10 月上中旬。大豆为大小行距种植，大行距 1. 45m，小行距 0. 40m，株距 15cm。柳树距离大豆边行的间距均为 1. 2m。

在柳树与大豆间、大豆大行距间分别套种一行鲜食玉米，玉米行距为 190cm，株距为 16cm。

2　经济效益分析

根据当地种植习惯，林下种植模式有以下 5 种：鲜食大豆、鲜食玉米和普通玉米、大

豆、花生，去掉人工、种子、化肥、农药及地膜等成本，每亩纯收入分别为1 560元、1 350元、290元、340元和720元。为了追求产量，农民常常按照大田密度种植林下作物，影响了林木的生态环境和长势，而鲜食大豆与鲜食玉米套种植模式，可以避免对林木生长的影响，且增加了经济效益。

图1　杨义口头三村林下种植模式

表1　不同种植模式效益（元/亩）比较　　单位：元

种植模式	收入	人工成本	种子	化肥	农药	地膜	纯收益	套种新增收益
鲜食套种	2 900	250	190	180	50	90	2 140	—
鲜食玉米	1 960	150	40	90	30	90	1 560	580
鲜食大豆	1 800	100	150	90	20	90	1 350	790
普通玉米	550	100	40	90	30	0	290	1 850
普通大豆	600	100	50	90	20	0	340	1 800
花生	1 400	200	250	180	50	0	720	1 420

第一茬鲜大豆平均产量750kg/亩，按常年平均收购价2元/kg，平均收入为1 500元/亩；第二茬鲜食玉米，平均产量约为2 000穗/亩，常年收购价平均0.7元/穗，平均收入1 400元/亩，合计两茬总收入2 900元/亩，去掉人工、种子、化肥、农药及地膜等成本，纯收益2 140元/亩，较单作鲜食玉米、鲜食大豆、普通玉米、普通大豆、普通花生每亩新增纯收益分别为580元、790元、1 940元、1 890元和1 510元。

3　小结与讨论

通过不同种植模式效益比较，林下鲜食大豆套种鲜食玉米的种植模式效益最高，且两种作物错期时间长，作物间距大，通风透光，既保证了保护林带正常生长，又实现了一年两收高效种植，提高了林地利用率，对促进护林增效、农民增收和现代生态农业的发展具有重要意义。

22种杀虫剂对大豆蓟马的田间药效评价*

李耀发**，闫　秀，安静杰，党志红，华佳楠，潘文亮，高占林***

（河北省农林科学院植物保护研究所，河北省农业有害生物综合防治工程技术研究中心，农业农村部华北北部作物有害生物综合治理重点实验室，保定　071000）

摘　要：大豆蓟马属于缨翅目 Thysanoptera，是一类锉吸式口器害虫，该虫在大豆生产上原属于次要害虫，但是随着气候变暖加速、种植制度和管理方式的变化，逐渐上升为多数大豆产区的主要害虫。蓟马从大豆出苗到结荚期均有发生，以苗期为害严重。蓟马成虫和若虫通常隐蔽在叶片、花器等处，以锉吸式口器在叶背面及幼嫩组织等吸取汁液，受害部位出现灰白色斑点，叶片局部枯死，被害嫩叶皱缩变形、扭曲，叶色褪绿；生长点被害后，不能形成真叶，植株出现多头现象或停止生长，逐渐枯死；植株生长后期花受害后，落花或落荚，对产量影响较大。大豆幼苗期每株有4头以上即可影响大豆生长，受害植株明显矮化，严重时可减产20%以上。大豆蓟马在我国各大豆产区普遍发生，它们虫体微小、生活隐蔽从而不易被发现、生命周期短、繁殖能力强、为害严重且抗药性强。目前，大豆生产上对于蓟马仍以化学防治为主，但由于其已对多种化学药剂产生较强抗药性，防治中常常出现为避免药效下降而随意增加杀虫剂用量和多种药剂混用等现象，而导致抗药性的进一步增加和生态环境的逐步恶化。

为了筛选出防治大豆蓟马的高效、低毒药剂品种，以指导大豆生产上该虫的合理防治，笔者于2020年6月开展了氟啶虫胺腈、氟啶虫酰胺、乙基多杀菌素等22种杀虫剂对大豆蓟马的田间效果评价。彼时，笔者发现河北省沧州献县大豆田蓟马数量已高达800头/百株以上，95%以上嫩叶出现皱缩变形现象，已严重影响了大豆的正常生长。试验结果来看，供试药剂中100g/L异噁唑虫酰胺可分散液剂表现出了最好的速效性和持效性，其40ml/亩和80ml/亩药后1天防效分别为85. 61%和94. 76%，药后7天仍分别为74. 93%和94. 83%，优于其他药剂；其次为60g/L乙基多杀菌素悬浮剂100ml/亩，药后7天防效仍为83. 04%。50%氟啶虫胺腈水分散粒剂50g/亩、25%噻虫嗪水分散粒剂80g/亩和5%甲维盐微乳剂40ml/亩均表现出了较好的速效性，药后1天的防效均在80%以上，但持效性较差，药后7天防效均低于70%。为了高效药剂的可持续性使用，建议不同作用机制的药剂混用、轮用，以及使用高效助剂以提高防控效果。

关键词：大豆；蓟马；杀虫剂；药效评价

---

* 基金项目：河北省大豆产业技术体系（326-0702-JSNTKSF）

** 第一作者：李耀发，研究员，研究方向为农业昆虫与害虫防治

*** 通信作者：高占林，研究员，现主要从事农业昆虫与害虫防治方面研究；E-mail：gaozhanlin@ sina. com.

山苍子油制剂对马铃薯晚疫病菌的田间防效初探

刘　韬[1*]，陈丽群[2]，刘　琼[2]，秦　敏[2]，刘甜甜[3]

（1. 湖南省沅江市植保植检站，沅江　413100；2. 沅江市农业技术服务中心，沅江　413100；3. 湖南农业大学植物保护学院，长沙　410128）

摘　要：为验证山苍子油制剂对马铃薯晚疫病菌的田间防效，保证其农业生产上的可能性，本研究以25%山苍子油水乳剂为处理组，对田间生长健壮的马铃薯进行接种马铃薯晚疫病菌后的药剂喷施抑菌试验观察。试验结果表明，山苍子油水乳剂的田间防效达到了77%，在马铃薯晚疫病菌的侵染和扩散方面有明显效果。

关键词：山苍子油；水乳剂；马铃薯晚疫病菌；防效

马铃薯在解决全世界人民粮食安全问题上起到了极为重要的作用[1]。马铃薯晚疫病是马铃薯上发生最严重的、能够造成毁灭性危害的病害。山苍子油是一种纯植物提取物，其制剂目前广泛应用在对储藏期病害、动物病害的防治，以及医药行业抑菌领域，但山苍子油对马铃薯晚疫病菌的田间抑制作用研究较少。为验证山苍子油制剂对马铃薯晚疫病菌的田间防效，保证其农业生产上的可能性，本研究设置药剂和清水对照，进行了山苍子油水乳剂的田间防效试验，以期为山苍子油制剂对马铃薯晚疫病田间防控应用推广提供理论基础，为马铃薯晚疫病的高效绿色防控提供借鉴。

1　试验材料和仪器

1.1　试验材料

1.1.1　主栽品种

马铃薯块茎（品种 Favorite），由湖南省马铃薯种质资源中心提供，易感马铃薯晚疫病。

1.1.2　供试菌株

供试菌种致病疫霉菌（*P. infestans*），由湖南农业大学植物病理实验室提供，为马铃薯晚疫病菌高致病力生理小种 CN152（包含毒力因子 1-11）。

1.1.3　供试药剂

25% 山苍子油水乳剂 EW（湖南农业大学植物病理实验室提供，已申请专利）。687.5g/L 氟吡菌胺霜霉威（银法利）悬浮剂 SC（由德国拜耳作物科学公司提供）。

1.2　试验仪器

恒温培养箱 LRll-250A 型，单人单面超净工作台（标准型），卫士牌手动喷雾器（NS-16），离心机（MIX-150），立式高压灭菌锅（SX700），光学显微镜（E200），耗材：血球计数板、移液器、培养皿等。

* 第一作者：刘韬，硕士，农艺师，主要从事农作物病虫害防控工作；E-mail：273398157@qq.com

1.3 试验地点

室内试验地点在湖南农业大学植物病理实验室。田间试验地点在湖南省沅江市保民垸村，试验之前没有马铃薯晚疫病侵染为害发生。试验地土壤肥沃，地势平整，有灌溉条件。试验所选地块各项环境条件均匀一致，符合田间试验要求。

2 试验方法

2.1 马铃薯育苗

选取健康、无明显病斑的种薯，按照农业生产应用方式进行拌种处理、切块后，放入已进行田间起垄、翻土和沤肥的试验地，种植密度约为3 000株/亩[2]。马铃薯费乌瑞它于2020 年 4 月开始种植。

2.2 马铃薯晚疫病菌孢子悬浮液的制备

晚疫病菌接种开始前一周，取活化的马铃薯晚疫病菌板接种至新配好的黑麦培养基上，18℃恒温倒置暗培养约 5 天，待培养皿长满且无其他细菌、真菌污染。用移液枪吸取约 3ml 超纯水对菌板进行吹打，将游动孢子囊充分洗脱下来，于 4℃诱导 2h 至 4h，使游动孢子释放。通过显微镜用血球计数板进行游动孢子浓度的调整，游动孢子浓度调至约 1.0×10^5个/ml，备用。

注：用于田间接种试验的孢子悬浮液用量较大，可提前接种大量马铃薯晚疫病菌平板备用。

2.3 马铃薯晚疫病菌的田间接种

马铃薯大量出苗后生长约一个月（35 天）开始进行晚疫病菌接种试验，将准备好的游动孢子悬浮液采用活体喷雾接种的方法，均匀喷雾于马铃薯植株上，以在叶片上形成水滴为宜，并注意接种后 1 天内的保湿[3]。注：为保证接种效果，尽量选择较为阴凉天气进行接种，避免接种后的水分大量蒸发及日光直射。

2.4 山苍子油制剂对马铃薯晚疫病菌的田间抑制试验

晚疫病菌接种前的晴天傍晚进行第一次药剂喷施，利用手动喷药器将药液均匀喷洒在马铃薯植株上，平均施药 100ml/667m^2，对水 30L 喷施。田间接种 1 天后的晴天傍晚进行第二次用药，与第一次用药间隔 7~12 天，再间隔 7~12 天后进行第三次用药，在最后一次施药完成 7 天后进行马铃薯晚疫病发病情况的调查。本次试验共设 3 个处理：25%山苍子油 EW；678.5g/L 银法利 SC；空白对照。每个处理设 3 个重复，每个重复区域面积约为 10m^2。试验期间无特殊天气出现。

试验结果采用五点取样法进行调查，观察发病情况，按叶片上病斑面积占整个叶面积的百分率分级（表 1）。

表 1 叶片病情分级标准

病级	病斑面积*	判定标准
0 级	无病	按叶片上病斑面积占整个叶面积的百分率分级
1 级	5%以下	
3 级	6%~10%	
5 级	11%~25%	
7 即	26%~50%	
9 级	50%以上	

注：* 指上限不在内

2.5　病情指数与防效计算方法

病情指数=［Σ（各级病叶数×相应病级数）/调查总叶数×最高发病级数］×100

防治效果（%）=［（对照病情指数-处理病情指数）/对照病情指数］×100

2.6　数据分析

使用 Excel 2016 数据处理。采用 LSD 两两差异检验显著性差异，$P<0.05$ 时，表示存在显著差异，$P<0.01$ 表示差异值极显著。

3　结果与分析

在接种马铃薯晚疫病菌后，使用山苍子油制剂和银法利进行马铃薯晚疫病菌田间防控试验，获得结果见图 1。只进行了清水喷施的马铃薯晚疫病菌侵染田（CK）中，马铃薯植株全部表现出倒伏的症状，并且能够观察到多数植株叶片和茎秆已经被病菌侵染、发黑、腐烂，并呈现逐步扩散的趋势；而山苍子油水乳剂的试验田中，马铃薯晚疫病菌的侵染情况部分受到抑制，除一小部分植株出现发黑腐烂的现象外，多数植株表现正常，并且没有继续扩散的情况发生；同时，在药剂对照（银法利）的试验田中，晚疫病菌为害情况最轻，多数植株生长旺盛，茎秆和叶片都呈现出健康的青绿色。山苍子油水乳剂的田间防控效果<银法利田间防控效果。

图 1　山苍子油水乳剂及银法利对马铃薯晚疫病菌的田间防效

经过接种马铃薯晚疫病菌过程中的 3 次药剂喷施防治，以及对病情调查数据的分析处理，马铃薯晚疫病的田间发病情况如表 2 所示。由表 2 可得，25%山苍子油 EW 和银法利 SC 都表现出了对马铃薯晚疫病良好的防治效果，防效均达到了 77%以上。其中 25%山苍子油 EW 的田间防治效果为 77.00%；银法利 SC 的田间防治效果为 82.14%，能够有效控制马铃薯晚疫病的发生危害，且银法利悬浮剂的田间防效较优于 25%山苍子油 EW。

表 2　山苍子油水乳剂及银法利对马铃薯晚疫病的田间防治结果

供试药剂	药液倍数	药剂终浓度（mg/L）	病情指数	防治效果（%）
25%山苍子油 EW	500	500.0	6.84	77.00b
687.5g/L 银法利 SC	1 000	687.5	5.61	82.14a
CK			29.20	

注：$P<0.05$

综合上述结果能够得出，与清水对照相比，山苍子油水乳剂和银法利都在田间对马铃薯晚疫病病菌的侵染为害表现出了良好的抑制作用，在推荐用量下，银法利的防效较山苍子油水乳剂好。

4 小结与讨论

通过上述试验结果分析可知，山苍子油水乳剂能够对马铃薯晚疫病的田间侵染起到一定的抑制作用，田间防效达到了77%，在马铃薯晚疫病菌的侵染和扩散方面有明显效果，且其作为纯植物提取物，对非靶标农作物几乎不产生副作用，通过进一步的观察和研究，能够对植物源杀菌剂的推广应用起到积极作用。但相对市场上应用广泛的药剂银法利来说，山苍子油对马铃薯晚疫病抑菌作用还需要更多的研究进行改良。

杀菌剂的长期使用可能导致因在农产品和动物制品中的富集而威胁人类健康的问题。植物源农药复杂的成分和作用机制，能够在病害的防治过程中减少这种情况的发生。山苍子油作为植物源农药已经在杀虫方面取得很明显的效果[4]。吴均等[5]的研究也证实山苍子油在对细菌和真菌的防控上极具潜力。近年来，山苍子油在真菌病害防控上的研究更是进入蓬勃发展的时期。

本研究在山苍子油制剂对马铃薯晚疫病田间防效上取得了一定的研究成果，为山苍子油杀菌剂在农业生产上的推广和应用提供了指导。

参考文献

[1] 张千友，王万疆，廖武霜．马铃薯主粮化与产业开发研究综述［J］．西昌学院学报（自然科学版），2016，30（2）：1-5，10.

[2] 吴永秀，陈荣华．脱毒马铃薯最佳种植密度探索［J］．耕作与栽培，2007（2）：17.

[3] 刘甜甜，周倩，吴秋云，等．马铃薯晚疫病菌侵染的 Solophenyl Flavine 荧光染色方法研究［J］．植物科学学报，2016，34（2）：316-324.

[4] 罗琼，王争艳，王喜娟，等．5种植物油对嗜虫书虱成虫的熏蒸作用［J］．河南工业大学学报：自然科学版，2016，37（3）：82-86.

[5] 吴均，杨钦滟，赵晓娟，等．山苍子油的抑菌活性及机理研究［J］．食品工业科技，2013（17）：119-121.

苹果蠹蛾绿色防治药剂筛选试验

殷怀生*，张文军**
（甘肃省高台县农技中心，高台　734300）

摘　要：试验选用1%苦参碱水剂、2.5%联苯菊酯乳油、0.9%阿维菌素乳油、5%高效氯氰菊酯等生物农药和高效低毒的菊酯类农药，与常规中等毒性的有机磷农药40%辛硫磷乳油，进行防治苹果蠹蛾药效对比试验。结果表明，高效低毒农药防治效果最低为57.58%，最高达到76.48%；常规药剂辛硫磷的防效为78.7%；阿维菌素乳油和高效氯氰菊酯的防效分别为75.73%和76.48%，完全可以控制苹果蠹蛾的发生和为害，同时也能提高果品产量和品质，确保了食品安全。

关键词：苹果蠹蛾；绿色防治；防效

苹果蠹蛾（*Laspeyresia pomonella* L.），属鳞翅目卷叶蛾科小卷蛾亚科，原产于欧亚大陆南部，现已广泛分布于世界各大果品产区，是为害苹果、梨、沙果、桃、杏等果树的一种毁灭性害虫，也是世界上最危险的检疫性害虫。我国于1957年首次在新疆发现，20世纪80年代后在新疆各地普遍发生[1]。苹果蠹蛾具有传播蔓延快、发生繁殖快、为害寄主广、控制防治难的特性[2]，以幼虫蛀果危害，导致果实成熟前大量脱落或腐烂，严重影响寄主产品的生产和销售，造成严重的产量和经济损失，甚至导致果园绝收[3]，已成为发生区果品的主要威胁。为了有效控制苹果蠹蛾的传播蔓延速度，减轻其为害程度，确保果品安全生产，通过试验筛选出既能防治苹果蠹蛾，又能生产出符合食品安全果品的化学药剂势在必行。

1　试验目的

通过本试验筛选出防治苹果蠹蛾的绿色药剂，逐步替代或淘汰高、中等毒性的化学药剂，并对化学防治的用药时间和用药次数进行研究，为指导苹果蠹蛾的封锁控制工作奠定良好的基础。

2　试验材料与相关资料

2.1　试验材料

试验果园为苹果园，主要品种为‘红元帅’‘黄元帅’，防治对象为苹果蠹蛾。

2.2　试验地选择

试验区选择在环境管理条件较好、水肥条件中上等、土壤为沙质土壤，且在害虫发生中央地区，具有代表性的果园。

---

* 第一作者：殷怀生，农艺师，主要从事农业技术推广工作
** 通信作者：张文军，高级农艺师；E-mail：gtzhwj@163.com

2.3 气象资料

施药前要了解施药期间的天气预报，保证每次施药前3天和后3天都为无雨天气，施药时无大风，避免对试验结果产生不良影响。

2.4 土壤资料

试验区果园土壤为沙质土壤，pH值为7左右。

3 试验设计与安排

3.1 试验药剂

试验共设6个处理，分别为：a.1%苦参碱水剂（南通功成精细化工有限公司生产）；b.2.5%天王星乳油（江苏富美实植物保护剂有限公司生产）；c.0.9%阿维菌素乳油（珠海市华夏生物制剂有限公司生产）；d.5%高效氯氰菊酯（江苏扬农化工集团有限公司生产）；e.40%辛硫磷乳油（山东东泰农化有限公司生产）；f.CK（清水）。供试药剂的浓度与用量具体见表1。

表1 供试药剂的浓度与用量

处理编号	药剂名称	施药浓度（倍液）	每亩施药液量（kg）
a	1%苦参碱水剂	1 500	75
b	2.5%天王星乳油	1 500	75
c	0.9%阿维菌素乳油	2 000	75
d	5%高效氯氰菊酯	1 500	75
e	40%辛硫磷乳油	800	75
f	CK（清水）		75

3.2 试验设计

小区以东西3排、南北6排的方式排列，共18个小区，6个处理采用随机排列，重复3次。每小区面积667m^2，共计40棵果树。

3.3 施药方法与时间

用东方红牌-18型机动弥雾机喷雾，每亩果园喷施药液75kg。施药时间分别在5月15日、5月29日、6月23日、7月25日，共计4次。

4 调查时间、次数与方法

4.1 调查时间和次数

根据苹果蠹蛾的发生发展规律，成虫始见期在4月25日左右，于5月中旬进行第1次防治。5月10日开始调查发生基数，第1次用药7天后5月23日开始调查；第2次用药7天后6月5日开始调查；第3次用药7天后6月30日开始调查；第4次用药7天后8月2日开始调查。

4.2 调查方法

采取全小区逐株调查方法，统一计算虫株率和虫果率。

虫株率（%）= 有虫株数/总株数×100

虫果率（%）= 有虫果数/总果数×100

防效（%）=（空白对照区虫果率-药剂处理区虫果率）/空白对照区虫果率×100

5　结果与分析

农药药效田间试验有别于一般的防治示范或简单的效果观察，试验结果必须用可靠数据表示[4]。苹果蠹蛾发生基数的调查结果见表2，各处理药剂的防效调查结果见表3。

表2　苹果蠹蛾发生基数的调查结果统计

处理编号	5月10日		5月23日		6月5日		6月30日		8月2日	
	虫株率（%）	虫果率（%）	虫株率（%）	虫果率（%）	虫株率（%）	虫果率（%）	虫株率（%）	虫果率（%）	虫株率（%）	虫果率（%）
a	25	2.7	27.1	4.7	27.5	6.4	33.1	6.9	53.3	7.1
b	24	3.2	25.6	5.0	27.0	5.7	32.3	6.1	58.2	6.5
c	27	2.8	27.4	2.9	29.3	3.8	35.0	3.8	54.9	4.0
d	25	3.0	28.0	3.1	28.6	3.4	37.0	3.6	55.2	3.8
e	25	3.1	25.7	3.2	28.1	3.5	34.0	3.7	52.0	3.8
f	24	2.9	27.3	9.8	37.8	14.3	55.7	17.2	71.8	21.3

表3　各处理药剂的防效调查结果统计

处理编号	第1次防治		第2次防治		第3次防治		第4次防治		平均防效（%）	排名
	虫果率（%）	防效（%）	虫果率（%）	防效（%）	虫果率（%）	防效（%）	虫果率（%）	防效（%）		
a	4.7	52.0	6.4	51.7	6.9	59.9	7.1	66.7	57.58	5
b	5.0	48.9	5.7	60.1	6.1	64.5	6.5	69.5	60.75	4
c	2.9	70.4	3.8	73.4	3.8	77.9	4.0	81.2	75.73	3
d	3.1	68.4	3.4	76.2	3.6	79.1	3.8	82.2	76.48	2
e	1.2	78.6	3.5	75.5	3.7	78.5	3.8	82.2	78.70	1
f	9.8		14.3		17.2		21.3			

通过对试验调查数据和防治效果的分析，结果表明：a. 处理的防治效果达到57.58%；b. 处理的防治效果达到60.75%；c. 处理的防治效果达到75.73%；d. 处理的防治效果达到76.48%；e. 处理是常规使用的有机磷药剂，防治效果达到78.7%（见表3）。根据以上结果可以看出，5%高效氯氰菊酯和0.9%阿维菌素乳油的防治效果同中等毒性的40%辛硫磷乳油防治效果差别不显著，因此，在生产上使用高效低毒的5%高效氯氰菊酯和0.9%阿维菌素乳油，完全可以替代中等毒性的有机磷农药防治苹果蠹蛾，并且能使生产的果品达到绿色无害要求，确保果品达到高产、优质、高效。

“红不软”桃主要病虫害及治理*

李建勋**，马革农，杨运良，董少鹏，张相斌，郭创业
（山西农业大学棉花研究所，运城 044000）

摘 要：“红不软”桃是具有运城本地特色的鲜桃优良品种，结合精准扶贫、脱贫攻坚，实施科技成果转化，对运城桃主产区主要病虫害的危害情况及发生原因进行了分析，并提出了治理措施。

关键词：红不软；病虫害；治理

“红不软”是1991年在山西省平陆县中条山发现的一株实生桃树，1996年平陆县果业局技术人员和山西省果业总站专家一起进行选育，并多地试栽和改接，最终命名为“晋虞蜜桃”，2002年通过正式审定[1-3]。由于其着色鲜红、果形漂亮，硬肉耐贮、货架期长，果肉白细、脆甜有香味，且丰产性好，已经成为全国鲜桃优良品种的标志性品种[4-5]。目前在运城市平陆县的沿山、中垣、沿河地带及万荣、临猗、盐湖区等地大面积种植[6]。2016年开始，山西省农业科学院棉花研究所作为对口扶贫单位在平陆县部官乡等地开展技术扶贫，把桃树作为当地主要脱贫产业，同时在平陆及万荣实施了两个科技成果转化与示范推广项目，对制约当地桃树的主要病虫害进行了综合治理。

1 桃树主要病害

制约“红不软”桃产业的病害主要有桃穿孔病、桃树流胶病、桃树根腐病、桃树缩叶病、等[7-11]，其中2016—2018年桃树穿孔病在平陆沿山一带对桃产业造成毁灭性打击。

1.1 桃树穿孔病

1.1.1 桃树穿孔病为害情况及原因

桃树穿孔病在叶片上出现半透明水渍状小斑点，逐渐扩大成紫褐色至黑褐色病斑。1~2年生嫩枝也发生严重。果实表面出现暗紫色圆形中央微凹陷病斑。病害一般在5月上旬开始发生，6月蔓延最快。生产上最直观表现是叶片和果实布满褐斑及小孔。2016—2017年调查发生严重的平陆县部官乡、张店镇及杜马乡，不仅产量受到一定影响，最主要的是几乎没有商品果，丧失了经济效益。

穿孔病致病有细菌性和真菌性两种。多次采集病果及叶片，在实验室进行分离培养鉴定。同时和郑州果树所、山西农业科学院植保所、山东果树所、平陆县果业局等单位会诊，确定为细菌性穿孔病。分析其发病原因在于平陆的3个乡镇位于中条山沿山一带，春季云雾环绕，湿度大，病菌随雾流动传播，造成发病严重。

1.1.2 防治方法

病害治理主要是切断传播途径，降低或减少病原菌。对于平陆县桃产区来说，特殊的

* 基金项目：山西省农业科技成果转化与示范推广项目（2020CGZH03-01，2017CGZH09）资助

** 第一作者：李建勋，长期从事农业主要害虫综合治理；E-mail：lijxyc@163.com

地理位置，对于气传性病害最有效治理措施是减少和压低病原菌，搞好清园工作。

结合当地病害发生严重的实际情况实施落叶后及春季两次清园，彻底清除枯枝、落叶、落果等一切可能的菌源。在桃树落叶后即喷一次1~2波美度石硫合剂；春季清园后采用45%代森氨水剂1 000倍液清园，间隔10~15天再用1：1：100倍波尔多液二次清园。通过两年连续治理，2018年桃树穿孔病在平陆县发病率控制到10%以下，桃果商品率达到80%。

1.2 桃树流胶病

1.2.1 桃树流胶病为害情况及原因

调查表明，万荣县桃产区流胶病较为严重，平陆县、芮城县及盐湖区较轻。

流胶病分为侵染性流胶病和非侵染性流胶病，发病时间持续整个生育期。侵染性流胶病当年不发生流胶现象，翌年5月上旬暴发；非侵染性流胶病是主干和主枝受害，流出的树胶与空气接触后，变为红褐色，呈胶冻状，干燥后变为红褐色坚硬胶块。流胶病同时也为害果实，果实受害，会分泌出黄色胶质物，病部硬化，有时会出现龟裂。万荣县南景村及后小淮村发病较重原因与倒春寒有一定相关性。2018年、2020年运城出现极端寒流，对桃树造成生理伤害，南景村及后小淮村处于峨嵋岭的岭缘，受影响较大。

1.2.2 防治方法

一是桃树管理要培养健康树体，提高桃树抗逆力，二是及时对冬剪后的伤口涂抹杀菌剂，三是对侵染性流胶病进行及时药剂治理，发病期每10~15天喷洒一次1 200~1 500倍70%甲基硫菌灵，或用30%代森锰锌浮剂800倍液，或用50%多菌灵可湿性粉剂1 500倍液。

1.3 桃树根腐病

1.3.1 桃树根腐病为害情况及原因

2017年在万荣个别桃园发生较严重，2018年在芮城县一个200亩桃园根腐病发生严重。

桃树根腐病是一种慢性病害。一般在夏秋季节侵染。第二年桃树开花后刚坐果时，表现为叶黄、叶缘干枯变褐，叶片脱落。到4月下旬或5—6月全树叶片突然萎蔫，或一大枝叶片突然萎蔫。

根腐病发生，主要是干旱或浇水过多，由于土壤透气性差，导致根系生命力减弱，易诱发根腐病发生。同时结果过量，负载大导致树体衰弱，也易诱发根腐病发生。

1.3.1 桃树根腐病治理

桃树根腐病的防治主要从解决根部透气性入手。实践中，2017年在万荣县后小淮村，对局部大枝萎蔫的树，采用晴朗天气挖开根部1~2m见方，暴晒2~3天，然后施草木灰，用秸秆回填，灌杀菌剂的方法，树体较短时间恢复正常。

1.4 桃树缩叶病

桃树缩叶病主要为害桃树幼嫩新枝梢部，在调查中各个桃区均有不同程度发生。春季嫩梢刚从芽鳞抽出时就显现卷曲状。随叶片逐渐开展，卷曲皱缩程度也随之加剧，叶片增厚变脆，病叶变红褐色，焦枯脱落。

防治方法：在花露红期，喷一次2~3波美度的石硫合剂或1：1：1 000波尔多液，消灭越冬病菌能够有很好效果。

2 桃树的主要害虫

随着防治水平提高，整体上虫害治理压力小。桃树虫害主要是蚜虫为害性大，其次是桃蛀螟、桑白蚧等。

2.1 蚜虫

桃树蚜虫有桃蚜、桃粉蚜、桃瘤蚜等种类，一般以桃蚜为主，在各桃产区均发生严重。桃蚜一般一年发生20多代，以卵在桃树上越冬，翌年早春桃芽萌发至开花期，卵开始孵化，群集在嫩芽上吸食汁液，抑制新梢生长，引起落叶等。

防治方法：①冬季做好清园，清除枯枝落叶，刮除粗老树皮，剪除被害枝梢，集中烧毁。②采用黄板诱蚜等物理防治，近年来通过物资扶贫等形式，黄板诱蚜已经取得显著成效。③保护好蚜虫天敌，如草蛉、瓢虫等，尽量少喷或不喷广谱性杀虫药剂。④化学防治：桃芽萌动期，越冬卵孵化盛期是防治桃蚜的关键时期，吡虫啉、啶虫脒等药剂可基本控制为害。

2.2 蚧壳虫

桃树上介壳虫有桑白蚧、球坚蚧等，调查发现以桑白蚧为害为主，且桑白蚧为零星发生。桑白蚧以若虫和成虫固着刺吸寄主汁液，虫量特别大，有的完全覆盖住树皮，相互重叠成层，形成凸凹不平的灰白色蜡物质，排泄黏液污染树体呈油渍状，被害枝条发育不良，重者整枝或整株枯死，以2~3年生枝条受害最重。

防治方法：①人工防治。桃树休眠期用硬毛刷或钢丝刷刷掉越冬雌虫；剪除受害严重的枝条。②药剂防治，桃树发芽前喷5~7波美度石硫合剂。在若虫孵化期（5月中下旬、8月上中旬）喷48%毒死蜱乳油1 500倍液或5%高效氯氰菊酯2 000倍液等。

2.3 桃蛀螟

桃蛀螟以幼虫蛀食为害桃果，年发生3~4代。越冬幼虫4月开始化蛹，5月上中旬羽化，5月下旬为第一代成虫盛发期，7月上旬、8月上中旬、9月上中旬，依次为第2、第3、第4代成虫盛发期，第1、第2代主要为害桃果，以后各代转移到其他作物上为害，9—10月在果树翘皮下、堆果场及农作物的残株中以幼虫越冬。成虫对黑光灯有强烈趋性，对花蜜及糖醋液也有趋性。

防治方法：①做好清园，刮除老树皮，消灭越冬茧。生长季节，摘除虫果，拾净落果，消灭果肉幼虫。②利用黑光灯、糖醋液诱杀成虫。③药剂防治。在第1、第2代卵高峰期树上用高效氯氰菊酯、氰戊菊酯等均可达到较好防效。

参考文献

[1] 张红梅，席丛林，董朝治，等．晋虞蜜桃栽培技术研究［J］．山西农业大学学报（自然科学版），2014，34（4）：360-364.

[2] 白建武，王军胜，刘军．红凤凰桃的选育［J］．山西果树，2014（2）：10-11.

[3] 白建武．桃新品种——红凤凰桃［J］．中国果业信息，2014，31（4）：62.

[4] 杨辉宗．红不软蜜桃在河北平乡的表现及早期丰产栽培技术［J］．果树实用技术与信息，2018（11）：17-19.

[5] 曹学会，屈建中．山西太原地区红不软桃丰产栽培技术［J］．科学种养，2012（9）：23-24.

[6] 周俊卿．桃新品种‘林奎1号’［J］．北方果树，2013（5）：35.

[7] 葛喜珍，杨艳，徐申明，等．基于全程生物农药防控桃树主要病虫害的试验研究［J］．安徽农业大学学报，2016，43（4）：587-592.
[8] 薛毅民．桃树病虫害的无公害防治［J］．北方果树，2006（2）：49-50.
[9] 邸淑艳．桃树病虫害的综合防治［J］．落叶果树，1993（1）：34-35.
[10] 兰武．桃树病虫害绿色防控技术分析［J］．南方农业，2018，12（24）：163+167.
[11] 牛永浩，张涛，张彩云，等．桃树害虫绿色防控集成技术探讨［J］．陕西农业科学，2019，65（8）：90-92.

“推拉”策略在石榴害虫绿色防控中的应用*

何　平**，刘大章***，余　爽，李志超，王　彩，郑崇兰，陈艳琼，吴　艳
（四川省凉山州亚热带作物研究所，西昌　615000）

摘　要：笔者历经多年试验研究，总结了“推拉”策略在四川攀西地区石榴害虫绿色防控中的应用原理和主要技术措施，作为IPM的有效工具，为石榴的安全和高质量生产提供技术支撑。

关键词：“推拉”策略；害虫，绿色防控

四川攀西地区是全国八大石榴产区之一，目前石榴发展种植面积达到3.2万hm^2，年产量超70万t，产值近25亿元，已经成为我国最大的石榴产区之一，其中凉山州会理县于2002年被誉为“中国石榴之乡”。随着四川攀西地区石榴产业规模的不断扩大，石榴害虫发生种类较多且为害严重，加之生产中化学农药使用频繁且用量较大，害虫抗药性增强，生态环境受到污染，已经严重制约本地区石榴产业的健康持续发展。多年来，本研究团队根据四川攀西地区不同石榴害虫的生活习性和为害特点，依据生态学原理，采取“推拉”策略，利用各种刺激因素对害虫的行为进行一定的调控，并结合其他绿色防控措施，有效控制石榴害虫的为害，减少了化学农药的使用，从而确保石榴果品质量和安全水平，促进石榴产业健康发展。

1　“推拉”策略的技术原理

“推拉”策略是综合利用各种调控因素调节害虫和天敌的分布和密度，从而降低害虫对保护作物的为害。“推拉”策略分推和拉两部分内容：“推”可利用的调控因素有视觉信号（如寄主植物的颜色、形状、大小等）、人工合成的驱避剂、非寄主植物气味、分散信息素、报警信息素、拒食剂，以及产卵驱避剂和抑卵信息素；“拉”可利用的刺激因素有视觉信号、寄主植物气味、聚集信息素、性信息素、产卵刺激剂、激食剂等。

2　石榴害虫的“推”策略技术措施

2.1　驱避植物应用

每年3月开始，在石榴园行间种植除虫菊、薄荷、芫荽、罗勒等植物，石榴园周边间种苦楝、印楝、柠檬桉、红千层等植物，可以降低石榴蚜虫、蓟马、螨类、果实蝇等害虫的为害。

---

* 基金项目：四川南亚作物创新团队石榴病虫害绿色防控岗位基金

** 第一作者：何平，高级农艺师，四川南亚作物创新团队石榴病虫害绿色防控岗位专家，主要从事亚热带植物引试种及植物保护工作；E-mail：Heping1973@126.com

*** 通信作者：刘大章，高级农艺师，四川南亚作物创新团队石榴病虫害防控岗位成员，从事作物育种与植保工作

2.2 银色反光膜的应用

果园中铺设银色反光膜，在石榴花期（3—4 月），可以有效降低石榴蚜虫、蓟马和部分蚧壳虫的为害，同时抑制果园杂草生长。在石榴套袋后至果实成熟期（5—9 月），可以有效降低果实蝇、蚜虫的为害，同时提高植株光合作用，增强树势；提高果实着色均匀度，改善果实品质。

2.3 驱避剂的应用

在石榴花期采用多杀菌素和印楝素乳油喷雾嫩梢和花朵，不仅可以直接防治石榴蚜虫和蓟马，也可以驱避其取食汁液和花粉。在石榴花期和果实期喷洒乙蒜素，不仅能防治石榴病害，也可以驱避蚜虫、蓟马、棉铃虫、果实蝇。

3 石榴害虫的“拉”策略技术措施

3.1 光诱技术

应用石榴害虫对不同波长光源的趋性，在成虫高峰期采用专用波长的光源，增加靶标害虫的诱杀效果，保护天敌。在生产上，对远离城市的石榴园，每 2~3hm^2安装 1 台太阳能双光波（波长 320~680nm）杀虫灯，靠近城市近郊光源的石榴园，每 2~3hm^2安装 2 台杀虫灯，3—8 月可以诱杀金龟子、桃蛀螟、棉铃虫、咖啡木蠹蛾等鞘翅目、鳞翅目害虫。此外，采用 400~500nm 的光源可以诱杀石榴黄蓟马和西花蓟马。

3.2 色诱技术

石榴开花期和幼果期（3—5 月），针对西花蓟马和棉蚜的为害，在果园石榴树 1.5m 高处挂置蓝色和黄色粘板（比例为 3：1 或 4：1）进行诱杀，每 1hm^2挂置 500~600 张；同时在蓝色粘板上配合使用西花蓟马性信息素增加诱杀量。石榴果实期（8—9 月），针对果实蝇的为害，在果园石榴树 70~90cm 高处挂置黄色粘板或自制黄色诱粘瓶进行诱杀，在粘板上配合使用果实蝇性信息素可以增加诱杀量。

3.3 食物诱剂应用

石榴花期和果实期（4—8 月），采用澳宝丽食物诱剂、糖醋酒液（糖：醋：酒：水=6：3：1：10）可以诱杀金龟子、桃蛀螟、棉铃虫、咖啡木蠹蛾等鞘翅目、鳞翅目害虫。在石榴果实期（6—9 月）采用“聪绿”食诱剂、糖醋酒液（糖：醋：酒：水=2：4：4：10）+98%甲基丁香酚可以诱杀橘小实蝇、瓜实蝇的成虫，同时在防治药剂中添加红糖、橙汁、番石榴汁等，可以提高防治效果。

3.4 性诱剂应用

在石榴开花期（3—5 月），应用西花蓟马性信息素诱芯挂置在蓝板上诱杀西花蓟马；在石榴果实期（5—8 月），应用桃蛀螟性信息素诱捕器、橘小实蝇诱捕器分别诱杀桃蛀螟和橘小实蝇的成虫，也可采用橘小实蝇性信息素加黄板的方法进行诱杀，增加诱杀效果。

3.5 诱集植物应用

在石榴开花期（3—5 月），在石榴园行间种植光叶紫花苕、紫花苜蓿等植物可以诱集石榴蓟马，在石榴果园外种植油菜、甘蓝等十字花科植物可以诱集石榴蚜虫，便于集中防治。在石榴果园外集中种植番石榴、杨桃、柑橘等水果，在石榴果实期（7—9 月），可以诱集橘小实蝇，从而减少对石榴果实的为害，同时便于采取防控措施进行集中防治。

参考文献

[1] 吕蕾．“推拉”策略对昆虫的调控作用研究进展［J］．现代农业科技，2008（11）：177-179.

[2] 高建清，王桂平，董双林．害虫“推拉”防治策略及其新进展［J］，中国农业信息，2013（11）：23-24.

[3] 席涵，刘秀，舒海娟，等．“推拉”策略在桔小实蝇防治中的研究进展［J］．农药，2019，58（4）：245-249.

[4] 何平，余爽，刘大章，等．四川攀西地区石榴主要病虫害绿色防控技术规程［A］．中国石榴研究进展（三）——第三届中国园艺学会石榴分会会员代表大会暨首届中国泗洪软籽石榴高峰论坛、国家石榴产业科技创新联盟筹备会论文集，2018.

防控甘蔗梢腐病的复合高效配方药剂试验筛选*

单红丽**，李文凤，王晓燕，张荣跃，仓晓燕，王长秘，李　婕，黄应昆***
（云南省农业科学院甘蔗研究所，云南省甘蔗遗传改良重点实验室，开远　661699）

摘　要：为筛选防控甘蔗梢腐病的复合高效配方药剂及精准施药技术，选用50%多菌灵可湿性粉剂、50%苯菌灵可湿性粉剂、75%百菌清可湿性粉剂、25%嘧菌酯乳油、25%吡唑醚菌酯悬浮剂、30%苯甲嘧菌酯悬浮剂进行人工叶面喷施田间药效试验和生产示范验证。试验结果显示，（50%多菌灵可湿性粉剂1 500g+75%百菌清可湿性粉剂1 500g+磷酸二氢钾2 400g+农用增效助剂300ml）/hm^2、（50%苯菌灵可湿性粉剂1 500g+75%百菌清可湿性粉剂1 500g+磷酸二氢钾2 400g+农用增效助剂300ml）/hm^2和（25%吡唑醚菌酯悬浮剂600ml+磷酸二氢钾2 400g+农用增效助剂300ml）/hm^2等3个配方药剂对甘蔗梢腐病均具有良好的防治效果，3个配方药剂的病株率均在8.62%以下，其防效均达90.73%以上，显著高于对照配方药剂（75%百菌清可湿性粉剂1 500g+磷酸二氢钾2 400g+农用增效助剂300ml）/hm^2和（50%多菌灵可湿性粉剂1 500g+磷酸二氢钾2 400g+农用增效助剂300ml）/hm^2的防效为56.71%和67.2%。3个配方药剂防控效果显著、稳定，是防控甘蔗梢腐病理想的复合高效配方药剂，可在7—8月发病初期，任选其一按每公顷用药量为900kg，采用电动背负式喷雾器或机动高压喷雾器人工叶面喷施、7~10天喷1次，连喷2次，可有效控制甘蔗梢腐病暴发流行。

关键词：甘蔗梢腐病；复合高效配方药剂；精准施药技术；防效评价

---

* 基金项目：国家现代农业产业技术体系（糖料）建设专项资金（CARS-170303）；云岭产业技术领军人才培养项目“甘蔗有害生物防控”（2018LJRC56）；云南省技术创新人才培养对象项目（2019HB074）；云南省现代农业产业技术体系建设专项资金

** 第一作者：单红丽，副研究员，主要从事甘蔗病害研究；E-mail：shhldlw@163.com

*** 通信作者：黄应昆，研究员，从事甘蔗病害防控研究；E-mail：huangyk64@163.com

低纬高原甘蔗白叶病植原体传播媒介测定分析*

李文凤**，李　婕，单红丽，张荣跃，王晓燕，仓晓燕，王长秘，黄应昆***
（云南省农业科学院甘蔗研究所，云南省甘蔗遗传改良重点实验室，开远　661699）

摘　要：甘蔗白叶病（Sugarcane white leaf，SCWL）是云南低纬高原蔗区近年快速扩展起来的甘蔗毁灭性新病害，对甘蔗生产为害极大。笔者为研究和探明低纬高原SCWL植原体的传播媒介，2018—2019年在SCWL发病最为严重的云南省临沧市耿马蔗区进行了SCWL植原体传播媒介测定分析。测定结果表明，5个感病主栽甘蔗品种带毒蔗种5个处理新植和宿根植株均发病，病株率为11.7%~72.9%；5个感病主栽甘蔗品种无毒蔗种5个处理新植和宿根植株平均病株率均为0，5个感病主栽甘蔗品种无毒蔗种+防虫网防虫5个处理新植和宿根植株平均病株率也均为0。由此可见，云南省临沧市耿马蔗区（SCWL严重发生区）SCWL植原体传播媒介主要是带毒蔗种，无虫媒介体传播。本研究结果丰富了甘蔗植原体病害的相关理论和技术基础，并为低纬高原SCWL的有效防控提供了理论指导和科学依据。本研究在SCWL发生区域严重发生区、采用感病主栽甘蔗品种、系统性进行新植宿根与防虫网网内网外和同田同步对比测定分析，具备和满足SCWL植原体侵染发病及其传播媒介的生境条件，测定结果客观、真实、可靠。

关键词：低纬高原；植原体；甘蔗白叶病；传播媒介

---

* 基金项目：国家自然科学基金项目（31760504）；国家现代农业产业技术体系（糖料）建设专项资金（CARS-170303）；云岭产业技术领军人才培养项目“甘蔗有害生物防控”（2018LJRC56）；云南省创新人才培养对象项目（2019HB074）；云南省现代农业产业技术体系建设专项资金

** 第一作者：李文凤，研究员，主要从事甘蔗病虫害研究；E-mail：ynlwf@163.com

*** 通信作者：黄应昆，研究员，从事甘蔗病虫害防控研究；E-mail：huangyk64@163.com

云南耿马甘蔗白叶病植原体昆虫介体调查与检测*

李文凤**，王晓燕，仓晓燕，张荣跃，单红丽，王长秘，黄应昆***
（云南省农业科学院甘蔗研究所，云南省甘蔗遗传改良重点实验室，开远 661699）

摘　要：研究和探明云南蔗区甘蔗白叶病植原体的昆虫介体及优势种群，丰富甘蔗植原体病害相关理论和技术基础，为制定适用于甘蔗白叶病的综合防控措施提供参考依据。2019年，笔者采用寻集法和扫网法对甘蔗白叶病发病最为严重的云南省临沧市耿马蔗区进行了甘蔗白叶病植原体昆虫介体调查和巢式PCR检测分析。调查检测结果显示，采到的大青叶蝉 *Tettigoniella viridis*（Linnaeus）和条纹平冠沫蝉 *Clovia conifer* Walker 两种昆虫介体均被检测为阳性，是甘蔗白叶病植原体的自然携带者，说明两种叶蝉可能为甘蔗白叶病植原体潜在昆虫介体，而大青叶蝉若虫呈强阳性，初步确定为优势种群。鉴于目前云南蔗区甘蔗白叶病植原体传播方式主要是带毒蔗种和叶蝉类昆虫介体，建议建立甘蔗无病健康种苗繁育基地和及时杀灭蔗园中叶蝉类昆虫介体，从源头上控制甘蔗白叶病的扩散蔓延和降低田间自然传播速度。

关键词：云南耿马；甘蔗白叶病；昆虫介体；植原体；巢式PCR

---

* 基金项目：国家自然科学基金项目（31760504）；国家现代农业产业技术体系（糖料）建设专项资金（CARS-170303）；云岭产业技术领军人才培养项目“甘蔗有害生物防控”（2018LJRC56）；云南省创新人才培养对象项目（2019HB074）；云南省现代农业产业技术体系建设专项资金

** 第一作者：李文凤，研究员，主要从事甘蔗病虫害研究；E-mail：ynlwf@ 163. com

*** 通信作者：黄应昆，研究员，从事甘蔗病虫害防控研究；E-mail：huangyk64@ 163. com

防控甘蔗褐锈病的复合高效配方药剂试验筛选*

李文凤**，单红丽，王晓燕，张荣跃，王长秘，仓晓燕，李　婕，黄应昆***
（云南省农业科学院甘蔗研究所，云南省甘蔗遗传改良重点实验室，开远　661699）

摘　要：近年云南、广西蔗区因感病品种比例过大，加上连年雨量偏多、多雨湿润诱发甘蔗褐锈病暴发成灾，减产减糖严重。为筛选防控甘蔗褐锈病的复合高效配方药剂及精准施药技术，选用65%代森锌可湿性粉剂、12.5%烯唑醇可湿性粉剂、80%代森锰锌可湿性粉剂、25%嘧菌酯乳油、25%吡唑醚菌酯悬浮剂、30%苯甲嘧菌酯悬浮剂、75%百菌清可湿性粉剂、50%多菌灵可湿性粉剂进行人工叶面喷施田间药效试验和生产示范验证。试验结果显示，（65%代森锌可湿性粉剂1 500g+75%百菌清可湿性粉剂1 500g+磷酸二氢钾2 400g+农用增效助剂300ml）/hm^2、（12.5%烯唑醇可湿性粉剂1 500g+75%百菌清可湿性粉剂1 500g+磷酸二氢钾2 400g+农用增效助剂300ml）/hm^2、（80%代森锰锌可湿性粉剂1 500g+75%百菌清可湿性粉剂1 500g+磷酸二氢钾2 400g+农用增效助剂300ml）/hm^2和（30%苯甲嘧菌酯悬浮剂900ml +磷酸二氢钾2 400g+农用增效助剂300ml）/hm^2等4个配方药剂对甘蔗褐锈病均具有良好的防治效果，4个配方药剂的病情指数均在18.79以下，其防效均达80.53%以上，显著高于对照配方药剂（75%百菌清可湿性粉剂1 500g+磷酸二氢钾2 400g+农用增效助剂300ml）/hm^2和（50%多菌灵可湿性粉剂1 500g+磷酸二氢钾2 400g+农用增效助剂300ml）/hm^2的防效66.14%和49.31%。4个配方药剂防控效果显著、稳定，是防控甘蔗褐锈病理想的复合高效配方药剂，可在7—8月发病初期，任选其一按每公顷用药量对水900kg，采用电动背负式喷雾器或机动高压喷雾器人工叶面喷施，7~10天喷1次，连喷2次，可有效控制甘蔗褐锈病暴发流行。

关键词：甘蔗褐锈病；复合高效配方药剂；精准施药技术；防效评价

---

* 基金项目：国家现代农业产业技术体系（糖料）建设专项资金（CARS-170303）；“云岭产业技术领军人才”培养项目“甘蔗有害生物防控”（2018LJRC56）；云南省现代农业产业技术体系建设专项资金

** 第一作者：李文凤，研究员，主要从事甘蔗病害研究；E-mail：ynlwf@163.com

*** 通信作者：黄应昆，研究员，从事甘蔗病害防控研究；E-mail：huangyk64@163.com

防控甘蔗褐条病的复合高效配方药剂试验筛选*

王晓燕**，李文凤，单红丽，张荣跃，仓晓燕，王长秘，李　婕，黄应昆***
（云南省农业科学院甘蔗研究所，云南省甘蔗遗传改良重点实验室，开远　661699）

摘　要：近年云南、广西蔗区因感病品种比例过大，加上连年雨量偏多、多雨湿润诱发甘蔗褐条病暴发成灾，减产减糖严重。为筛选防控甘蔗褐条病的复合高效配方药剂及精准施药技术，选用50%多菌灵可湿性粉剂、50%苯菌灵可湿性粉剂、75%百菌清可湿性粉剂、25%嘧菌酯乳油、25%吡唑醚菌酯悬浮剂、30%苯甲嘧菌酯悬浮剂进行人工叶面喷施田间药效试验和生产示范验证。试验结果显示，（50%多菌灵可湿性粉剂1 500g+75%百菌清可湿性粉剂1 500g+磷酸二氢钾2 400g+农用增效助剂300ml）/hm^2、（50%苯菌灵可湿性粉剂1 500g+75%百菌清可湿性粉剂1 500g+磷酸二氢钾2 400g+农用增效助剂300ml）/hm^2和（25%吡唑醚菌酯悬浮剂600ml+磷酸二氢钾2 400g+农用增效助剂300ml）/hm^2等3个配方药剂对甘蔗褐条病均具有良好的防治效果，3个配方药剂的病情指数均在14.02以下，其防效均达84.41%以上，显著高于对照配方药剂（75%百菌清可湿性粉剂1 500g+磷酸二氢钾2 400g+农用增效助剂300ml）/hm^2和（50%多菌灵可湿性粉剂1 500g+磷酸二氢钾2 400g+农用增效助剂300ml）/hm^2的防效57.49%和68.02%。3个配方药剂防控效果显著、稳定，是防控甘蔗褐条病理想的复合高效配方药剂，可在7—8月发病初期，任选其一按每公顷用药量对水900kg叶面喷施，7~10天喷1次，连喷2次，可有效控制甘蔗褐条病暴发流行。

关键词：复合高效配方药剂；甘蔗褐条病；防效评价

* 基金项目：国家现代农业产业技术体系（糖料）建设专项资金（CARS-170303）；“云岭产业技术领军人才”培养项目“甘蔗有害生物防控”（2018LJRC56）；云南省现代农业产业技术体系建设专项资金

** 第一作者：王晓燕，副研究员，主要从事甘蔗病害研究；E-mail：xiaoyanwang402@ sina. com

*** 通信作者：黄应昆，研究员，从事甘蔗病害防控研究；E-mail：huangyk64@ 163. com

不同间作模式对高山茶园主要病虫害防控

王福楷，张孟婷，翟　杨，青　游，李晨芹，康晓慧，张　洪
（西南科技大学 生命科学与工程学院，绵阳　621010）

摘　要：四川是全国名优绿茶和出口绿茶优势区域，川西北高山茶园是重要的优质绿茶产区，其管理技术较为粗放，亟须大力推行和发展高效优质规模化集约化栽培管理和病虫害绿色防控技术。本研究通过调查 2018 年川西北高山茶园不同间作模式下的病害发生情况和诱虫板害虫诱捕统计结果，明确适宜的茶园间作模式及探究有害生物的种群动态。结果表明：川西北高山茶园的主要病害为茶饼病、茶炭疽病；主要有害昆虫为半翅目（黑刺粉虱、黑尾大叶蝉）、双翅目昆虫（茶芽瘿蚊）；茶-芋头间作茶园茶饼病和茶炭疽病比单作茶园降低了 39.39%和 31.3%；茶-玉米间作茶园茶饼病和炭疽病发病率比单作茶园降低了 40.92%和 27.09%；茶-芋头、茶-李子模式能明显减少茶园夏季害虫总数，对黑刺粉虱防控效果较好；川西北高山茶园害虫总数盛期出现在 4 月下旬、6 月上旬、8 月中旬和 9 月中旬，其中最高盛期为 8 月中旬。茶-芋头、茶-玉米是较理想的间作模式。

关键词：茶园；间作；病虫害；发生动态

2，4-D 丁酯对槟榔幼苗生长及生理特性的影响*

杨德洁**，余凤玉，牛晓庆，宋薇薇，唐庆华，覃伟权
（中国热带农业科学院椰子研究所/海南省槟榔产业工程研究中心，文昌 571339）

摘 要：槟榔（*Areca catechu* Linnaeus）是我国四大南药之首，其果、种子、皮、花均可入药。由于槟榔比其他经济作物易于管理，在我国海南省广泛种植。海南槟榔的种植间距较大，所以杂草为害严重，除草剂在槟榔园施用较多。近年来槟榔园叶片黄化现象严重，使得种植槟榔的收益大幅下降，关于除草剂在其中发挥的作用方面讨论热烈。这其中使用较为普遍的2，4-D 丁酯为激素型除草剂，具有较强的内吸传导性，通常与其他除草剂混配使用来增强除草效果，对多种作物的产量和光合作用等均有一定程度影响。因此，为明确2，4-D 丁酯对槟榔幼苗的持续性影响，本研究以槟榔幼苗为研究对象，对残留期后幼苗的生长情况、叶片生理特性进行了统计与测定。结果表明，随着2，4-D 丁酯浓度的增加，槟榔叶片无明显变黄现象；株高及叶长增长量在低浓度时显著高于对照；此外，不同浓度处理的植株叶绿素总量均显著低于对照；酶活测定方面，CAT 和 POD 活性在5倍浓度处理时显著升高，但 SOD 活性在2倍和5倍浓度处理时显著降低。该研究说明不同浓度2，4-D 丁酯对槟榔幼苗外观均无明显影响，且低浓度对槟榔苗的生长有促进作用，但叶绿素及酶活等的变化表明2，4-D 丁酯对槟榔的光合作用有持续性的影响。

关键词：2，4-D 丁酯；槟榔；生理变化

* 基金项目：海南省重大科技计划项目（zdkj201817）；院本级科研业务费（1630152020009）
** 第一作者：杨德洁，硕士，研究方向为棕榈作物植物病理学；E-mail：yangdjie@foxmail.com

2种助剂对溴敌隆毒饵的增效作用研究*

姜洪雪**，姚丹丹，冯志勇***
（广东省农业科学院植物保护研究所，植物保护新技术重点实验室，广州　510640）

摘　要：溴敌隆为第二代抗凝血杀鼠剂，是国内外广泛使用的一种化学杀鼠剂，但是鼠类容易对其产生抗药性，导致灭鼠效率降低，增加了鼠害防控难度和成本。同时溴敌隆毒饵可能造成非靶标动物中毒和环境污染。前期研究发现，溴敌隆稻谷毒饵中药物主要集中在稻壳表面，米中含量甚微。如何延缓鼠类抗药性、提高杀鼠剂的利用率、降低杀鼠剂的生态风险成为亟待解决的问题。本研究采用高效液相色谱法，检测添加不同种类及不同浓度的助剂后稻谷毒饵中溴敌隆的含量分布；采用有选择摄食试验和无选择摄食试验的生物测定方法，分别测试了不同方法制成的溴敌隆毒谷对小鼠的适口性及毒杀效果。结果表明，经4%N，N-二甲基甲酰胺及4%二甲基亚砜处理后，0.01%溴敌隆毒谷糙米中的药物含量均显著提高，比常规的0.01%溴敌隆毒谷分别增加271.17%和163.51%；而添加4%N，N-二甲基甲酰胺和4%二甲基亚砜配制的0.002 5%溴敌隆毒谷，糙米中的药物含量均显著高于常规0.002 5%溴敌隆毒谷，分别增加496.23%、467.92%；生物测定的结果表明，用4%的两种助剂配制的0.002 5%溴敌隆毒谷，对小白鼠均具有较好的适口性及毒杀效果，摄食指数分别为2.69和0.80；毒杀率分别为100%和90%，均显著高于常规的0.002 5%溴敌隆毒谷，与0.01%溴敌隆毒谷无显著差异。综上所述，本研究使用4%的N，N-二甲基甲酰胺或4%二甲基亚砜作为助剂对溴敌隆毒饵均有显著的增效作用，并可显著降低杀鼠剂的使用浓度。下一步将开展增效杀鼠剂的农田灭鼠试验及对非靶标生物的安全性试验，深入研究增效杀鼠剂的应用技术。

关键词：N，N-二甲基甲酰胺；二甲基亚砜；溴敌隆毒饵；小白鼠；摄食指数；毒杀效果

---

* 基金项目：广东省现代农业产业技术体系创新团队项目（2019KJ113）；广东省农业科学院院长基金项目（201932）；广东省农业科学院青年导师项目（R2018QD-063）

** 第一作者：姜洪雪，博士，助理研究员，研究方向为鼠类生理生化与防控技术；E-mail：jianghongxue805@163.com

*** 通信作者：冯志勇，研究员；E-mail：13318854585@163.com

nC22 精炼农用矿物油基础油质量评价*

冯耀恒[1,2**]，梁智永[3]，卢振旭[3]，黄振东[4]，孙子强[1***]，毛润乾[1***]

（1. 广东省科学院动物研究所，广东省动物保护与资源利用重点实验室，广东省野生动物保护与利用公共实验室，广东省矿物油农药工程技术研究中心，广州 510260；
2. 天然农药与化学生物学教育部重点实验室，华南农业大学农学院，广州 510642；
3. 中国石油化工股份有限公司茂名分公司，茂名 525014；
4. 浙江省柑橘研究所，黄岩 318020）

摘　要：利用高标准农用矿物油基础油质量指标参数，评价国产农用精炼矿物油基础油（nC22）的质量水平，同时建立农用矿物油基础油质量检测和评价体系。参照 ASTM 方法和行业标准测定基础油外观、颜色、密度、运动黏度、闪点、倾点和硫含量，评价 nC22 的理化指标；用国家标准测定农药基础油相对正构烷烃平均碳数差、相对正构烷烃碳数范围和非磺化物含量，评价 nC22 的强制指标；用气相质谱联用测定基础油链烷烃、环烷烃和芳香烃含量，评价 nC22 的分子组成。nC22 常用理化指标中外观无色清澈透明、颜色值+30、密度（20℃）828.8kg/m^3、运动黏度（40℃）10.23mm^2/s、倾点-20℃、闪点（开口）180℃、硫含量为 1.30mg/kg；相对正构烷烃平均碳数差、相对正构烷烃碳数范围和非磺化物含量分别为 22、2 和 98.0%；分子组成中，饱和烃含量达到 98.8%，不饱和成分含量为 1.2%。nC22 常用理化指标达到高品质农用矿物油基础油标准，相对正构烷烃平均碳数差、相对正构烷烃碳数范围和非磺化物含量符合国家规定标准，分子组成中饱和烃含量达到高品质农用矿物油基础油标准。

关键词：农用矿物油基础油；农用喷洒油；精炼矿物油；质量评价

精炼农用矿物油基础油添加乳化剂、增效剂、抗氧化剂等助剂后，即加工成矿物油农药制剂。安全而效果好的矿物油农药对基础油的要求极高，因此，在国外，都是大型石油公司开发该类药剂，目前处于领先地位的有美国太阳油公司、美国加德士公司、韩国 SK 公司、澳大利亚石油公司、荷兰壳牌石油公司、法国道达尔公司和英国 BP 公司等[1]，并多在我国登记销售，如美国太阳油公司 Sunspray（杀死倍）、加德士公司和澳大利亚石油公司登记 D-C-tron（敌死虫）、韩国 SK 公司的 enspray99（绿颖），荷兰壳牌石油公司则与中国化工集团合作销售“领美”、法国道达尔公司 BANOLE（百农乐）等。

我国矿物油的使用已有很长的历史，但一直没有专门的农用矿物油基础油生产，导致基础油的质量参差不齐[2]。

---

* 基金项目：广东省科学院科技发展专项（2019GDASYL-0501006，2018GDASCX-0107）；广东省科技计划项目（（2017B020202005，2016B090923009，2016B090923005，2016A020210056）；广州市科技项目（201707010471）；茂名石化公司科技攻关项目（MPBB160012）；广东省生物资源应用研究所研究生培养 基金（GIABR-pyjj201806）

** 第一作者：冯耀恒，硕士研究生，从事农业昆虫与害虫防治的研究

*** 通信作者：毛润乾，研究员，从事农用矿物油和绿色防控研究；E-mail：maorun@ giabr. gd. cn

孙子强 ，博士后，从事农用矿物油和绿色防控研究；E-mail：879674385@ qq. com

1997年以前，我国使用基础油没有统一标准，基础油多种多样，包括变压器油、滑润机油、液压油等，甚至使用废弃机油为基础油。

1997年，美国加德士公司的“D-C-TRON”进口我国，首次为我国提供高标准农用矿物油产品[1]，随后，我国广东省昆虫研究所（现为广东省生物资源应用研究所），采用150SN基础油为原药，开发相应乳化剂，提升了我国农用矿物油的质量，并在广东、广西、江西、浙江、福建和四川等地用于柑橘病虫害防治，同时还以32号液压油、46号变压器油为基础油，开发95%机油乳剂，但基础油不饱和程度仍然较高，基础油质量无法同国外公司产品竞争，高温使用易灼伤叶片，形成油渍样的药害症状[3-4]。

2005年起，由于国际石油价格突然大幅上升，矿物油基础油价格成倍增长，一些矿物油农药企业大量使用劣质基础油，导致药害现象频繁发生，同时出现农产品质量问题。为此，2008年农业部（现农业农村部）颁布了1133号公告，规定生产企业应选择精炼矿物油而不得使用普通石化产品生产矿物油农药，并规定了精炼矿物油的相对正构烷烃碳数差不大于8、相对正构烷烃平均碳数范围为21~24和非磺化物含量不低于92%。

由于国内没有矿物油农药原药生产（基础油），因此，1133号公告同时说明矿物油农药不需要办理原药登记，生产企业在申请矿物油农药产品登记时，提供精炼矿物油来源单位的证明（说明具体种类和型号）及省级以上质检机构出具的质量检测报告即可[5-6]。为了继续生产，国内有登记矿物油制剂的农药生产企业只能使用国外进口基础油。

为了填补我国农药矿物油基础油空白，中国石油化工股份有限公司茂名分公司和广东省生物资源应用研究所合作攻关，开展农用矿物油基础油的炼制研究，并于2017年成功精炼出平均碳数为22的农用矿物油基础油（简称nC22基础油）[7]，并根据所测得的分子组成分析、相对正构烷烃碳数差、相对正构烷烃平均碳数、非磺化物含量等理化指标，提出了矿物油农药基础油质量指标，制定了企业标准。

本文从基础油常用理化指标、农用矿物油国家标准和基础油分子组成3个方面，对比nC22和国内市场7种矿物油基础油或矿物油农药，通过11个质量指标参数来评价nC22基础油的质量水平。

1 材料与方法

1.1 供试农用矿物油

nC22基础油由中国石油化工股份有限公司茂名分公司和广东省生物资源应用研究所自主研发生产炼制的基础油。

对照基础油150SN也是中国石化股份有限公司茂名分公司提供的基础油，1992年开始由广东省生物资源应用研究所（原广东省昆虫研究所）开发成矿物油农药制剂，代表20世纪最好的国产农用矿物油；EnSpray的样品为制剂，基础油含量达99%，目前在中国市场广泛销售，是高标准矿物油的代表（表1）。

本文同时还选择5个基础油作对照，其中，HG由苏州海光石油制品有限公司提供；WG306由岳阳市圣田石油化工有限公司提供；ZX01（正信01）、ZX02（正信02）、ZX03（正信03）由浙江正信石油科技有限公司提供。

表 1　供试的农用矿物油及其来源

	矿物油名称	来源	备注
1	nC22	中国石化股份有限公司茂名分公司	基础油
2	150SN	中国石化股份有限公司茂名分公司	基础油
3	EnSpray	韩国 SK 润滑油公司	99%制剂
4	HG（海光基础油）	苏州海光石油制品有限公司	基础油
5	WG306	岳阳市圣田石油化工有限公司	基础油
6	ZX01（正信 01）	浙江正信石油科技有限公司	基础油
7	ZX02（正信 02）	浙江正信石油科技有限公司	基础油
8	ZX03（正信 03）	浙江正信石油科技有限公司	基础油

1.2　评价指标和评价方法

1.2.1　评价指标

评价指标包括 11 个，分 3 个方面：①基础油外观、颜色、密度、运动黏度、闪点、倾点和硫含量等 6 种常用理化指标；②相对正构烷烃平均碳数差、相对正构烷烃碳数范围和非磺化物含量为国家农业部第 1133 号文件规定的基础油指标；③本文还选择链烷烃、环烷烃和芳香烃含量为评价指标，评价基础油分子组成。

1.2.2　评价方法

（1）农用矿物油常用理化指标测定方法。

农用矿物油常用理化指标测定包括 6 个指标，测定方法采用国家标准与行业标准测定方法（表 2）。

表 2　农用矿物油理化指标及测定方法

农用矿物油常用理化指标	测定方法
颜色（过滤否）	GB/T 3555—1992（2004）
密度（20 ℃，kg/m^3	GB/T 1884—2000
运动黏度（40 ℃，mm^2/s	GB/T 265—1988
倾点（℃）	GB/T 3535—2006
闪点（开口，℃）	GB/T 3536—2008
硫含量（mg/kg）	NB/SH/T 0842—2010

（2）农用矿物油国家规定的技术指标测定方法。

GB/T 35108—2017 于 2019 年 7 月颁布实施，该标准参考了 ASTM D 2887 & D483 测定方法，详细规定了相对正构烷烃平均碳数、相对正构烷烃碳数范围差以及非磺化物含量 3 个指标的测定规程。本文参照 GB/T 35108—2017 标准，实验室气相色谱测定。

（3）农用矿物油分子组成测定方法。

农用矿物油基础油由链烷烃、环烷烃、芳烃组成。链烷烃占矿物油的百分数值越高，说明农用矿物油中链烷烃含量高，矿物油越安全；芳香烃含量则代表基础油不饱和程度。国际标准测定方法为 ASTM D2425 与 D2549，我国按行业标准 SH/T 0606—2005，使用气相色谱与质谱联用法测定，该方法还可测定基础油中噻吩及不明成分含量。

2 结果

2.1 常用理化指标测定结果

评价标准参数为梁智永等[7]所推荐的质量参数。8 种矿物油常用理化性质表现出不同的差异性（表 3）。外观方面，所有的矿物油包括 nC22 均为清澈透明；颜色方面，除 150SN 外，其他矿物油的值数大于+25，肉眼观察，150SN 为淡黄色，其余矿物油均为无色。

密度标准值为 840kg/m³[9]，要求不高于此标准值，本文测定 nC22 基础油密度为 828.8kg/m³；150SN 密度为 867.3kg/m³，高于标准值，HG 基础油密度为 848.2kg/m³，略高于标准值，其他基础油密度均低于标准值。

运动黏度范围为 9.00～13.00。nC22 在标准范围，150SN 运动黏度为 29.03，高于 13.00，HG 和 ZX02 分别为 14.95 和 14.57，略高于 13.00 的标准，其他基础油跟 nC22 一样在标准范围内。

倾点要求不高于-18℃。150SN 倾点为-12 ℃，高于-18℃标准值，其他基础油包括 nC22 基础油均不高于-18 ℃。

闪点要求不低于 170℃，所有基础油闪点测定结果均高于 170℃。

硫含量要求不高于 10mg/kg，150SN 基础油为 5 572mg/kg，其他基础油均低于标准要求。

表 3　农用矿物油常用的理化指标和测定结果

矿物油	外观	颜色（过滤否）	密度（20℃，kg/m³）	运动黏度（40℃，mm²/s）	倾点（℃）	闪点（开口，℃）	硫含量（mg/kg）
	清澈透明*	≥+25 过滤*	840.0*	9.00～13.00*	≤-18*	≥170*	≤10*
nC22	清澈透明	+30	828.8	10.23	-20	180	1.30
150SN	清澈透明	7	867.3	29.03	-20	190	5 572.00
EnSpray	清澈透明	+30	834.2	12.65	-12	218	1.83
HG	清澈透明	+30	848.2	14.95	-18	200	1.65
WG306	清澈透明	+30	823.4	9.28	-20	189	1.61
ZX01	清澈透明	+30	832.9	10.83	-20	188	0.94
ZX02	清澈透明	+30	851.8	14.57	-20	192	0.84
ZX03	清澈透明	+30	832.2	12.52	-20	206	1.54

*为参考标准值（梁智永等，2019）

2.2 国家规定技术指标测定结果

相对正构烷烃平均碳数方面（表 4），除 150SN 平均碳数为 28 高于国家标准，其他基础油包括nC22符合国家要求；相对正构烷烃碳数范围方面，150SN和ZX02分别为12和11，nC20及其他基础油都符合要求；非磺化物含量方面，只有150SN低于92.0%，其他基础都超过92%。

表4　农用矿物油国家规定的技术指标及测定结果

矿物油	相对正构烷烃平均碳数21~24*	相对正构烷烃碳数范围≤8*	非磺化物含量≥92.0%*
nC22	22	2	98.0
150SN	28	12	82.7
EnSpray	23	5	95.0
HG	23	8	98.0
WG306	22	7	98.6
ZX01	22	6	98.0
ZX02	23	11	98.7
ZX03	23	5	97.3

*为参考标准值（农业农村部规定标准）

2.3　基础油分子组成

nC22链烷烃/环烷烃/芳烃为62.9%/35.9%/1.2%，其中，nC22链烷烃达到62.9%，与其接近基础油有WG306、ZX01、ZX03和EnSpray，150SN、HG和ZX02的链烷烃含量较低；nC22环烷烃含量为35.9%，同150SN、EnSpray、WG306、ZX01、ZX03相对较接近，HG和ZX02环烷烃含量超过60%；芳烃含量方面，150SN芳烃含量最高为28.2%，而nC22芳烃含量为1.2%，与其他6种基础油接近（表5）。

表5　矿物油农药基础油分子组成

矿物油	链烷烃（%）	总环烷烃（%）	芳香烃（%）	噻吩（%）	未鉴定（%）
nC22	62.9	35.9	1.2	0.0	0.0
150SN	24.3	47.5	28.2	2.8	1.0
EnSpray	53.3	45.9	0.8	0.0	0.0
HG	30.6	65.6	3.8	0.0	0.0
WG306	67.9	31.0	1.1	0.0	0.0
ZX01	60.0	38.3	1.6	0.0	0.0
ZX02	35.9	63.5	0.2	0.0	0.0
ZX03	58.3	40.7	1.0	0.0	0.4

3　结果讨论与结论

基础油的理化指标反映了基础油的理化特征，颜色和外观表现在基础油的清澈度和外部感观方面，密度是简单常用的物理性能指标，密度也会随着环境温度改变而变化，通常外界温度升高，矿物油分子间的距离增加，密度相应降低[8]，密度高低还能够提供矿物油中不同类型烃的含量的信息，如分子体积大小按递增次序依次为芳香烃、环烷烃和异烷烃[9]。运动黏度指的是油类的流动性，同时也反映出基础油所含烃类分子的相对分子质量，低黏度所含平均相对分子质量低，高黏度则分子质量高[10]。

另外，农用矿物油基础油理化指标参数是有差异的，尤其是密度和黏度方面，如美国的 Orchex 公司、太阳公司、韩国的 SK 公司旗下多种优质的农用矿物油密度在 846~863kg/m^{3}范围内[11]，另外，密度和黏度测定值还与测定温度有关，也会导致参数变化[8]。

相对而言，倾点、闪点分别代表低温下和高温下基础油的稳定性与安全性，硫含量则反应环境安全性，因为，硫化物会增加在环境中生物可降解的难度。因此，这 3 项指标要求则较严格。

利用理化指标的标准值数据[7]，将测定结果符合要求用测定值“+”表示，测定结果超出标准值，但偏离值较小，用“+/-”表示，测定结果超出标准值，但偏离值较大用“-”表示（表 6）。

表 6　农用矿物油常用的理化指标及测定结果

矿物油	外观	颜色（过滤否）	密度（20℃，kg/m^3）	运动黏度（40℃，mm^2/s）	倾点（℃）	闪点（开口，℃）	硫含量（mg/kg）
	清澈透明*	≥+25 过滤*	840.0*	9.00~13.00*	≤-18*	≥170*	≤10*
nC22	+	+	+	+	+	+	+
150SN	+	-	-	-	-	-	-
EnSpray	+	+	+	+	+	+	+
HG	+	+	+/-	+/-	+	+	+
WG306	+	+	+	+	+	+	+
ZX01	+	+	+	+	+	+	+
ZX02	+	+	+/-	+/-	+	+	+
ZX03	+	+	+	+	+	+	+

* 为参考标准值（梁智永等，2019）

由此可知，nC22 基础油与 EnSpray 基础油在理化性质方面相近，同时满足评价指标的还有 WG306、ZX01 和 ZX03 等基础油，HG 基础油和 ZX02 基础油只在密度和黏度方面略有偏差，而 150SN 基础油，除外观清澈外，其他指标均不满足本研究的农用矿物油标准。

相对正构烷烃平均碳数与碳数范围是表示杀虫效果和环境安全问题之间相互联系的指标。相对正构烷烃的碳数要求 10%和 90%蒸馏出矿物油的碳数平均值为 21~24，此范围内的矿物油可以避免残留时间长、挥发性大、急性慢性植物药害大等缺点，兼备良好的防治害虫的效果；矿物油中不被酸吸收的物质为非磺化物，非磺化物含量代表矿物油对作物的安全性能。相对正构烷烃平均碳数、相对正构烷烃碳数范围和非磺化物含量3个指标是我国对农用矿物油基础油强制性指标，本研究测定结果表明，除150SN和ZX02外，其他6种矿物油基础油均符合国家规定要求。SK公司EnSpray相对正构烷烃平均碳数24、非磺化物含量为99.8%[11]，本研究测定结果分别23%和95%，尤其是非磺化物含量测定结果相差较大，其原因还有待进一步明确。

基础油饱和组分主要包括链烷烃和环烷烃，链烷烃含量是影响着杀虫效果的主要因素，相比环烷烃，链烷烃含量高的基础油杀虫效果更好，不饱和组分则包括芳香烃、噻吩等，芳香烃物质的存在使得叶片有较高的急性损害风险，也存在对人致癌的可能，而饱和成分含量高代表矿物油对作物的安全性能高[12]，噻吩类物质对呼吸道有毒性作用。因此，高链烷烃、低芳香烃比是高品质矿物油基础油的特征。

nC22饱和烃含量达98.8%，其中链烷烃含量达到62.9%，而芳香烃只有1.2%，其他基础油，除150SN外，饱和烃含量均超过95%，均表现出较好的油品品质。SK公司EnSpray油的芳香烃含量为0[11]，本文测定芳香烃含量为0.8%，存在差异；SK公司EnSpray油的链烷烃/芳香烃测定结果为78%/22%[11]，本文测定为53.3%/45.9%，也存在差异，这可能与测定仪器计算方法有关。

测定结果表明，只有150SN才存在噻吩类物质，同时150SN中还存在未鉴定成分，含量达1%，这进一步说明该油品不符合目前农用矿物油基础油的要求。

实质上，矿物油基础油需要添加乳化剂、增效剂、抗氧化剂等助剂，才能制成农用杀虫剂产品，高品质的矿物油杀虫剂需要高品质的基础油，基础油品质正需要严格的质量评价。本文用的11项测定指标分3个方面评价矿物油基础油，可以构成一个农用矿物油基础油评价体系，用于农用矿物油基础油质量测定和评价。

利用矿物油防治害虫可以绿色综合防治中起到关键性作用[13-14]，随着矿物油精炼工艺提高，高标准农用矿物油基础油生产和研制将显得更为紧迫和重要。

参考文献

[1] 毛润乾，王海峰，黄明度．新型机油乳剂应用技术的研究［M］．北京：中国农业出版社，2001：467-470.

[2] 王莹莹．矿物油：农药“老干部”的蝶变之路［J］．营销界（农资与市场），2017，21：90-94.

[3] 毛润乾，曾炳坤，彭月珍，等．新一代高标准机油乳剂的研制［J］．农药，2004，43：15-18.

[4] 毛润乾，陆雨丽，华献君，等．矿物油乳油有效成分的测定［J］．精细石油化工，2008，25（3）：73-75.

[5] 张美琼，郝盼东，彭威，等．中国矿物油农药的发展现状及展望［J］．现代化工，2016，10：7-10.

[6] 吴志凤，刘绍仁，陈景芬．矿物油类农药的使用现状和发展方向［J］．中国植保导刊，2007，27（5）：37-39.

[7] 梁智永，卢振旭，杨琼玉，等．高标准矿物油农药基础油的研制［J］．农药，2019，58（4）：258-261.

[8] 张笑云，杨异．3种常用润滑油密度与温度关系的研究［J］．物理通报，2017，12：88-90.

[9] 黄明度，杨悦屏，欧阳革成．矿物油乳剂及其应用——害虫持续控制与绿色农业［M］．广

州：广东科技出版社，2006：13-14.

［10］ 王金信，张新，肖斌．不同黏度矿物油助剂对除草剂活性的影响［J］．农药学学报，2002，4（1）：58-63.

［11］ 毛润乾，陆雨丽，华献君，等．矿物油农药中基础油的研究［M］．北京：中国农业科学技术出版社，2004：421-429.

［12］ 杨春艳，郑涛，柯润辉，等．固相萃取柱净化-气相色谱法定量测定食用植物油中饱和烃类矿物油［J］．食品安全质量检测学报，2017，8（3）：1041-1046.

［13］ Chen C，Chen C，Zheng J，et al. Pest management based on petroleum spray oil in navel orange orchard in Ganzhou，SouthChina［J］. Journal of Pest Science，2009，82（2）：155-162.

［14］ Tansey J A，Jones M M，Vanaclocha P，et al. Costs and benefits of frequent low-volume applications of horticultural mineral oil for management of Asian citrus psyllid，*Diaphorina citri* Kuwayama（Hemiptera：Psyllidae）［J］. Crop Protection，2015，76：59-67.

吉林西部地区水田扁秆藨草抗性调查及机理初探*

吴 宪**，李洪鑫，刘艳伟，卢宗志
（吉林省农业科学院植物保护研究所，公主岭 136100）

摘 要：扁秆藨草（*Scirpus planiculmis*）是莎草科（Cyperaceae）的一种多年生草本植物，广泛分布于我国东北、华北、华东及西北地区，常见于沼泽地、湖泊及碱性草甸等的低洼湿地。吉林省白城市地处东北松嫩平原苏打盐碱土核心区域，从20世纪90年代开始，该地区通过引嫩入白、抽取地下水等方法改善盐碱地环境，大面积种植水稻，目前已成为吉林省水稻主产区之一，与此同时该地区也是水田杂草扁秆藨草（*Scirpus planiculmis*）的主要发生地。扁秆藨草通过种子、球茎和根茎进行繁殖。一般5月下旬出苗，6月中旬开始抽穗、开花，7—9月开花结束。通过调查发现，吉林省西部白城地区扁秆藨草发生普遍，白城市至镇赉段水田偏干藨草对吡嘧磺隆有较强抗性，镇南种羊场附近地区在施用嗪吡嘧磺隆封闭之后还有扁秆藨草发生，当地农户必须施用茎叶处理的药剂配合消杀。通过盆栽法测定扁秆藨草抗性水平发现，该地区扁秆藨草种群普遍的存在较高的抗性水平，是敏感型扁秆藨草种群的10.35～13.08倍。抗性种群乙酰乳酸合成酶（ALS）活性测定结果显示抗性种群活性高于敏感型种群活性。通过对扁秆藨草ALS基因保守片段的克隆、测序结果分析，发现在197位脯氨酸发生了突变：Pro-197-His（CCT-CCC）。

关键词：扁秆藨草；吉林西部；抗性水平；乙酰乳酸合成酶；突变

* 基金项目：吉林省农业科学院创新工程项目

** 作者简介：吴宪，硕士，助理研究员，研究方向为抗性杂草治理；E-mail：975057500@ qq. com

阿魏酸衍生物的设计、合成及除草活性研究*

靳丽宇**，王明思，田 赐，贾 然，郝博文，马树杰，
董金皋，陈 来***，张利辉***
（河北农业大学植物保护学院，保定 071000）

摘 要：基于天然产物创制新型除草剂对杂草综合防控具有重要意义，本研究以除草活性天然产物阿魏酸为先导进行结构改造，采用小杯法对衍生物进行除草活性筛选。设计合成了11个新型的阿魏酸衍生物，其结构均经^{1}H NMR、^{13}C NMR 和 HRMS 表征确证。小杯法测定结果显示，在400μg/mL时，大多数目标化合物对马唐和反枝苋均表现出不同程度的抑制作用，化合物8a对马唐根、茎的生长抑制率分别为43%、67%，化合物8f对马唐根、茎的生长抑制率分别为60%、51%，其抑制效果均优于莠去津（30%、22%）。化合物8a对反枝苋根、茎的生长抑制率分别为69%、37%，化合物8k对反枝苋根、茎的生长抑制率分别为68%、63%，优于莠去津和2，4-D丁酯对反枝苋的除草效果（49%、22%），8k处理后的反枝苋出现无根毛、根膨大等受害症状。8a对马唐根和茎的IC_{50}为269.44μg/ml 和 344.835μg/ml；8k 对反枝苋根和茎的IC_{50}为187.168μg/ml 和224.912μg/ml，表现出较好的除草活性。因此，基于天然产物阿魏酸为先导开发除草剂值得进一步研究。

关键词：天然产物；阿魏酸；苯氧乙酸；设计合成；除草剂

---

* 基金项目：国家重点研发子课题（2017YFD0210304）；河北省重点研发项目（19226504D）；河北省自然科学基金项目（C2020204036）

** 第一作者：靳丽宇，硕士研究生；E-mail：676935259@ qq. com

*** 通信作者：陈来，副教授；E-mail：chenlai@ hebau. edu. cn
陈利辉，教授，博士生导师；E-mail：zhanglihui@ hebau. edu. cn

不同寄主植物对棉蚜生长发育和繁殖的影响*

景玉玺[1,2**]，任相亮[2]，马亚杰[2]，王　丹[2]，宋贤鹏[2]，马小艳[1,2]，马　艳[2***]
（1. 棉花生物学国家重点实验室郑州大学研究基地/郑州大学，郑州　450000；
2. 中国农业科学院棉花研究所，安阳　455000）

摘　要：棉蚜（*Aphis gossypii* Glover）属半翅目、蚜科，是一种世界性的害虫。其寄主植物广泛。为掌握不同寄主植物对棉蚜生长发育及繁殖的影响规律。本研究分别用棉花、龙葵、裂叶牵牛、刺儿菜饲喂棉蚜，观察其在不同寄主植物上的发育繁殖情况，组建棉蚜在4种寄主植物上的两性生命表。试验在光照培养箱中进行，设定温度25±1℃，光周期14L：10D，相对湿度65%的培养条件。数据采用TWOSEX-MSChart软件分析，统计种群内禀增长率（r）、净增殖率（R_0）、平均世代周期（T）和周限增长率（λ）等种群动态参数。

结果表明，棉蚜在棉花、龙葵、裂叶牵牛、刺儿菜等4种寄主植物上均可完成世代发育，但发育历期、繁殖力、生命表参数等存在显著差异。棉花、龙葵、裂叶牵牛、刺儿菜等4种寄主植物对棉蚜幼虫的发育历期有明显影响，在棉花上的发育历期显著比其他寄主的短（分别为5.17天、5.57天、5.90天和6.51天）；同样，4种寄主植物对棉蚜的总发育历期也有明显影响，在棉花和裂叶牵牛上的总发育历期显著比其他寄主长（分别为15.94天、14.46天、10.94天和9.59天）；不同寄主植物对棉蚜产仔数也存在显著影响，在棉花上的产仔数显著多于其他3种植物（分别为32.43头、24.19头、20.21头和9.56头）；在棉花和龙葵上棉蚜的世代周期T显著比裂叶牵牛和刺儿菜的长，分别为8.36天、8.82天和9.57天、10.29天。生命表主要参数内禀增长率r、净增值率R_0、周限增长率λ由大到小均为棉花、龙葵、裂叶牵牛、刺儿菜，其中内禀增长率r分别为0.41、0.32、0.28和0.16。

因此，结果表明，棉蚜在棉花上的适应度、嗜食性最好，繁殖速度最快，其次是龙葵和裂叶牵牛，在刺儿菜上的适应度、嗜食性最差，繁殖速度最慢。本研究可为掌握了解棉蚜在不同寄主植物上的生物学特性、种群动态及寄主适应性提供理论依据。

关键词：棉蚜；寄主植物；生长发育；繁殖；两性生命表

---

* 基金项目：棉花生物学国家重点实验室自主课题（CB2020C11）；“十三五”国家现代农业棉花产业技术体系（CARS-15-20）；中国农业科学院科技创新工程：棉花虫害防控与生物安全

** 第一作者：景玉玺，硕士；E-mail：jingyx025xj@163.com

*** 通信作者：马小艳，研究员；E-mail：maxy_caas@126.com

马艳，研究员；E-mail：aymayan@126.com